Training Klassenarbeiten

Lambacher Schweizer

Mathematik für Gymnasien

Klasse **6**

Nordrhein-Westfalen

erarbeitet von
Heinz Peisch

Regionale Beratung für
Nordrhein-Westfalen
Thomas Jörgens

Ernst Klett Verlag
Stuttgart • Leipzig

1. Auflage 1 5 4 3 2 1 | 14 13 12 11 10

Alle Drucke dieser Auflage sind unverändert und können im Unterricht nebeneinander verwendet werden.
Die letzte Zahl bezeichnet das Jahr des Druckes.

Autor: Heinz Peisch

Redaktion: Eva Göhner, Andreas Marte
Herstellung: SMP Oehler, Remseck

Illustrationen: Uwe Alfer, Waldbreitbach; Christine Lackner-Hawighorst, Itlingen; Sven Palmowski, Stuttgart; Dorothee Wolters, Köln
Bildkonzept Umschlag: SoldanKommunikation, Stuttgart
Umschlagsfotografie: Avenue Images GmbH RF
Satz: Sandra Oehler, Remseck
Druck: Medienhaus Plump, Rheinbreitbach

Printed in Germany
ISBN 978-3-12-734165-2

9 783127 341652

Inhaltsverzeichnis

Lernen ist wie Rudern gegen den Strom;
sobald man aufhört,
treibt man zurück.

Laotse
Lass uns weitermachen!

Liebe Schülerin, lieber Schüler,

diese Sammlung von Mathematik-Arbeiten wird dir helfen, dich zielgerichtet auf bevorstehende Mathematik-Klassenarbeiten vorzubereiten.

Vermutlich hast du dich bisher schon mithilfe deines Mathematikbuches und deines Hefts auf Klassenarbeiten vorbereitet. Das solltest du auch zukünftig tun. Dein neues Trainingsbuch bietet dir weitere Möglichkeiten der Vorbereitung, insbesondere das Üben mit realistisch gestellten Klassenarbeiten.

Willst du für eine bevorstehende Klassenarbeit üben, so suchst du im Inhaltsverzeichnis das entsprechende Kapitel heraus. Zu jedem Thema findest du vier Übungsarbeiten. Anhand der ausführlichen Lösungen kannst du dich kontrollieren und deine Leistung bewerten.
Die drei Jahrgangsarbeiten am Ende des Buches dienen der Überprüfung des Gelernten am Schuljahresende.

Folgende Seiten und Abschnitte helfen dir beim Lösen und Verstehen der Klassenarbeiten:
Pinboard – Jedes Kapitel beginnt mit einer Doppelseite *Pinboard*. Hier kannst du die wichtigsten mathematischen Sachverhalte nachlesen. Die richtige Anwendung der Inhalte und Regeln wird dir in Beispielen vorgeführt.
Bist du sicher? – Mit den einfachen Aufgaben in *Bist du sicher?* kannst du ausprobieren, ob du den Stoff des Kapitels verstanden hast. Die Lösungen dazu findest du auf der gleichen Seite. Diesen Kurztest solltest du vor der ersten Klassenarbeit bearbeiten.
Tipps – Die erste Klassenarbeit eines Kapitels enthält *Tipps* zu den gestellten Aufgaben. Diese Tipps solltest du nutzen, wenn du Probleme hast, die Lösung zu finden.
Bei anderen Klassenarbeiten sind weitere Lerntipps aufgeführt, die du ausprobieren kannst. Sie helfen dir zum Beispiel mit Ideen bei der Lösung von Text- oder Geometrieaufgaben.
Lösungen – Bei den ersten beiden Arbeiten eines Kapitels werden nicht nur die *Lösungen* notiert.
In kursiver Schrift werden auch Erklärungen angeboten, Denkanstöße formuliert und alternative Lösungen dargestellt. Wenn du eine Teilaufgabe nicht gelöst hast, kannst du diese kursiven Texte als Lernhilfe nutzen, um nun vielleicht doch noch die Aufgabe selbstständig zu Ende zu führen.

Alle Arbeiten in diesem Buch sind für eine Arbeitszeit von 45 Minuten gedacht.

Bevor du dich an die Arbeit machst, lies bitte in aller Ruhe die nächsten Seiten durch. Dort findest du weitere Hinweise, wie du erfolgreich mit diesem Buch arbeiten kannst.

Wenn du Anregungen und Wünsche hast oder gar Fehler findest, so lass mich dies wissen, damit diese gegebenenfalls in späteren Auflagen berücksichtigt werden können.

Du wirst dieses Buch nicht wie ein Jugendbuch in einem Zuge durchlesen können. Es wird dir ein Lernbegleiter sein und du wirst mit ihm arbeiten. Lesen allein genügt nicht! Ich weiß: Arbeiten ist nicht immer das reine Vergnügen. Konzentriertes Lernen ist manchmal mühevoll, kann aber auch sehr viel Spaß bringen. Jede Reise beginnt mit einem ersten Schritt. Mach dich auf den Weg!

Ich wünsche dir beim Arbeiten mit dieser Aufgabensammlung Freude und viel Erfolg!

Heinz Peisch

Was man sich selbst erfinden muss,
lässt im Verstand die Bahn zurück,
die auch bei anderer Gelegenheit
gebraucht werden kann.

G. Chr. Lichtenberg

Sehr geehrte Eltern,

die vorliegende Sammlung von Klassenarbeiten soll Ihrem Kind die Vorbereitung auf Mathematik-Klassenarbeiten erleichtern.

Dieses Trainingsbuch will den oft geäußerten Wunsch nach realistischen Übungsarbeiten bedienen. Die vier zu jedem der sieben Gebiete bereitgestellten Klassenarbeiten sind so konzipiert, dass sie Ihrem Kind angemessenes Trainingsmaterial bieten. Lücken oder Ungenauigkeiten können anhand ausführlicher Musterlösungen festgestellt werden. Damit lässt sich der Leistungsstand Ihres Kindes einschätzen. Erkannte Lücken können auf dieser Basis noch vor der Klassenarbeit gefüllt werden. Wer weiß, was er (noch) nicht weiß bzw. nicht genau genug weiß, hat schon einen großen Lernschritt nach vorne gemacht.

Ermuntern Sie Ihr Kind dazu, regelmäßig zu lernen. Eine gute Vorbereitung beginnt nicht erst wenige Tage vor der Klassenarbeit. Damit Ihr Kind ungestört 45 Minuten lang an einer Übungsarbeit trainieren kann, sollten Sie dafür sorgen, dass ein ruhiger und gut beleuchteter Arbeitsplatz zur Verfügung steht.

Freuen Sie sich mit Ihrem Kind über seine Lernerfolge, sprechen Sie aber auch offen über auftretende Schwierigkeiten. Sie können zusammen mit Ihrem Kind überlegen, welche Arbeits- und Lernmethoden hilfreich sein könnten, und ihm dabei helfen, diese auszuprobieren. Weitere Anregungen erhalten Sie auch im Gespräch mit der Lehrerin bzw. dem Lehrer Ihres Kindes. Ermutigen Sie Ihr Kind und loben Sie die Anstrengungen, die es unternimmt, um sich auf eine Klassenarbeit vorzubereiten oder schwierige Gebiete zu erschließen.

Wenn diese Aufgabensammlung als Ergänzung zum Unterricht und Erweiterung des Lehrbuches konsequent durchgearbeitet wird, dann sollte der Erfolg nicht ausbleiben und die Anstrengung Ihres Kindes wird sich in besseren Noten niederschlagen.

Heinz Peisch

Wie du dich mit diesem Buch auf eine Klassenarbeit vorbereiten kannst

Vorbereitung

Kläre das Thema der nächsten Klassenarbeit (Lehrerin bzw. Lehrer fragen!)

Welches Lehrbuchkapitel, welche Seitenzahlen, welche Aufgaben?

Lies die Seiten „Pinboard“ genau durch.

Teste dich mit den Aufgaben in „Bist du sicher?“

Diese Seiten sind zum Aufwärmen gedacht.
Hier findest du alle wichtigen Informationen für das betreffende Kapitel.
Achte auf die Beispiele.
Nutze die Testaufgaben und deren Lösungen.

War der Test leicht für dich?

Probleme?
Kläre, was dir noch Schwierigkeiten macht.
Frage deine Lehrerin oder deinen Lehrer, wenn du nicht weiter weißt.

Suche dir einen ruhigen und hellen Arbeitsplatz.

Richte alle Arbeitsmaterialien einsatzbereit her.

Klassenarbeit

Du hast 45 Minuten Arbeitszeit.

Lies die ausgewählte Klassenarbeit genau durch und bearbeite sie.

Beachte die Tipps.

Schreibe Uhrzeiten zum Arbeitsbeginn und Arbeitsende oben auf das Blatt.
Trage die Lösungen in ein Heft ein.
Keine Schmierzettel!
Schreibe sauber und übersichtlich.
Denke auch an Antwortsätze.

Jetzt kannst du eine Pause machen!

Verbesserung

Korrigiere deine Lösung anhand der Lösungsvorschläge.

Schreibe mit roter Farbe „r“ oder „f“ an die Zwischenergebnisse.
Gib dir die entsprechenden Verrechnungspunktezahlen.
Ziehe für Rechenfehler einen Punkt, für Schreibfehler einen halben Punkt ab.
Kontrolliere auch Zwischenschritte, nicht nur Endergebnisse.

Benote deine Leistung und fülle den Arbeitsplan Seite 10 f. aus.

Versuche bei Unklarheiten, die angegebenen Lösungen zu verstehen.

Achte auch auf die Lerntipps bei manchen Klassenarbeiten oder Lösungen.
Die ersten beiden Klassenarbeiten zu jedem Kapitel enthalten kursiv geschrieben zusätzliche Hilfestellungen: Lösungshinweise, Denkanstöße, alternative Lösungen usw.

Du hast lange gearbeitet. Jetzt hast du eine Belohnung verdient.

Lernen auf die Klassenarbeit: Richtig oder falsch? Was meinst du dazu?

Nicht jeden Fehler muss man selbst machen. Etliche der folgenden Äußerungen sind falsch. Finde die falschen Antworten heraus und markiere sie mit einem roten „f". Achte darauf, dass du nicht selbst diese Fehler machst. Was meinst du?

		r	f
1	Die letzten drei Tage vor einer Klassenarbeit lerne ich täglich mindestens vier bis fünf Stunden.		X
2	Neuen Lernstoff wiederhole ich möglichst am gleichen Tag anhand meines Heftaufschriebs und des Schulbuchs.		X
3	Am Morgen vor einer Klassenarbeit spare ich mir das Frühstück. Stattdessen wiederhole ich noch einmal den Lernstoff.		X
4	Für Mathematik muss man nicht begabt sein. Vieles kann man einfach lernen und durch konsequentes Üben auch problemlos beherrschen.	X	
5	Am Abend vor der Klassenarbeit lerne ich, bis mir die Augen zufallen. Mehr kann man wirklich nicht tun.		X
6	Wenn ich eine Stunde lang ununterbrochen Mathematik gelernt habe, darf ich mich auch belohnen (Freunde treffen, Fußballspielen, Radfahren, Lesen).	X	
7	Ich nehme mir lieber kleinere Arbeitspensen vor, halte diese aber ganz konsequent und regelmäßig ein.		X
8	Wenn ich meine Lieblings-Jeans trage, kann ich mich am besten konzentrieren. Ich werde sie auch bei der Klassenarbeit anziehen.		X
9	„In Mathe war ich immer schlecht." Das ist kein Naturgesetz. Wenn ich regelmäßig und konzentriert arbeite, kann ich auch gute Noten in Mathematik erreichen.		X
10	Wenn ich Fehler gemacht habe, versuche ich herauszufinden, woran das liegt: Regel oder Formel nicht gelernt? Flüchtigkeitsfehler? Schreibfehler?	X	
11	Beim Vergleich von Hausaufgabenergebnissen merke ich mir nur, was ich nicht richtig gemacht habe. Ein „f" für „falsche Lösung" im Heft würde mich stören.		
12	Im Unterricht mache ich regelmäßig mit. Das ist schon die halbe Miete. Dann brauche ich daheim kaum noch pauken.		
13	Mein Arbeitsplatz ist ordentlich aufgeräumt. Alle nötigen Hilfsmittel (Bleistifte, Radiergummi, Zirkel, Geodreieck, Bücher) liegen einsatzbereit an ihrem Platz.		
14	Ich habe für mich herausgefunden, dass ich von 15 Uhr bis 17 Uhr optimal lernen kann. Diese Zeit versuche ich daher auch gut zu nutzen.		
15	Wenn ich mich ehrlich und gründlich vorbereitet habe, brauche ich vor einer Klassenarbeit keine Angst zu haben. Alles muss ich ja gar nicht wissen.		
16	Wenn ich etwas nicht verstanden habe, lese ich im Schulbuch die entsprechenden Sachverhalte gründlich mit allen Beispielen nach.		
17	Bei Schwierigkeiten versuche ich zunächst einfachere Aufgaben zu lösen. Dabei überlege ich genau, wie ich vorgehe.		
18	Manchmal ist es sinnvoll, wenn ich meine Lehrerin oder meinen Lehrer frage, ob ich etwas richtig verstanden habe.		
19	Es ist mir wichtig, dass ich immer ganz genau weiß, was richtig oder falsch ist. Umso besser, wenn ich auch noch weiß, warum etwas falsch ist.		
20	Bei meiner Vorbereitung versuche ich mir vorzustellen, welche Aufgaben ich als Lehrer bei der nächsten Klassenarbeit stellen würde.		
21	Mein Arbeitsplatz ist optimal: Telefon und Fernbedienung für den CD-Player in Reichweite. Das ist ein richtig gutes Arbeitsklima.		
22	Es hilft mir, wenn ich mir einen Arbeitsplan in meinem Kalender mache, der nicht nur für den nächsten Tag gilt, sondern über einige Wochen angelegt ist.		
23	Meine Freundin lernt besonders gut zwischen 17 Uhr und 19 Uhr. Dann muss ich mich halt auch ihrer Lernzeit anpassen, sonst sehe ich sie ja kaum.		
24	Ich kann allein alles am besten lernen. Andere würden mich beim Lernen doch nur ablenken.		

Du hast sicher herausgefunden, dass die Äußerungen mit den Nummern 1, 3, 5, 11, 21, 23, 24 falsch sind. Ich nenne dir einige Gründe dafür.

1. Es ist besser, regelmäßig in kleineren Portionen und mit Pausen zu lernen. Der Lernstoff lässt sich dann auch leichter merken. Plane dein Lernen langfristig. Dann kann auch einmal etwas Unvorhergesehenes dazwischen kommen, ohne dass dein ganzer Terminplan zusammenbricht.
3. Du solltest rechtzeitig vor jeder Prüfung mit dem Lernen aufhören. Du wirst ohnehin vor lauter Aufregung nichts mehr in deinen Kopf bekommen. Zudem ist ein gutes und in Ruhe eingenommenes Frühstück eine hervorragende Grundlage für das Denken und Lernen am Vormittag.
5. Doch, man kann mehr tun. Du solltest unter allen Umständen gut ausgeruht in die Klassenarbeit gehen. Wenn du müde bist, wird dein Gehirn ohnehin nicht mehr allzu viel Lernstoff aufnehmen. Gehe lieber rechtzeitig zu Bett und schlafe.
11. Wer lernt, macht Fehler. Das ist keine Schande. Du musst ja ein Supergedächtnis haben, wenn du dir das alles merken wolltest. Schreibe „f" hin, und zwar mit roter Farbe, damit du die Fehlerstellen gut erkennen kannst. Du wirst dann nicht vergessen, an dieser Stelle nachzuarbeiten. Natürlich schreibst du auch „r" hin, wenn deine Lösung stimmt. Du wirst sehen: Die Anzahl der „r" nimmt im Laufe der Zeit zu.
21. Ein optimaler Arbeitsplatz zum Lernen sieht anders aus. Entferne alles, was dich beim Lernen stören oder ablenken könnte. Dazu gehört auch das Telefon, das sicher im ungünstigsten Moment läuten wird. Du wolltest effizient lernen, also weg damit. Sorge dafür, dass du eine ordentliche Beleuchtung am Arbeitsplatz hast, weil du mit gutem Licht nicht so schnell ermüdest.
23. Jeder hat seinen eigenen Lernrhythmus. Wenn du die für dich beste Lernzeit herausgefunden hast, dann arbeite auch konsequent in dieser Zeit. Deine Freundin hat dafür sicher Verständnis. Ihr werdet dennoch genügend gemeinsame Freizeit verbringen können.
24. Es gibt gewisse Dinge, die man am besten alleine lernt. Dazu gehören Sachen, die man einfach pauken muss (Formeln, Regeln), sowie das erste Durcharbeiten eines Lehrtextes oder von Beispielen. Andererseits gibt es Etliches, was man besser zu zweit erledigt: gegenseitiges Abfragen und Kontrollieren, dem Lernpartner Gelerntes erklären oder vormachen und auf dessen Fragen eingehen.

Wähle deine drei Top-Tipps aus und schreibe sie in eigenen Worten noch mal auf.
Probiere sie bei der nächsten Arbeit aus.

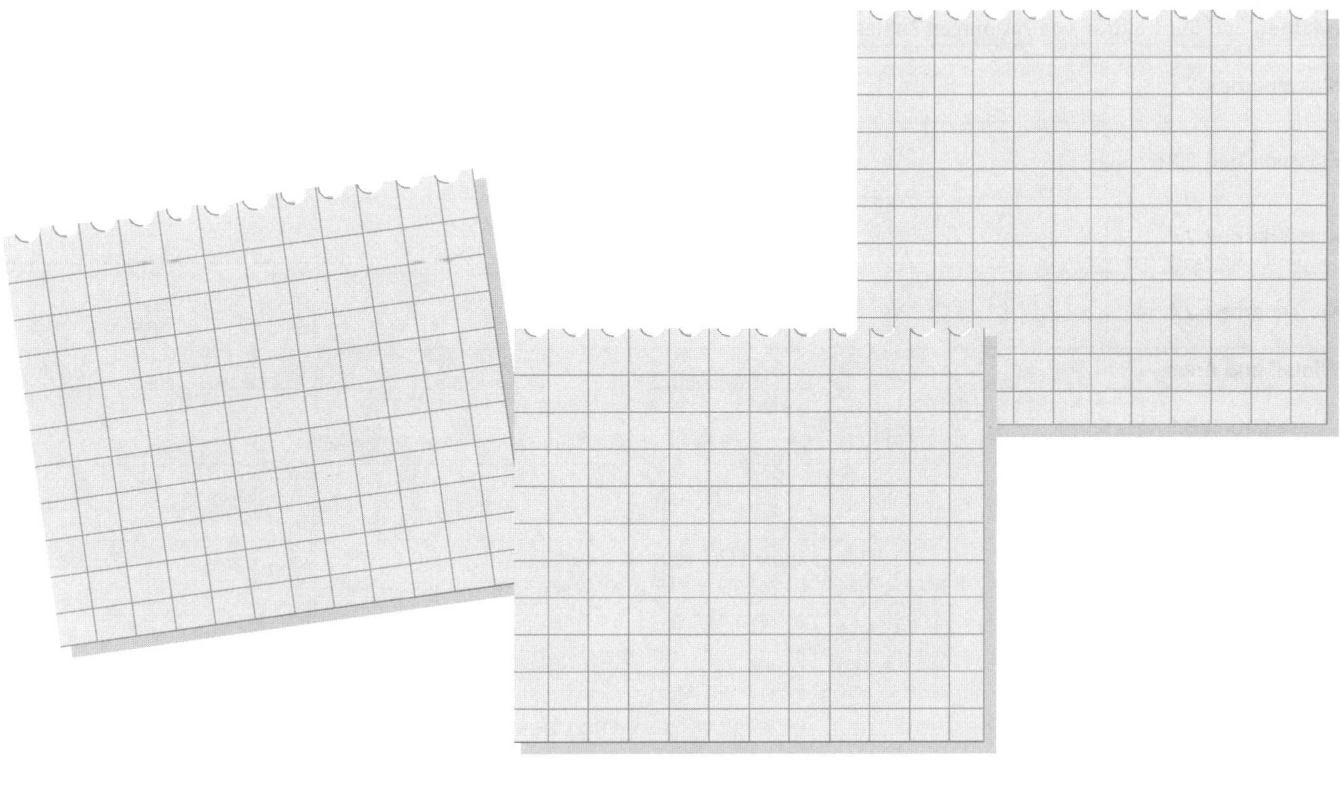

Dein Arbeitsplan

In der untenstehenden Tabelle kannst du eintragen, wann du die jeweilige Klassenarbeit bearbeitet hast, wie viele Verrechnungspunkte du dabei erreichen konntest und welcher Note dies entsprechen würde. Für die Umrechnung von Verrechnungspunkten in eine Note gilt:

Verrechnungspunkte (VP)	0-4	5-6	7-8	9-10	11-12	13-14	15-16	17-18	19-20	21-22	23-24
Note	6	5-6	5	4-5	4	3-4	3	2-3	2	1-2	1

Bei halben Verrechnungspunkten darfst du auf die nächste volle Punktzahl aufrunden. Wenn du also 18,5 Verrechnungspunkte erreicht hast, gibst du dir die Note 2.

Wenn dir nicht alle Lösungen gelungen sind, dann solltest du sorgfältig die Aufgabennummern vermerken, bei denen Unklarheiten aufgetreten sind. Versuche diese Fragen dann mithilfe des Lehrbuchs, deines Heftes oder auch deiner Mitschüler rasch zu klären. In Zweifelsfällen kannst du deine Lehrerin oder deinen Lehrer fragen.

Mit der Tabelle behältst du den Überblick: Wo sind offene Fragen? Welche Arbeiten kannst du noch schreiben? Was ist geklärt und verstanden?

Übungsarbeit	Tag der Bearbeitung	Ergebnis in VP	Note	Unklarheiten bei folgenden Aufgaben	Unklarheiten geklärt?
Beispiel	17.10.10	20	2	Nr. 2a, Nr. 2b	ja, 18.10.10
Rationale Zahlen					
Klassenarbeit 1.1					
Klassenarbeit 1.2					
Klassenarbeit 1.3					
Klassenarbeit 1.4					
Addition und Subtraktion von rationalen Zahlen					
Klassenarbeit 2.1					
Klassenarbeit 2.2					
Klassenarbeit 2.3					
Klassenarbeit 2.4					
Winkel und Kreis					
Klassenarbeit 3.1					
Klassenarbeit 3.2					
Klassenarbeit 3.3					
Klassenarbeit 3.4					

Übungsarbeit	Tag der Bearbeitung	Ergebnis in VP	Note	Unklarheiten bei folgenden Aufgaben	Unklarheiten geklärt?
Strategien entwickeln – Probleme lösen					
Klassenarbeit 4.1					
Klassenarbeit 4.2					
Klassenarbeit 4.3					
Klassenarbeit 4.4					
Multiplikation und Division rationaler Zahlen					
Klassenarbeit 5.1					
Klassenarbeit 5.2					
Klassenarbeit 5.3					
Klassenarbeit 5.4					
Daten erfassen, darstellen und interpretieren					
Klassenarbeit 6.1					
Klassenarbeit 6.2					
Klassenarbeit 6.3					
Klassenarbeit 6.4					
Beziehungen zwischen Zahlen und Größen					
Klassenarbeit 7.1					
Klassenarbeit 7.2					
Klassenarbeit 7.3					
Klassenarbeit 7.4					
Jahrgangsarbeiten Klasse 6					
Jahrgangsarbeit 1					
Jahrgangsarbeit 2					
Jahrgangsarbeit 3					

Pinboard – Rationale Zahlen

Teilbarkeitsregeln

Regeln	Beispiele
Wenn die Einerziffer einer Zahl 0, 2, 4, 6 oder 8 heißt, dann ist diese Zahl durch 2 teilbar; sonst nicht.	12, 64, 186, 368, 5000 sind durch 2 teilbar, 23 dagegen nicht.
Wenn die Einerziffer einer Zahl 0 oder 5 heißt, dann ist diese Zahl durch 5 teilbar; sonst nicht.	40, 215, 3495 sind durch 5 teilbar, 199 dagegen nicht.
Wenn die aus den letzten beiden Ziffern einer Zahl bestehende Zahl durch 4 teilbar ist, dann ist diese Zahl durch 4 teilbar; sonst nicht.	324 und 1008 sind durch 4 teilbar, da 24 und 08 durch 4 teilbar sind, 126 dagegen nicht.
Wenn die Quersumme (Ziffernsumme) einer Zahl durch 3 teilbar ist, dann ist diese Zahl durch 3 teilbar; sonst nicht.	12 345 ist durch 3 teilbar, da die Quersumme 15 durch 3 teilbar ist, 746 dagegen nicht.
Wenn die Quersumme (Ziffernsumme) einer Zahl durch 9 teilbar ist, dann ist diese Zahl durch 9 teilbar; sonst nicht.	47826 ist durch 9 teilbar, da die Quersumme 27 durch 9 teilbar ist, 179 dagegen nicht.

Anteile

Anteile werden als Prozentsatz, als Bruchzahl oder als Dezimalzahl angegeben.

Beispiele

$3\,\% = \frac{3}{100} = 0{,}03$

$0{,}7\,\% = 0{,}7 \cdot \frac{1}{100} = 7 \cdot \frac{1}{1000} = \frac{7}{1000} = 0{,}007$

8 von 40 Karos sind gefärbt: $\frac{8}{40} = \frac{1}{5} = \frac{20}{100} = 20\,\%$.

10 von 40 Karos sind gefärbt: $\frac{10}{40} = \frac{1}{4} = \frac{25}{100} = 25\,\%$.

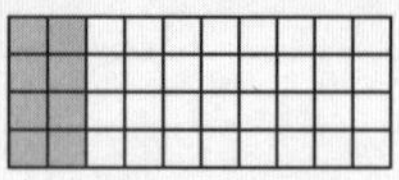

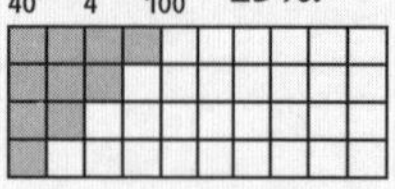

Bruchzahlen

Brüche sind Namen für Bruchzahlen.
Die Bruchzahl $\frac{3}{5}$ hat auch die Namen $\frac{6}{10}, \frac{9}{15}, \frac{12}{20}$ usw.
Die Bruchzahl $\frac{18}{36}$ hat auch die Namen $\frac{9}{18}, \frac{3}{6}, \frac{1}{2}$ usw.
Erweitern eines Bruches heißt, seinen Zähler und seinen Nenner mit derselben natürlichen Zahl zu multiplizieren.
Kürzen eines Bruches heißt, seinen Zähler und seinen Nenner durch dieselbe natürliche Zahl zu dividieren.

Die verschiedenen Namen einer Bruchzahl kann man durch Erweitern oder Kürzen erhalten. Der erweiterte (gekürzte) Bruch beschreibt denselben Anteil wie der ursprüngliche Bruch.

Beispiele

$\frac{5}{8}$, erweitert mit 3, ergibt $\frac{5 \cdot 3}{8 \cdot 3} = \frac{15}{24}$.
$\frac{7}{11}$, erweitert mit 5, ergibt $\frac{7 \cdot 5}{11 \cdot 5} = \frac{35}{55}$.
$\frac{24}{36}$, gekürzt mit 12, ergibt $\frac{12 \cdot 2}{12 \cdot 3} = \frac{2}{3}$.
$-\frac{20}{15}$, gekürzt mit 5, ergibt $-\frac{5 \cdot 4}{5 \cdot 3} = -\frac{4}{3}$.

Umwandlung: Dezimalzahlen in Bruchzahlen

	Beispiele
Eine Dezimalzahl mit einer Stelle nach dem Komma kann als Bruch mit dem Nenner 10 geschrieben werden. Entsprechend kann eine Dezimalzahl mit zwei (drei, vier ...) Stellen nach dem Komma als Bruch mit dem Nenner 100 (1000, 10 000 ...) geschrieben werden. Häufig lässt sich der entstandene Bruch durch Kürzen einfacher schreiben.	$2{,}3 = \frac{23}{10}$ $0{,}82 = \frac{82}{100} = \frac{41}{50}$ $0{,}475 = \frac{475}{1000} = \frac{19}{40}$ $-1{,}5 = -\frac{15}{10} = -\frac{3}{2}$

Umwandlung: Bruchzahlen in Dezimalzahlen

	Beispiele
Wenn eine Bruchzahl den Nenner 10 (100, 1000 ...) hat, dann schreibt man nur den Zähler auf und setzt bei dieser Zahl das Komma nach einer (zwei, drei ...) Stelle(n) von rechts.	$\frac{13}{10} = 1{,}3$ $\frac{73}{100} = 0{,}73$ $\frac{17}{1000} = 0{,}017$
Bei anderen Nennern als 10 (100, 1000 ...) erweitert man den Bruch, falls möglich, zuerst so, dass der Nenner 10 (100, 1000 ...) entsteht. Dann verfährt man wie oben.	$\frac{3}{5} = \frac{6}{10} = 0{,}6$ $\frac{19}{20} = \frac{95}{100} = 0{,}95$ $\frac{7}{40} = \frac{175}{1000} = 0{,}175$
Wenn sich der Bruch nicht auf einen der Nenner 10, 100, 1000 ... erweitern lässt, dann entsteht eine nicht-abbrechende Dezimalzahl.	$\frac{1}{3} = 0{,}333333...$ $\frac{1}{7} = 0{,}142857...$ $\frac{1}{6} = 0{,}166666...$

Größenvergleich bei Bruchzahlen

Für positive Bruchzahlen gilt:	Beispiele
Wenn zwei Bruchzahlen den gleichen Nenner haben, dann ist diejenige mit dem größeren Zähler die größere der beiden Zahlen.	$\frac{7}{11} > \frac{5}{11}$ $\frac{13}{18} < \frac{17}{18}$
Wenn zwei Bruchzahlen den gleichen Zähler haben, dann ist diejenige mit dem größeren Nenner die kleinere der beiden Zahlen.	$\frac{3}{4} > \frac{3}{5}$ $\frac{12}{17} < \frac{12}{13}$
Sind weder Zähler noch Nenner von zwei Bruchzahlen gleich, so erweitert oder kürzt man die Brüche zuerst.	$\frac{3}{5} = \frac{3 \cdot 7}{5 \cdot 7} = \frac{21}{35}$ $\frac{4}{7} = \frac{4 \cdot 5}{7 \cdot 5} = \frac{20}{35}$ daher: $\frac{3}{5} > \frac{4}{7}$
Manchmal kann man auch durch Vergleichen mit einer dritten Bruchzahl erkennen, welche von zwei gegebenen Bruchzahlen die größere ist.	$\frac{6}{13} < \frac{1}{2}$; $\frac{3}{5} > \frac{1}{2}$ daher: $\frac{6}{13} < \frac{3}{5}$

Größenvergleich bei Dezimalzahlen

Für positive Dezimalzahlen gilt:	Beispiele
Wenn zwei Dezimalzahlen unterschiedlich viele Stellen vor dem Komma haben, dann ist diejenige mit mehr Stellen vor dem Komma die größere Zahl.	**15**,38 > **9**,47 **436**,296 > **99**,82
Wenn zwei Dezimalzahlen gleich viele Stellen vor dem Komma haben, dann ist diejenige mit der größeren ersten Ziffer die größere Zahl.	**2**1,04 > **1**7,95 **3**,87 > **0**,99
Stimmen die Zahlen in der ersten Ziffer überein, dann ist diejenige mit der größeren zweiten Ziffer die größere Zahl, usw.	**29**,3 > **28**,7 **451**,96 > **450**,4 **0,567** > **0,28** 0,00443 > 0,000448
Für negative Dezimalzahlen gilt:	**Beispiele**
Diejenige Zahl ist die größere, deren Gegenzahl kleiner ist.	−17,4 > −31,9 −0,036 > −0,44

Dezimalschreibweise bei Größen

Wenn man bei einer Größe die Maßeinheit ändert, dann ändert sich auch die Maßzahl. Die Änderung der Maßzahl erreicht man durch eine Kommaverschiebung.
Wird die Maßeinheit größer, so wird die Maßzahl kleiner und es erfolgt eine Kommaverschiebung nach links.
Wird die Maßeinheit größer, so wird die Maßzahl größer. Es erfolgt daher eine Kommaverschiebung nach rechts.

Größen	**Beispiele**
Längen Verschiebung um je eine Stelle 1 mm = 0,1 cm = 0,01 dm = 0,001 m 2,54 m = 25,4 dm = 254 cm = 2540 mm	13,9 cm = 1,39 dm 5,72 mm = 0,0572 dm 0,94 dm = 9,4 cm 1,057 m = 105,7 cm
Flächeninhalte Verschiebung um je zwei Stellen 1 mm² = 0,01 cm² = 0,0001 dm² = 0,000001 m² 1 m² = 0,01 a = 0,0001 ha = 0,000001 km² 8,3 m² = 830 dm² = 83 000 cm²	87,4 mm² = 0,874 cm² 49,2 cm² = 0,492 dm² 15,2 cm² = 1520 mm² 0,0308 m² = 308 cm²
Rauminhalte Verschiebung um je drei Stellen 1 mm³ = 0,001 cm³ = 0,000001 dm³ 1 dm³ = 0,001 m³ 2,8 m³ = 2800 dm³ = 28 000 000 cm³	456 mm³ = 0,456 cm³ 3,9 dm³ = 0,0039 m³ 13,6 mm³ = 0,0000136 dm³ 6,09 dm³ = 6090 cm³
Masse Verschiebung um je drei Stellen 1 mg = 0,001 g = 0,000001 kg 1 kg = 0,001 t 9,43 t = 9430 kg = 9 430 000 g	845 mg = 0,854 g 47,32 g = 0,04732 kg 3,08 kg = 0,00308 t 32,1 kg = 32 100 000 mg

Rationale Zahlen

Jede Zahl, die sich als Bruchzahl schreiben lässt, heißt rationale Zahl.
Die natürlichen Zahlen gehören zu den rationalen Zahlen, denn jede natürliche Zahl lässt sich z. B. als Bruchzahl mit dem Nenner 1 schreiben.
Die ganzen Zahlen gehören zu den rationalen Zahlen, da sie sich ebenfalls mit dem Nenner 1 schreiben lassen.

Beispiele
$\frac{7}{9}$; $\frac{11}{4}$; $-\frac{3}{5}$; 2,6; 3,72
$4 = \frac{4}{1}$; $13 = \frac{13}{1}$;
$0 = \frac{0}{1}$
$-2 = -\frac{2}{1}$; $-9 = -\frac{9}{1}$

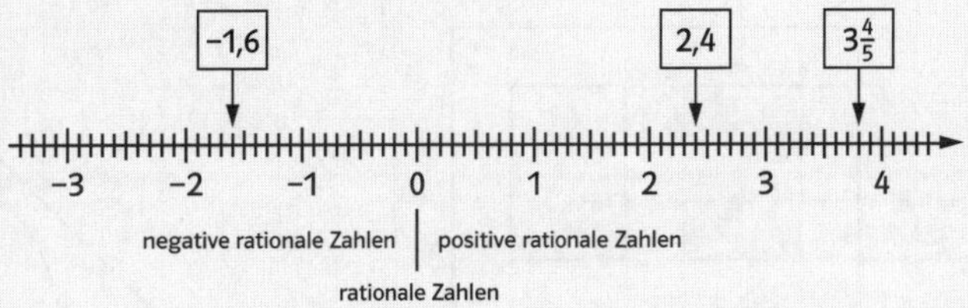

Die natürlichen Zahlen hat der liebe Gott gemacht. Alles andere ist Menschenwerk.
L. Kronecker

Bist du sicher?

1 Gib an, ob die Zahlen durch 2, 3, 4, 5, oder 9 teilbar sind.
a) 348 b) 2010 c) 9945 d) 10201

2 Erweitere auf den in Klammern stehenden Nenner.
a) $\frac{7}{4}$ (20) b) $\frac{11}{12}$ (96) c) $\frac{9}{40}$ (1000) d) $\frac{3}{16}$ (10 000)

3 Kürze soweit wie möglich.
a) $\frac{9}{48}$ b) $\frac{39}{65}$ c) $\frac{256}{120}$ d) $\frac{70}{84}$

4 Schreibe als gekürzten Bruch und als Dezimalzahl.
a) 20 % b) 54 % c) 150 % d) 0,3 %

5 Schreibe als Dezimalzahl und in Prozent.
a) $\frac{3}{4}$ b) $\frac{7}{20}$ c) $\frac{11}{80}$ d) $\frac{3}{24}$

6 Vergleiche die beiden Zahlen.
a) $\frac{1}{4}$; $\frac{3}{8}$ b) $\frac{2}{9}$; $\frac{2}{7}$ c) $-\frac{4}{5}$; $-\frac{3}{4}$ d) 2,308; 2,03
e) 0,0374; 0,047 f) −3,87; −3,76 g) $\frac{13}{40}$; 0,322

7 Schreibe in der angegebenen Einheit.
a) 35 m (km) b) 48 dm² (m²) c) 105 cm³ (dm³)
d) 2,5 g (kg) e) 17,4 cm (dm) f) 3,8 m² (a)
g) 2,75 dm³ (m³) h) 0,34 kg (t)

8 Welcher Anteil ist gefärbt?

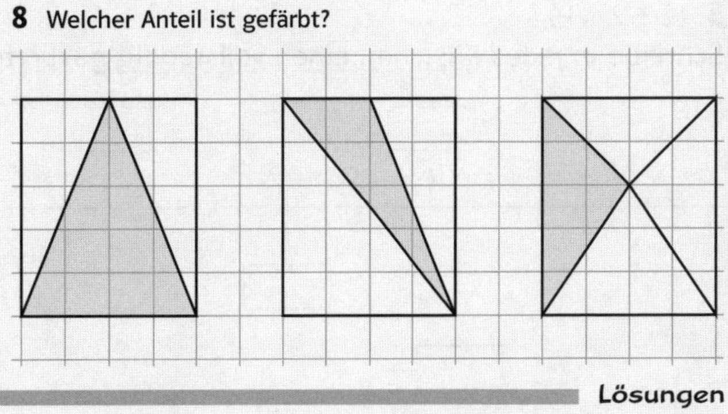

Lösungen

1 a) teilbar durch 2, 3 und 4 b) teilbar durch 2, 3 und 5 c) teilbar durch 3, 5 und 9 d) durch keine der Zahlen teilbar **2** a) $\frac{35}{20}$ b) $\frac{88}{96}$ c) $\frac{225}{1000}$ d) $\frac{1875}{10\,000}$ **3** a) $\frac{3}{16}$ b) $\frac{3}{5}$ c) $\frac{32}{15}$ d) $\frac{5}{6}$ **4** a) $\frac{1}{5} = 0{,}2$ b) $\frac{27}{50} = 0{,}54$ c) $\frac{3}{2} = 1{,}5$ d) $\frac{3}{1000} = 0{,}003$ **5** a) 0,75 = 75 % b) 0,35 = 35 % c) 0,1375 = 13,75 % d) 0,125 = 12,5 % **6** a) $\frac{1}{4} < \frac{3}{8}$ b) $\frac{2}{9} < \frac{2}{7}$ c) $-\frac{4}{5} < -\frac{3}{4}$ d) 2,308 > 2,03 e) 0,0374 < 0,047 f) −3,87 < −3,76 g) $\frac{13}{40} > 0{,}322$ **7** a) 0,035 km b) 0,48 m² c) 0,105 dm³ d) 0,0025 kg e) 1,74 dm f) 0,038 a g) 0,00275 m³ h) 0,00034 t **8** $\frac{1}{2}$ = 50 %; $\frac{1}{4}$ = 25 %; $\frac{1}{4}$ = 25 %

Anfangszeit: 11.11 Uhr —— + 45 Minuten ——> Abgabe: 11:56 Uhr

1 (1,5 + 1,5 VP)

a) Schreibe als Bruchteile von 1 m.
Kürze vollständig.
9 cm; 3 dm; 280 mm.

b) Schreibe ohne Bruch, sodass die Maßzahl eine natürliche Zahl ist.
$\frac{3}{4}$t; $\frac{2}{3}$h; $\frac{1}{8}$m².

2 (2 + 2 VP)

a) Ergänze zu einem Ganzen.

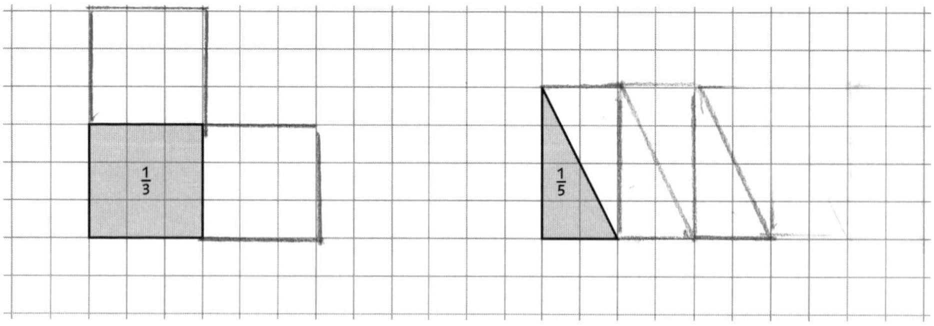

Figur 1 Figur 2

b) Welcher Anteil der Figuren ist gefärbt?

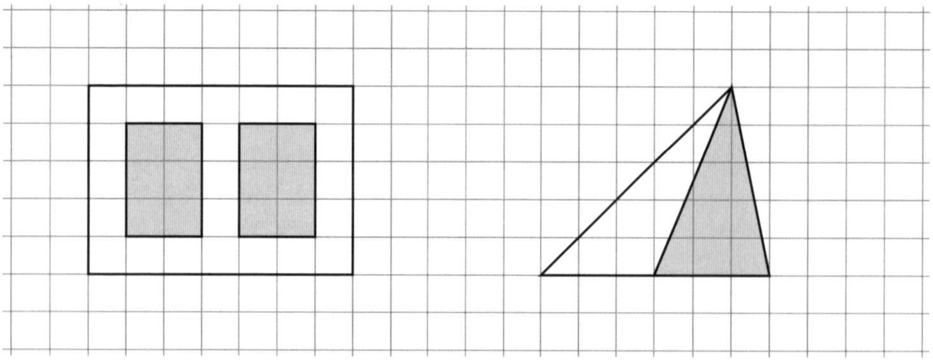

Figur 3 Figur 4

3 (2 + 2 VP)

Schreibe in jedes Kästchen einen vollständig gekürzten Bruch.

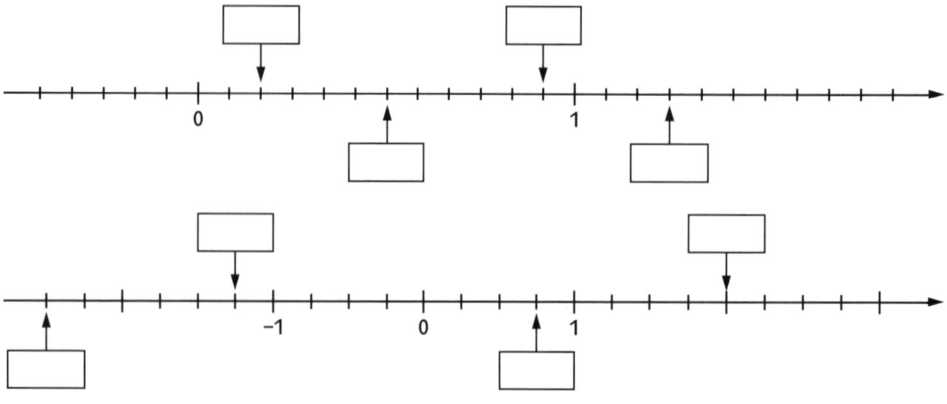

4 (1 + 1 + 1 VP)

a) Mit welcher Zahl wurde gekürzt?

$\frac{49}{84} = \frac{7}{12}$ $\frac{99}{121} = \frac{9}{11}$

b) Gib zwei Brüche mit dem Zähler 12 an, die vollständig gekürzt sind.

c) Ergänze die fehlenden Zähler bzw. Nenner.

$\frac{3}{5} = \frac{}{35} = \frac{27}{} = \frac{}{1000}$

5 (3 + 3 VP)

a) Schreibe die Dezimalzahlen als gekürzte Brüche.

3,5; 0,625; 0,48; 3,05; −0,45; −2,8

b) Schreibe die Brüche als Dezimalzahlen.

$\frac{7}{1000}$; $\frac{3}{8}$; $\frac{9}{40}$; $-\frac{3}{5}$; $-\frac{7}{4}$; $-\frac{11}{200}$

6 (4 VP)

Welche der angegebenen Teiler haben die in der ersten Tabellenspalte notierten Zahlen?
Setze in diesen Fällen in die entsprechenden Kästchen ein Kreuz.

Zahl	Teiler								
	2	3	4	5	6	8	9	10	25
70									
111									
654									
900									

Lerntipps

zu Aufgabe 2

a) Du kannst wenigstens auf zwei Arten überlegen:
Wie viele Kästchen hat die gegebene Figur, wie viele daher die ganze zu zeichnende Figur?
oder:
Wie viele der gegebenen Figuren brauchst du jeweils?

b) Zähle! Denke an die Formel für den Flächeninhalt eines Dreiecks.

zu Aufgabe 3

Achte sorgfältig auf die Beschriftungen und bestimme die Anzahl der Abschnitte zwischen benachbarten ganzen Zahlen.

zu Aufgabe 5

a) Welche Bedeutung hat eine Ziffer in der ersten, zweiten, dritten Stelle nach dem Komma?

b) Auf welche Nenner solltest du gegebenenfalls zuerst erweitern?

Anfangszeit: ____________________ + 45 Minuten → Abgabe: ____________________

1 (2 + 2 VP)

a) Schreibe als Bruchteile von 1 kg.
Kürze vollständig.
10 g; 750 g; 2 g; 27 mg

b) Schreibe ohne Bruch.
$\frac{1}{2}$m; $\frac{4}{5}$m²; $\frac{1}{8}$m³; $\frac{3}{4}$h

2 (2 + 2 VP)

a) Schreibe als gekürzten Bruch.
5 %; 21 %; 68 %; 120 %

b) Schreibe in Prozent.
$\frac{7}{10}$; $\frac{1}{4}$; $\frac{12}{60}$; $\frac{11}{25}$

3 (0,5 + 0,5 + 0,5 + 0,5 VP)

Vergleiche die beiden Zahlen.

a) $\frac{13}{85}$; $\frac{13}{86}$ b) $\frac{31}{12}$; $\frac{5}{2}$ c) $\frac{95}{5}$; 19 d) $\frac{5}{6}$; $\frac{6}{5}$

4 (4 VP)

Bei der Zahl 123*56 steht an der Hunderterstelle ein Sternchen.
Welche Ziffer kann man anstelle des Sternchens eintragen, wenn die entstehende sechsstellige Zahl durch 4 bzw. 9 bzw. 6 teilbar sein soll?
Kreuze alle entsprechenden Kästchen an.

Teiler	Ziffer anstelle des Sternchens									
	0	1	2	3	4	5	6	7	8	9
4										
9										
6										

5 (1 + 1 + 2 + 2 VP)

a) Gib eine Zahl an, die zwischen −0,2 und −0,195 liegt.
b) Bestimme die Zahl in der Mitte von 1,07 und 1,071.
c) Gibt es Bruchzahlen zwischen $\frac{3}{7}$ und $\frac{3}{8}$? Begründe deine Antwort.
d) Gibt es eine kleinste Bruchzahl?

6 (4 VP)

Bei der Klassensprecherwahl in Klasse 6 b haben alle 28 Schülerinnen und Schüler ihre Stimme abgegeben. Jonathan erhält sieben Stimmen, Maria erhält eine Stimme mehr als ein Viertel aller Stimmen. Claudia erhält ein Siebtel der Stimmen und Jennifer wurde mit neun Stimmen zur Klassensprecherin gewählt.
Welchen Stimmenanteil erhielt die Klassensprecherin?
Wie viele Stimmen erhielt Maria?
Wie groß war der Stimmenanteil von Jonathan und Claudia zusammen?

Lerntipps

zu Aufgabe 3
Du kannst Nenner vergleichen, Zähler vergleichen oder mit ganzen Zahlen vergleichen!
zu Aufgabe 5
a) Zeichne oder rechne.
d) Nimm an, es gäbe eine kleinste Zahl. Versuche eine kleinere zu finden.

Anfangszeit: ____________________ + 45 Minuten → Abgabe: ____________________

1 (2 + 2 VP)

a) Ergänze zu einem Ganzen.

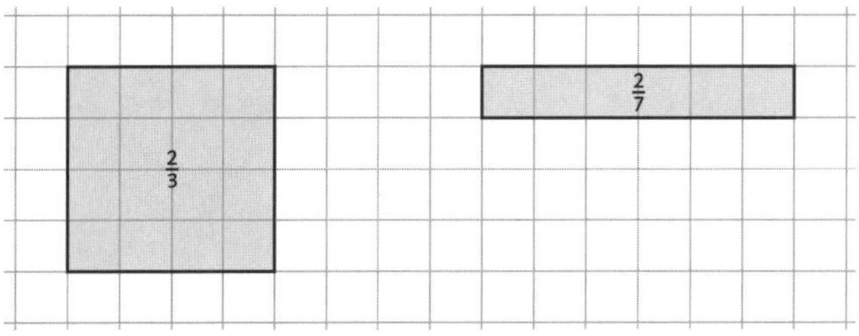

Figur 1 Figur 2

b) Welcher Anteil der Figuren ist gefärbt?

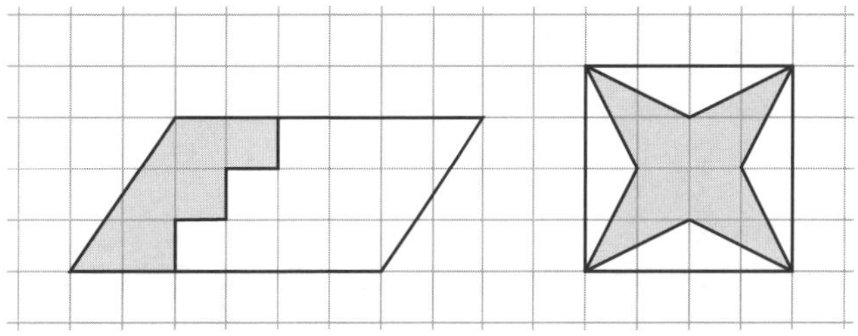

Figur 3 Figur 4

2 (2 + 3 VP)

a) Zeichne eine Zahlengerade, bei der die Einheitsstrecke die Länge 12 cm hat.
Markiere:
$\frac{1}{6}$; $\frac{3}{4}$; $\frac{3}{8}$; $\frac{13}{12}$.

b) Bei einer Zahlengeraden liegen die Markierungen für $\frac{1}{5}$ und $\frac{1}{4}$ um 0,5 cm auseinander.
Zeichne diese Zahlengerade und markiere:
$\frac{1}{5}$; $\frac{7}{10}$; $\frac{1}{4}$; $\frac{13}{20}$.

3 (1,5 + 1,5 + 1 + 1 VP)

a) Was bedeutet „Kürzen eines Bruches"? Erläutere dies mit einem geeigneten Beispiel.
b) Kürze die Brüche vollständig: $\frac{20}{48}$; $\frac{75}{80}$; $\frac{65}{52}$.
c) Gib einen Bruch an, der sich durch 1, 3 und 7 kürzen lässt.
d) Gib zwei Brüche mit zweistelligem Zähler und dreistelligem Nenner an, die sich nicht kürzen lassen.

4 (2 + 2 VP)

a) Schreibe die Dezimalzahlen als gekürzte Brüche.
0,84; 20,04; −0,0027; −6,4

b) Schreibe die Brüche als Dezimalzahlen.
$\frac{7}{125}$; $\frac{189}{900}$; $-\frac{11}{4}$; $-\frac{3}{80}$

5 (2 VP)

Ordne die Zahlen der Größe nach.
0,495; $\frac{1}{2}$; 0,4; $\frac{3}{8}$; 0,37; $\frac{13}{25}$

6 (2 + 2 VP)

In einem Waldstück stehen 7200 Buchen und 4800 Fichten. Der Förster schätzt, dass infolge großer Trockenheit ein Drittel der Buchen und ein Fünftel der Fichten stark geschwächt sind. Erfahrungsgemäß wird jeder vierte geschwächte Laubbaum von Schädlingen befallen.
a) Welcher Anteil der Bäume in diesem Waldstück ist geschwächt?
b) Wie viele Fichten sind noch gesund?
Wie viele Laubbäume werden wohl von Schädlingen befallen?
Welcher Anteil aller Laubbäume ist dies?

Klassenarbeit 1.4

Anfangszeit: ______________ + 45 Minuten → Abgabe: ______________

1 (1,5 + 1,5 VP)

a) Schreibe als Bruchteile von $1\,m^2$.
Kürze vollständig.
$25\,dm^2$; $30\,cm^2$; $5\,mm^2$

b) Schreibe ohne Bruch.
$\frac{1}{8}$kg; $\frac{3}{4}m^3$; $\frac{6}{5}$h

2 (1,5 + 1,5 VP)

Bestimme.

a) 10 % von 3 m; 3 % von 39 €; 15 % von 20 kg

b) $\frac{4}{5}$ von 16 m; $\frac{3}{8}$ von 7 kg; $\frac{5}{12}$ von 3 h

3 (2 + 2 + 2 VP)

Ordne die Zahlen der Größe nach.

a) 0,2705; 0,2075; 0,275; 0,205; 0,2507

b) −0,8; $\frac{-79}{100}$; −0,801; −0,8108; −0,82

c) $\frac{2}{3}$; −0,6; $\frac{1}{4}$; $-\frac{1}{7}$; $-\frac{1}{6}$

4 (1 + 1 + 1 + 1 VP)

a) $\frac{x}{4} = \frac{-8}{32}$

b) $-3 : x = \frac{3}{-4}$

c) $\frac{65}{x} = -5$

d) $\frac{x}{2006} = \frac{2006}{4012}$

5 (5 VP)

Bei einer Umfrage unter Firmen wird ermittelt, wie viele neue Arbeitsplätze im Jahr 2008 und im Jahr 2009 geschaffen wurden.
Welche der folgenden Behauptungen sind wahr, welche falsch, welche unentscheidbar?
Begründe deine Antworten.

1. Behauptung:
Firma A hat die Zahl der Neueinstellungen im Jahr 2009 um mehr als 50 % gesteigert.

2. Behauptung:
Im Jahr 2009 hat Firma B 25 % mehr Personen eingestellt als im Jahr vorher.

3. Behauptung:
Die Firmen C und D haben im Jahr 2009 20 % mehr Personen eingestellt als im Vorjahr.

4. Behauptung:
Firma D hat am wenigsten Beschäftigte.

5. Behauptung:
Firma A hat im Jahr 2009 die meisten neuen Mitarbeiter eingestellt.

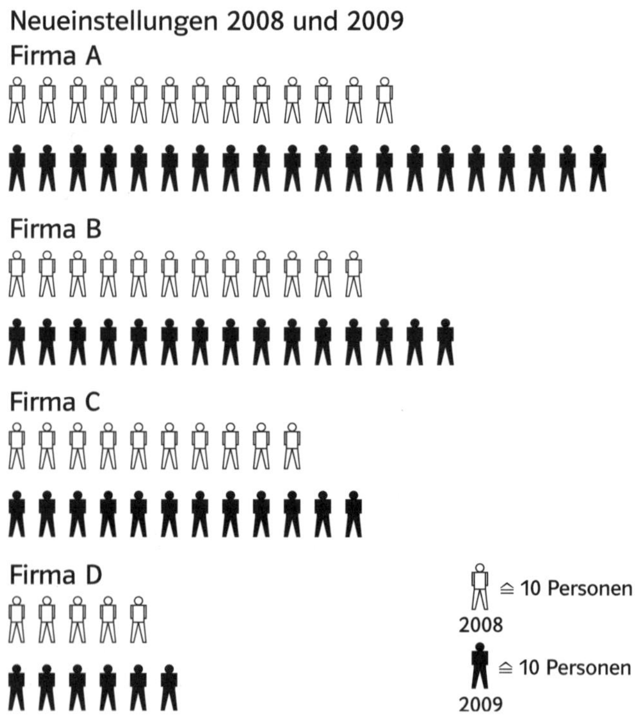

6 (3 VP)

Schreibe die Primfaktorzerlegungen von 21 und 66 auf.
Bestimme damit den größten gemeinsamen Teiler dieser beiden Zahlen.

Klassenarbeit 1.1

1 (1,5 + 1,5 VP)

a) *Beachte:*

$1\,cm = \frac{1}{100}\,m$;

$1\,dm = \frac{1}{10}\,m$;

$1\,mm = \frac{1}{1000}\,m$.

$9\,\text{cm} = \frac{9}{100}\,\text{m}$

$3\,\text{dm} = \frac{3}{10}\,\text{m}$

$280\,\text{mm} = \frac{280}{1000}\,\text{m} = \frac{28}{100}\,\text{m} = \frac{7}{25}\,\text{m}$

b) *Beachte:*

$\frac{1}{4}\,t = 250\,kg$;

$\frac{1}{3}\,h = 20\,min$;

$1\,m^2 = 100\,dm^2 = 10\,000\,cm^2$.

$\frac{3}{4}\,\text{t} = 3 \cdot 250\,\text{kg} = 750\,\text{kg}$

$\frac{2}{3}\,\text{h} = 2 \cdot 20\,\text{min} = 40\,\text{min}$

$\frac{1}{8}\,\text{m}^2 = \frac{1}{8} \cdot 100\,\text{dm}^2 = \frac{1}{8} \cdot 10\,000\,\text{cm}^2 = 1250\,\text{cm}^2$

2 (2 + 2 VP)

a)

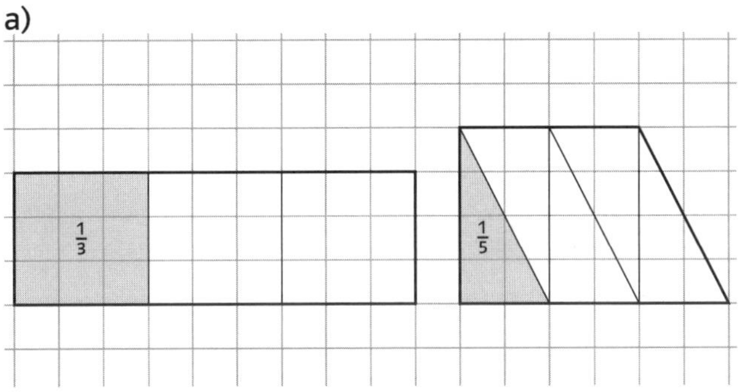

Figur 1 Figur 2

Hier kannst du auch andere Lösungen angeben. Bei Figur 1 sind neun Kästchen gefärbt. Um ein Ganzes darzustellen, musst du dreimal so viele, also 27 Kästchen, färben. Bei Figur 2 sind vier Kästchen gefärbt. Um ein Ganzes darzustellen, musst du fünfmal so viele, also 20 Kästchen, färben. Daher sind z. B. auch folgende Ergebnisse möglich:

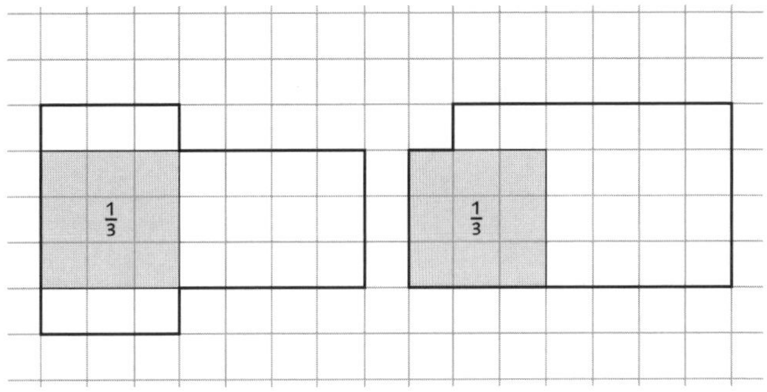

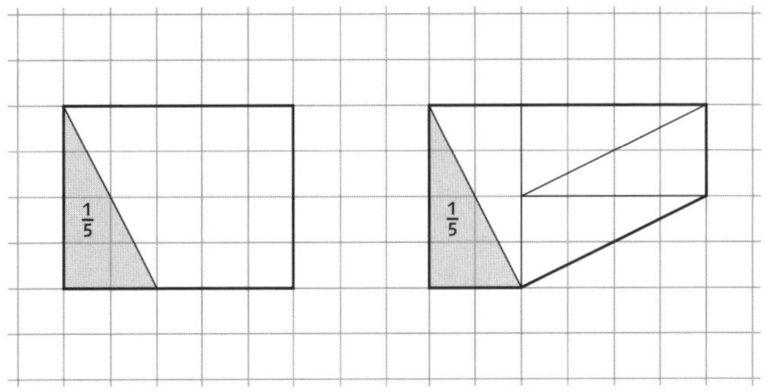

b) *In der ersten Figur sind zwölf von 35 Kästchen gefärbt.*

Figur 3: Anteil $\frac{12}{35}$

Das große Dreieck hat sechs Kästchen als Grundseite und fünf Kästchen als Höhe. Sein Flächeninhalt beträgt daher $(6 \cdot 5) : 2 = 15$ Kästchen. Das rechte gefärbte Dreieck hat eine halb so lange Grundseite und gleiche Höhe wie das große Dreieck. Daher ist sein Flächeninhalt halb so groß wie der des großen Dreiecks.

Figur 4: Anteil $\frac{1}{2}$

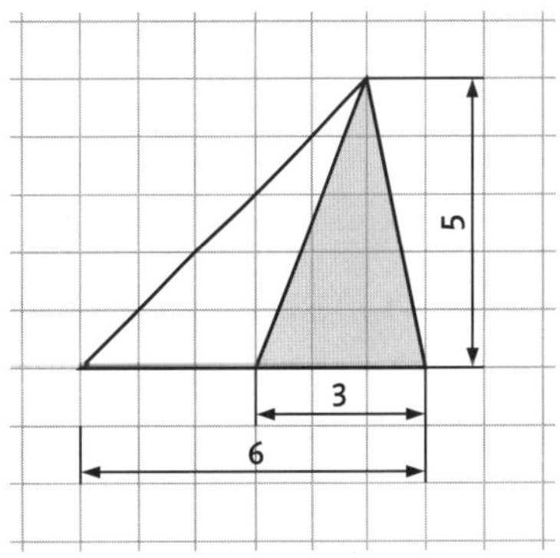

3 (2 + 2 VP)

Die Einheitsstrecke zwischen den Markierungen für 0 und 1 ist in zwölf gleich lange Abschnitte unterteilt. An die Pfeile kann man daher $\frac{2}{12}$; $\frac{6}{12}$; $\frac{11}{12}$ und $\frac{15}{12}$ geschrieben denken, was nach Kürzen zu den folgenden Ergebnissen führt:

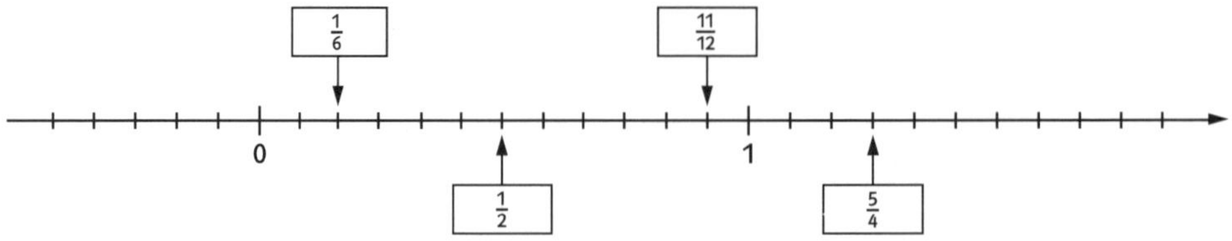

Hier ist die Einheitsstrecke in vier gleich lange Abschnitte zerlegt.

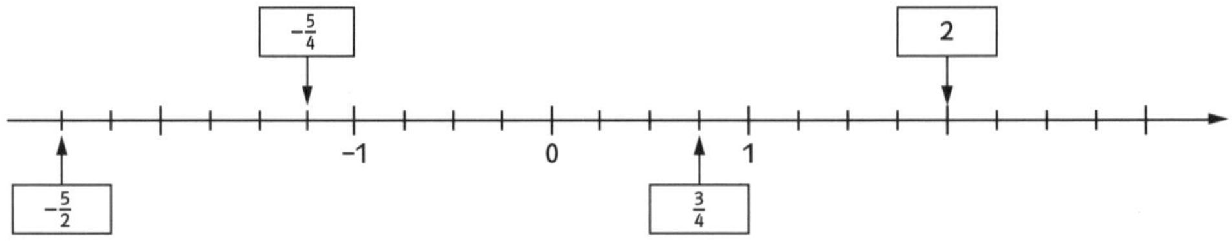

4 (1 + 1 + 1 VP)

a) $\frac{49}{84} = \frac{7 \cdot 7}{12 \cdot 7} = \frac{7}{12}$

Es wurde mit 7 gekürzt.

$\frac{99}{121} = \frac{9 \cdot 11}{11 \cdot 11} = \frac{9}{11}$

Es wurde mit 11 gekürzt.

b) *Hier kannst du verschiedene Lösungen nennen.*

Beispiele: $\frac{12}{5}$; $\frac{12}{7}$; $\frac{12}{11}$; $\frac{12}{13}$ usw.

Achte bei deinen Lösungen darauf, dass der Nenner nicht durch 2 oder 3 teilbar ist, denn sonst könntest du noch kürzen.

c) *Beachte, dass du beim ersten Bruch mit 7 erweitern musst, um den Nenner 35 zu erhalten. Daher heißt der Zähler $3 \cdot 7 = 21$. Entsprechend überlegst du bei den anderen Brüchen.*

$\frac{3}{5} = \frac{21}{35} = \frac{27}{45} = \frac{600}{1000}$

5 (3 + 3 VP)

Schreibe die Dezimalzahlen zunächst als Brüche mit Nenner 10, 100, 1000 …

a) $3{,}5 = \frac{35}{10} = \frac{7}{2}$

$0{,}625 = \frac{625}{1000} = \frac{5}{8}$

$0{,}48 = \frac{48}{100} = \frac{12}{25}$

$3{,}05 = \frac{305}{100} = \frac{61}{20}$

$-0{,}45 = -\frac{45}{100} = -\frac{9}{20}$

$-2{,}8 = -\frac{28}{10} = -\frac{14}{5}$

b) *Erweitere gegebenenfalls zuerst so, dass der Nenner 10, 100, 1000 … auftritt.*

$\frac{7}{1000} = 0{,}007$

$\frac{3}{8} = \frac{3 \cdot 125}{8 \cdot 125} = \frac{375}{1000} = 0{,}375$

$\frac{9}{40} = \frac{9 \cdot 25}{40 \cdot 25} = \frac{225}{1000} = 0{,}225$

$-\frac{3}{5} = -\frac{3 \cdot 2}{5 \cdot 2} = -\frac{6}{10} = -0{,}6$

$-\frac{7}{4} = -\frac{7 \cdot 25}{4 \cdot 25} = -\frac{175}{100} = -1{,}75$

$-\frac{11}{200} = -\frac{11 \cdot 5}{200 \cdot 5} = -\frac{55}{1000} = -0{,}055$

6 (4 VP)

Eine Zahl ist durch 6 teilbar, wenn sie durch 2 und zugleich durch 3 teilbar ist. Du musst in diesem Fall also zwei Bedingungen überprüfen. Sie ist durch 10 teilbar, wenn sie durch 2 und zugleich durch 5 teilbar ist. Was weißt du über die Einerziffer einer durch 10 teilbaren Zahl? Wie müssen die letzten beiden Ziffern einer Zahl heißen, wenn sie durch 25 teilbar sein soll?

Zahl	Teiler								
	2	3	4	5	6	8	9	10	25
70	X			X				X	
111		X							
654	X	X			X				
900	X	X	X	X	X		X	X	X

Klassenarbeit 1.2

1 (2 + 2 VP)

a) *Beachte:*

$1g = \frac{1}{1000}kg$; $1mg = \frac{1}{1000}g$.

$10\,g = \frac{10}{1000}\,kg = \frac{1}{100}\,kg$

$750\,g = \frac{750}{1000}\,kg = \frac{3}{4}\,kg$

$2\,g = \frac{2}{1000}\,kg = \frac{1}{500}\,kg$

$27\,mg = \frac{27}{1000}\,g = \frac{27}{1000000}\,kg$

b) *Beachte:*

$1m = 10dm$; $1m^2 = 100dm^2$;
$1m^3 = 1000dm^3$; $1h = 60min$.

$\frac{1}{2}m = 1 \cdot 5\,dm = 5\,dm$

$\frac{4}{5}m^2 = 4 \cdot 20\,dm^2 = 80\,dm^2$

$\frac{1}{8}m^3 = 1 \cdot 125\,dm^3 = 125\,dm^3$

$\frac{3}{4}h = 3 \cdot 15\,min = 45\,min$

2 (2 + 2 VP)

a) *1% ist eine andere Schreibweise für $\frac{1}{100}$.*

$5\,\% = \frac{5}{100} = \frac{1}{20}$

$21\,\% = \frac{21}{100}$

$68\,\% = \frac{68}{100} = \frac{17}{25}$

$120\,\% = \frac{120}{100} = \frac{6}{5}$

b) *Erweitere zuerst so, dass nach Möglichkeit der Nenner 100 auftritt.*

$\frac{7}{10} = \frac{7 \cdot 10}{10 \cdot 10} = \frac{70}{100} = 70\,\%$

$\frac{1}{4} = \frac{1 \cdot 25}{4 \cdot 25} = \frac{25}{100} = 25\,\%$

$\frac{12}{60} = \frac{1}{5} = \frac{1 \cdot 20}{5 \cdot 20} = \frac{20}{100} = 20\,\%$

$\frac{11}{25} = \frac{11 \cdot 4}{25 \cdot 4} = \frac{44}{100} = 44\,\%$

3 (0,5 + 0,5 + 0,5 + 0,5 VP)

Zum Vergleichen von Brüchen kannst du durch Erweitern gleiche Zähler oder gleiche Nenner herstellen! Manchmal hilft auch der Vergleich mit einer natürlichen Zahl.

a) *Von zwei Brüchen mit gleichen Zählern ist derjenige größer, der den kleineren Nenner hat.*

$\frac{13}{85} > \frac{13}{86}$

b) *Von zwei Brüchen mit gleichen Nennern ist derjenige größer, der den größeren Zähler hat.*

$\frac{5}{2} = \frac{30}{12}$, daher gilt: $\frac{31}{12} > \frac{5}{2}$.

c) $\frac{95}{5} = 19$, daher gilt: $\frac{95}{5} = 19$.

d) *Der erste Bruch ist kleiner als 1, der zweite größer als 1.*

$\frac{5}{6} < 1$, $\frac{6}{5} > 1$, daher gilt: $\frac{5}{6} < \frac{6}{5}$.

4 (4 VP)

Teiler	Ziffer anstelle des Sternchens									
	0	1	2	3	4	5	6	7	8	9
4	X	X	X	X	X	X	X	X	X	X
9		X								
6		X			X			X		

Begründungen:

*Wenn die Zahl 123*56 durch 4 teilbar sein soll, dann muss die aus Zehner- und Einerziffer gebildete Zahl durch 4 teilbar sein. Da diese Zahl 56 ist und 56 durch 4 teilbar ist, kann jede der Ziffern 0, 1, 2, 3, 4, 5, 6, 7, 8, 9 anstelle des Sternchens eingesetzt werden.*

*Wenn die Zahl 123*56 durch 9 teilbar sein soll, dann muss die Quersumme der Zahl durch 9 teilbar sein. Die fünf Ziffern ergeben die Quersumme 17. Damit die Quersumme einschließlich der fehlenden Ziffer eine durch 9 teilbare Zahl ergibt, muss man anstelle des Sternchens die Ziffer 1 einsetzen.*

*Wenn die Zahl durch 6 teilbar sein soll, dann muss sie durch 2 und zugleich durch 3 teilbar sein. Die gegebene Zahl 123*56 ist wegen der Einerziffer 6 eine gerade Zahl und daher immer durch 2 teilbar, gleichgültig, welche Ziffer man anstelle des Sternchens schreibt. Da die Zahl auch durch 3 teilbar sein soll, muss die Quersumme durch 3 teilbar sein. Für das Sternchen kann man daher nur die Ziffern 1, 4 oder 7 einsetzen.*

5 (1 + 1 + 2 + 2 VP)

a) *Achte darauf, dass deine Zahl kleiner als −0,195 ist. Ihre Markierung liegt auf der Zahlengeraden links von der Markierung für −0,195.*

Beispiele:

Die Zahlen −0,196, −0197, −0,1998, −0,19999 liegen zwischen −0,2 und −0,195.

b) In der Mitte von 1,07 und 1,071 liegt die Zahl 1,0705.

c) Durch Erweitern mit 2 erhält man $\frac{6}{14}$ und $\frac{6}{16}$. Dazwischen liegt z. B. die Zahl $\frac{6}{15}$.

Durch Erweitern mit größeren Zahlen als 2 kann man erreichen, dass beliebig viele Bruchzahlen dazwischen passen.

Beispiel: Erweitern mit 10 ergibt $\frac{30}{70}$ und $\frac{30}{80}$. Jetzt erkennt man sofort, dass $\frac{30}{71}, \frac{30}{72}, \ldots, \frac{30}{79}$ dazwischen liegen.

d) *Nimm an, jemand behauptet, er habe eine kleinste Bruchzahl gefunden. Wie findest du eine kleinere?*

Es gibt keine kleinste Bruchzahl. Angenommen, jemand behauptet, es gäbe eine solche kleinste Bruchzahl und sie wäre vollständig gekürzt. Würde man jetzt den Zähler beibehalten und den Nenner um 1 vergrößern, so erhielte man eine kleinere Bruchzahl als die vorherige.
Die Behauptung ist also falsch, da man zu jeder Bruchzahl noch eine kleinere finden kann.
Du könntest aber z. B. auch den Zähler beibehalten und an die Zahl im Nenner eine 0 anhängen oder die Zahl im Nenner verdoppeln usw.

6 (4 VP)
Stimmenanzahl für Maria: $\frac{1}{4}$ von 28 + 1 = 7 + 1 = 8
Stimmenanteil für Jennifer: $\frac{9}{28}$
Stimmenanteil für Jonathan: $\frac{7}{28} = \frac{1}{4}$
Stimmenanzahl für Claudia: $\frac{1}{7}$ von 28 = 4
Jonathan und Claudia erhalten zusammen 7 + 4, also 11 Stimmen.
Der Stimmenanteil von Jonathan und Claudia zusammen beträgt $\frac{11}{28}$.

Klassenarbeit 1.3

1 (2 + 2 VP)
a) *Es sind viele Lösungen möglich. Kontrolliere deine eigene Lösung, indem du die Kästchen abzählst oder aber die Inhalte der Rechtecksflächen bzw. Dreiecksflächen mit dir bekannten Formeln berechnest.*
Beispiele:

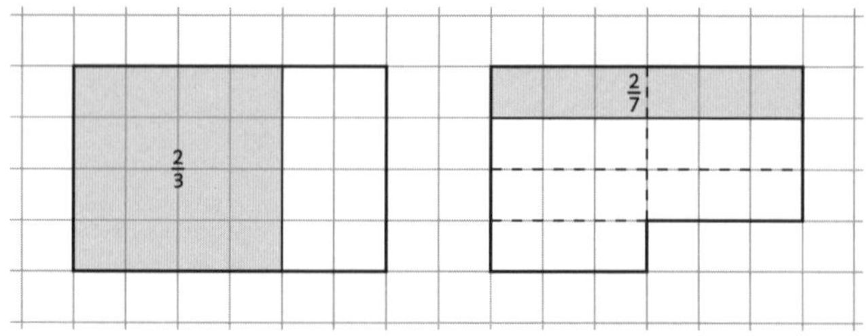

Figur 1 Figur 2

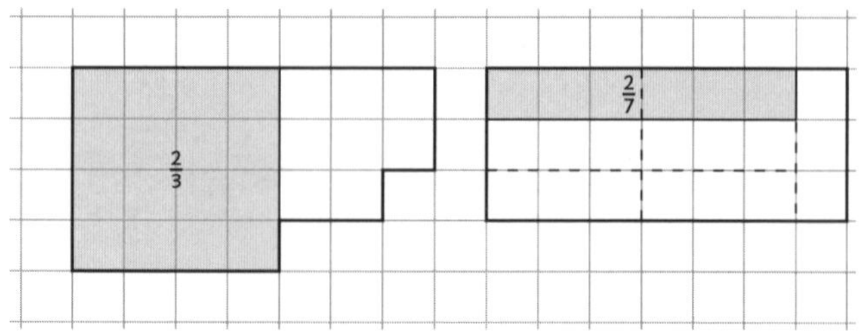

Figur 1 Figur 2

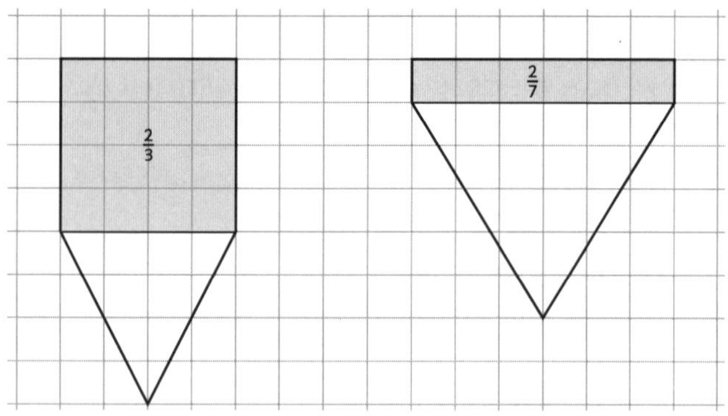

Figur 1 Figur 2

b)

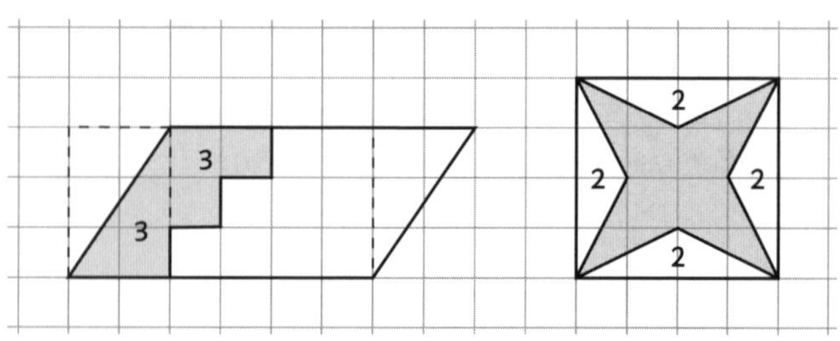

Figur 3 Figur 4

In Figur 3 sind sechs Kästchen von 18 Kästchen gefärbt. Daher sind $\frac{6}{18} = \frac{1}{3}$ der Figur gefärbt.
In Figur 4 sind acht Kästchen nicht gefärbt. Folglich sind von den 16 Kästchen acht Kästchen gefärbt. Daher ist die Hälfte der Figur gefärbt.

2 (2 + 3 VP)

a)

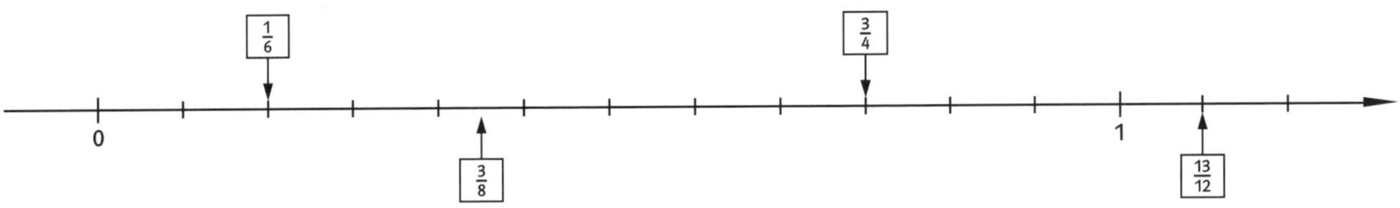

b) Es gilt: $\frac{1}{5} = \frac{4}{20}$; $\frac{1}{4} = \frac{5}{20}$.
Der Unterschied dieser Zahlen ist $\frac{1}{20}$. Der Abstand der zugehörigen Markierungen ist 0,5 cm. Daher muss der Abstand zwischen der 0- und der 1-Markierung $20 \cdot 0{,}5\,\text{cm} = 10\,\text{cm}$ sein.

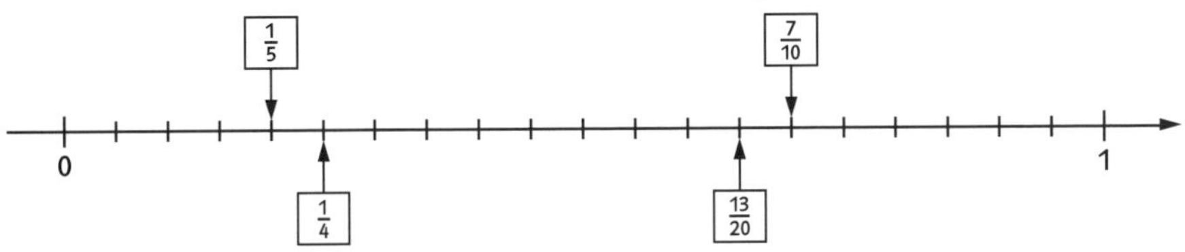

3 (1,5 + 1,5 + 1 + 1 VP)

a) „Einen Bruch kürzen“ heißt, seinen Zähler und seinen Nenner durch dieselbe natürliche Zahl dividieren. Ein Bruch heißt vollständig gekürzt, wenn es keine natürliche Zahl größer als 1 gibt, die sowohl Teiler des Zählers als auch des Nenners ist.

Beispiele:

$\frac{12}{30} = \frac{2 \cdot 6}{2 \cdot 15} = \frac{6}{15}$ (durch 2 gekürzt)

$\frac{6}{15} = \frac{3 \cdot 2}{3 \cdot 5} = \frac{2}{5}$ (durch 3 gekürzt, vollständig gekürzt)

b) $\frac{20}{48} = \frac{4 \cdot 5}{4 \cdot 12} = \frac{5}{12}$

$\frac{75}{80} = \frac{5 \cdot 15}{5 \cdot 16} = \frac{15}{16}$

$\frac{65}{52} = \frac{13 \cdot 5}{13 \cdot 4} = \frac{5}{4}$

c) *Wenn ein Bruch durch 1, 3 und 7 kürzbar sein soll, dann müssen diese Zahlen als Faktoren im Zähler und zugleich im Nenner vorkommen.*

Beispiele:

$\frac{21}{42} = \frac{1 \cdot 3 \cdot 7}{2 \cdot 3 \cdot 7} = \frac{1}{2}$

$\frac{63}{315} = \frac{3 \cdot 3 \cdot 7}{3 \cdot 3 \cdot 5 \cdot 7} = \frac{1}{5}$

$\frac{105}{126} = \frac{3 \cdot 5 \cdot 7}{2 \cdot 3 \cdot 3 \cdot 7} = \frac{5}{6}$

d) Beispiele:

$\frac{11}{100}$; $\frac{13}{105}$; $\frac{12}{101}$

4 (2 + 2 VP)

a) $0{,}84 = \frac{84}{100} = \frac{4 \cdot 21}{4 \cdot 25} = \frac{21}{25}$

$20{,}04 = \frac{2004}{100} = \frac{4 \cdot 501}{4 \cdot 25} = \frac{501}{25}$

$-0{,}0027 = -\frac{27}{10\,000}$

$-6{,}4 = -\frac{64}{10} = -\frac{2 \cdot 32}{2 \cdot 5} = -\frac{32}{5}$

b) $\frac{7}{125} = \frac{7 \cdot 8}{125 \cdot 8} = \frac{56}{1000} = 0{,}056$

$\frac{189}{900} = \frac{9 \cdot 21}{9 \cdot 100} = \frac{21}{100} = 0{,}21$

$-\frac{11}{4} = -\frac{11 \cdot 25}{4 \cdot 25} = -\frac{275}{100} = -2{,}75$

$-\frac{3}{80} = -\frac{3 \cdot 125}{80 \cdot 125} = -\frac{375}{10\,000} = -0{,}0375$

5 (2 VP)

Alle Zahlen können zum Ordnen als Dezimalzahlen geschrieben werden.

0,495; $\frac{1}{2} = 0{,}5$; 0,4; $\frac{3}{8} = 0{,}375$; 0,37; $\frac{13}{25} = 0{,}52$

Daher gilt:

$0{,}37 < \frac{3}{8} < 0{,}4 < 0{,}495 < \frac{1}{2} < \frac{13}{25}$.

6 (2 + 2 VP)

a) Anzahl der geschwächten Fichten:

$\frac{1}{5}$ von 4800 = 960

Anzahl der geschwächten Buchen:

$\frac{1}{3}$ von 7200 = 2400

Gesamtzahl der geschwächten Bäume:

960 + 2400 = 3360

Anteil der geschwächten Bäume:

$\frac{3360}{4800 + 7200} = \frac{3360}{12\,000} = \frac{336}{1200} = \frac{42}{150} = \frac{7}{25}$

b) Anzahl der gesunden Fichten:

4800 − 960 = 3840

Anzahl der befallenen Laubbäume (Buchen):

$\frac{1}{4}$ von 2400 = 600

Anteil der befallenen Laubbäume von allen Laubbäumen:

$\frac{600}{7200} = \frac{1}{12}$

Klassenarbeit 1.4

1 (1,5 + 1,5 VP)

a) $25\,dm^2 = \frac{25}{100}\,m^2 = \frac{1}{4}\,m^2$

$30\,cm^2 = \frac{30}{100}\,dm^2 = \frac{30}{10\,000}\,m^2 = \frac{3}{1000}\,m^2$

$5\,mm^2 = \frac{5}{100}\,cm^2 = \frac{5}{10\,000}\,dm^2 = \frac{5}{1\,000\,000}\,m^2 = \frac{1}{200\,000}\,m^2$

b) $\frac{1}{8}\,kg = \frac{1}{8}$ von $1000\,g = 125\,g$

$\frac{3}{4}\,m^3 = \frac{3}{4}$ von $1000\,dm^3 = 750\,dm^3$

$\frac{6}{5}\,h = \frac{6}{5}$ von $60\,min = 72\,min$

2 (1,5 + 1,5 VP)

a) $10\,\% = \frac{10}{100} = \frac{1}{10}$

$\frac{1}{10}$ von $3\,m = 3\,dm$ (= 0,3 m)

$3\,\% = \frac{3}{100}$

$\frac{3}{100}$ von 39 € = $\frac{3}{100}$ von 3900 ct = 117 ct = 1,17 €

$\frac{3}{20}$ von $20\,kg = 3\,kg$

b) $\frac{1}{5}$ von $16\,m = \frac{1}{5}$ von $160\,dm = 32\,dm$

$\frac{4}{5}$ von $16\,m = 4 \cdot 32\,dm = 128\,dm = 12{,}8\,m$

$\frac{1}{8}$ von $7\,kg = \frac{1}{8}$ von $7000\,g = 875\,g$

$\frac{3}{8}$ von $7\,kg = 3 \cdot 875\,g = 2625\,g = 2{,}625\,kg$

$\frac{1}{12}$ von $3\,h = \frac{1}{12}$ von $180\,min = 15\,min$

$\frac{5}{12}$ von $3\,h = 5 \cdot 15\,min = 75\,min = 1\,h\ 15\,min = 1{,}25\,h$

3 (2 + 2 + 2 VP)

a) $0{,}205 < 0{,}2075 < 0{,}2507 < 0{,}2705 < 0{,}275$

b) $-0{,}82 < -0{,}8108 < -0{,}801 < -0{,}8 < -\frac{79}{100}$

c) $-0{,}6 < -\frac{1}{6} < -\frac{1}{7} < \frac{1}{4} < \frac{2}{3}$

4 (1 + 1 + 1 + 1 VP)

a) $\frac{x}{4} = \frac{-8}{32}$

$\frac{x \cdot 8}{4 \cdot 8} = \frac{-8}{32}$

$x \cdot 8 = -8$

$x = -1$

b) $-3 : x = \frac{3}{-4}$

$-3 : x = -3 : 4$

$x = 4$

c) $\frac{65}{x} = -5$

$\frac{65}{x} = -\frac{5 \cdot 13}{13}$

$x = -13$

d) $\frac{x}{2006} = \frac{2006}{4012}$

$\frac{x}{2006} = \frac{1003}{2006}$

$x = 1003$

5 (5 VP)

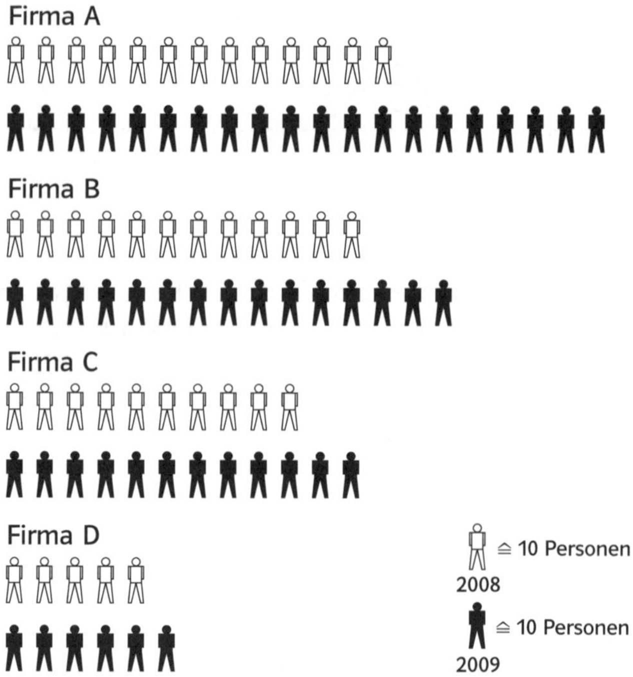

1. Behauptung:
Die Anzahl der Neueinstellungen erhöht sich von 130 auf 200, also um 70 Personen.
50 % von 130 = 65.
Die Firma A hat die Anzahl der Neueinstellungen um mehr als 65 Personen erhöht. Die Behauptung ist wahr.

2. Behauptung:
Die Firma B hat 120 Personen im Jahr 2008 neu eingestellt.
25 % von 120 = 30.
Im Jahr 2009 wurden 150 Personen neu eingestellt. Das sind 30 mehr als 2008. Die Behauptung ist wahr.

3. Behauptung:
Die Firma C hat die Zahl der Neueinstellungen von 100 auf 120 erhöht. Dies ist eine Zunahme um 20 %. Die Firma D hat die entsprechende Zahl von 50 auf 60 erhöht. Auch dies ist eine Zunahme um 20 %. Beide Firmen haben also 20 % mehr Personen eingestellt als im Vorjahr. Die Behauptung ist wahr.

4. Behauptung:
Das Diagramm sagt nichts über die Anzahl der bei den verschiedenen Firmen Beschäftigten aus. Die Behauptung ist daher unentscheidbar.

5. Behauptung:
Firma A hat 200 neue Mitarbeiter eingestellt, die anderen Firmen nur 150 bzw. 120 bzw. 60. Die Behauptung ist wahr.

6 (3 VP)
Primfaktorzerlegungen
$21 = 3 \cdot 7$
$66 = 2 \cdot 3 \cdot 11$
Teiler
Die Teiler von 21 sind 1, 3, 7, 21.
Die Teiler von 66 sind 1, 2, 3, 6, 11, 22, 33, 66.
Der größte gemeinsame Teiler von 21 und 66 ist daher 3.

Pinboard – Addition und Subtraktion v

Addieren und Subtrahieren

Alle Zahlen liegen in Bruchdarstellung vor. Bestimme den gemeinsamen Nenner aller Zahlen. Schreibe alles auf einen gemeinsamen Bruchstrich. Berechne den Zähler. Kürze den Bruch, falls möglich.	$\frac{4}{5} - \frac{2}{3} + \frac{7}{6}$ $= \frac{24}{30} - \frac{20}{30} + \frac{35}{30}$ $= \frac{24 - 20 + 35}{30}$ $= \frac{39}{30}$ $= \frac{13}{10}$
Alle Zahlen liegen in Dezimaldarstellung vor. Fasse alle Zahlen zusammen, die addiert, und alle, die subtrahiert werden sollen. Verwende Klammern. Berechne die einzelnen Klammerausdrücke. Berechne die Differenz. Verwende gegebenenfalls eine Nebenrechnung.	$4{,}7 - 11{,}25 + 3{,}93 - 0{,}7$ $= (4{,}7 + 3{,}93) - (11{,}25 + 0{,}7)$ $= 8{,}63 - 11{,}95$ $= -3{,}32$
Einige Zahlen liegen in Bruch-, andere in Dezimaldarstellung vor. Wenn in den Nennern der gekürzten Brüche nur die Primfaktoren 2 oder 5 vorkommen, so *kannst* du alle Zahlen in Dezimaldarstellung schreiben und wie oben angegeben rechnen. Wenn in den Nennern der gekürzten Brüche auch andere Primfaktoren als 2 oder 5 vorkommen, dann *musst* du alle Zahlen in Bruchdarstellung schreiben und wie oben angegeben rechnen.	$\frac{1}{2} - 3{,}2 + \frac{3}{5}$ $= 0{,}5 - 3{,}2 + 0{,}6$ $= -2{,}1$ $\frac{2}{3} - 1{,}9 + \frac{1}{5}$ $= \frac{2}{3} - \frac{19}{10} + \frac{1}{5}$ $= \frac{20}{30} - \frac{57}{30} + \frac{6}{30}$ $= -\frac{31}{30}$

Addieren und Subtrahieren von zwei Dezimalzahlen

Schreibe die Zahlen stellenrichtig untereinander, d. h. Einer unter Einer, Komma unter Komma, Zehntel unter Zehntel, Hundertstel unter Hundertstel, usw. und addiere bzw. subtrahiere wie bei natürlichen Zahlen. Schreibe im Ergebnis das Komma unter das darüber stehende Komma.
Wenn die Zahlen verschieden viele Stellen nach dem Komma haben, kannst du mit Nullen auffüllen.

Beispiele

1,624	2,509	7,4600
+ 5,817	+ 0,82	+ 2,9348
7,441	3,329	10,3948
7,564	4,237	8,1400
− 5,619	− 2,65	− 5,7391
1,945	1,587	2,4009

Rechenausdrücke

Rechenausdrücke innerhalb von Klammern werden zuerst berechnet.	$2{,}1 - (3{,}5 - 2{,}7)$ $= 2{,}1 - 1{,}2$ $= 0{,}9$
Bei ineinandergeschachtelten Klammern rechnet man zuerst die innere Klammer aus.	$(4{,}2 - (6{,}9 - 8{,}3)) + 5$ $= (4{,}2 - (-1{,}4)) + 5$ $= 5{,}6 + 5$ $= 10{,}6$
Wenn keine Klammern die Reihenfolge der Berechnung vorschreiben, so kann man von links nach rechts rechnen.	$13 - 7{,}2 - 8{,}55 + 4{,}91$ $= 5{,}8 - 8{,}55 + 4{,}91$ $= -2{,}75 + 4{,}91$ $= 2{,}16$
Es kann zweckmäßig sein, die Reihenfolge der Summanden zu vertauschen.	$7{,}39 - 8{,}1 - 2{,}39$ $= 7{,}39 - 2{,}39 - 8{,}1$ $= 5 - 8{,}1$ $= -3{,}1$
Wenn man mehrere Zahlen subtrahieren will, kann man auch deren Summe subtrahieren.	$5{,}9 - 3{,}8 - 2{,}7 - 4$ $= 5{,}9 - (3{,}8 + 2{,}7 + 4)$ $= 5{,}9 - 10{,}5$ $= -4{,}6$

Der Mathematiker

Es war sehr kalt, der Winter dräute,
da trat – und außerdem war's glatt –
Professor Wurzel aus dem Hause,
weil er was einzukaufen hat.

Kaum tat er seine ersten Schritte,
als ihn das Gleichgewicht verließ,
er rutschte aus und fiel und brach sich
die Beine und noch das und dies.

Jetzt liegt er nun, völlig gebrochen,
im Krankenhaus in Gips und spricht:
„Ich rechnete schon oft mit Brüchen,
mit solchen Brüchen aber nicht."

Heinz Erhardt

Siehe!

$$\frac{1}{2} + \frac{1}{4} + \frac{1}{8} + \frac{1}{16} + \frac{1}{32} + \ldots = 1$$

Siehst du auch?

$$\frac{1}{2} + \frac{1}{8} + \frac{1}{32} + \ldots = \frac{2}{3}$$

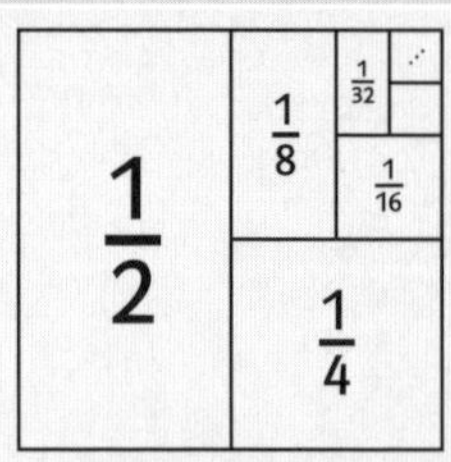

rationalen Zahlen

Runden von Dezimalzahlen

Beim Runden auf eine Dezimale (auf Zehntel, auf eine Nachkommastelle) betrachtet man die zweite Dezimale (die Hundertstel, die zweite Nachkommastelle).
Ist die zweite Dezimale eine der Ziffern 0, 1, 2, 3 oder 4, so wird abgerundet.
Ist die zweite Dezimale eine der Ziffern 5, 6, 7, 8 oder 9, so wird aufgerundet.
Entsprechend verfährt man beim Runden auf zwei oder mehr Dezimalen.

Beispiele

a) Runde 8,84 auf eine Dezimale.
Die zweite Dezimale ist 4, also wird abgerundet: 8,84 ≈ 8,8.
b) Runde −4,375 auf zwei Dezimalen.
Die dritte Dezimale ist 5, also wird aufgerundet: -4,375 ≈ -4,38.
c) Runde 2,0003 auf drei Dezimalen.
Die vierte Dezimale ist 3, also wird abgerundet: 2,0003 ≈ 2,000.

Runden von Größen

Beim Runden einer Größe schreibt man diese zuerst so auf, dass sie die geforderte Maßeinheit hat. Anschließend rundet man die zugehörige Maßzahl.

Beispiele

a) Runde 874 cm auf m.	874 cm = 8,74 m ≈ 9 m
b) Runde 9876 g auf kg.	9876 g = 9,876 kg ≈ 10 kg
c) Runde 35,39 cm^2 auf dm^2.	35,39 cm^2 = 0,3539 dm^2 ≈ 0 dm^2
d) Runde 2 h 40 min auf h.	2 h 40 min = 2,666... h ≈ 3 h

Rechnen mit Messwerten

Messwerte sind immer bereits gerundete Größen.
Die Angabe a = 2,34 m bedeutet, dass die wahre Länge auf Zentimeter (hundertstel Meter) gerundet ist. Daher gilt:
2,335 m ≦ a < 2,345 m.
Die Angabe m = 5,8 kg bedeutet, dass die wahre Masse auf 100 g (zehntel Kilogramm) gerundet ist. Daher gilt:
5,75 kg ≦ m < 5,85 kg.
Beim Rechnen mit Messwerten gibt man daher im Ergebnis nur so viele Dezimalen an, wie der ungenaueste Messwert hat.

Beispiele

a) 3,75 m + 2,9 m = 6,65 m ≈ 6,7 m
b) 2,94 cm + 5,034 cm = 7,974 cm ≈ 7,97 cm
c) 9,3 kg + 461 g = 9,3 kg + 0,461 kg = 9,761 kg ≈ 9,8 kg

Gilt das immer?

$\frac{a}{b} < \frac{a+c}{b+d} < \frac{c}{d}$

Gilt das manchmal?

$\frac{a}{b} + \frac{c}{d} = \frac{a+c}{b+d}$

So ein Pech!

Do you speak English?

$\frac{1}{2}$ a half; $\frac{1}{3}$ one third; $\frac{1}{4}$ one quarter; $\frac{3}{4}$ three quarters; 2,3 % two point three per cent
Find out: $\frac{4}{5}$; $\frac{3}{100}$; 4 + 7; 9 − 11; 6 · (−3); 18 : 9

Bist du sicher?

1 Berechne.
a) $\frac{4}{9} - \frac{1}{2}$ b) $\frac{7}{5} - \frac{3}{8} - \frac{9}{10}$ c) 3,8 − 4,9
d) (2,4 − 7,5) − (1,3 − 3) e) $\frac{3}{20} - (\frac{4}{5} - 0{,}65)$ f) $-0{,}7 + (-\frac{2}{3} + 1{,}2)$

2 Runde
a) auf zwei Dezimalen: 3,127; 0,9248; -2,449; -1,999,
b) auf Tausendstel: 0,2753; 4,98765; -1,3883; -0,006421.

3 Runde
a) 3,495 dm^3 auf dm^3, b) 2,164 m^2 auf dm^2,
c) 7,4871 g auf mg, d) 1,05 h auf h.

4 Stelle einen Rechenausdruck auf und berechne seinen Wert.
a) Addiere zur Differenz von 13 und 4,7 die Summe von −9 und 3,1.
b) Subtrahiere die Differenz der Zahlen −3,9 und 8,4 von der Summe dieser Zahlen.
c) Welche Zahl muss man zur Summe von 9,9 und −5,6 addieren, um 2 zu erhalten?

5 Bei einem Bobrennen wird für den Zweitplatzierten eine Zeit von 1:08,965 Minuten gemessen. Der Sieger war nur $\frac{2}{1000}$ Sekunden schneller. Der Dritte lag 1,27 Sekunden hinter dem Zweiten. Wie schnell waren die beiden Bobfahrer auf den Plätzen 1 und 3?

6 Peter hat von einem Papierstapel bereits ein Viertel verbraucht. Wenn er weitere 25 Blatt entnimmt, hat er noch $\frac{7}{10}$ des ursprünglichen Papiervorrats.
Wie viel Blatt Papier waren im Stapel?

7 Schreibe drei Zahlen mit je einer Nachkommastelle auf,
a) deren Summe 0 ist, b) deren Summe −2,5 ist.

Lösungen

1 a) $-\frac{1}{18}$ b) $\frac{1}{8}$ c) −1,1 d) −3,4 e) 0 f) $-\frac{1}{6}$ **2** a) 3,13; 0,92; −2,45; −2,00 b) 0,275; 4,988; −1,388; −0,006 **3** a) 3 dm^3; 2,16 dm^2; 7,487 g; 1 h
4 a) (13 − 4,7) + (−9 + 3,1) = 2,4 b) (−3,9 + 8,4) − (−3,9 − 8,4) = 16,8 c) 2 − (9,9 + (−5,6)) = −2,3 **5** a) 1:08,963 min; 1:10,235 min **6** 500 Blatt
7 a) Z. B.: 2,1 + 3,7 + (−5,8) = 0 b) 3,1 + 2,3 + (−7,9) = −2,5

Anfangszeit: ______________ + 45 Minuten → Abgabe: ______________

1 (1 + 1 + 1 + 1 VP)
Berechne schriftlich.
a) 5,32 + 2,714 b) 9,07 − 3,7 c) 2,15 − 2,29 d) −3,08 + 1,94

2 (1 + 1 + 1 + 1 VP)
Berechne. Gib den vollständigen Rechenweg an.
a) $\frac{4}{9} + \frac{5}{6}$ b) $\frac{3}{14} - \frac{8}{21}$ c) $\frac{2}{3} - \left(-\frac{4}{9}\right)$ d) $3\frac{1}{4} - 2\frac{3}{8}$

3 (2 + 2 + 2 + 2 VP)
Berechne. Gib den vollständigen Rechenweg an.
a) $1{,}5 - \frac{7}{8} + \frac{3}{5}$ b) $2{,}3 - \left(2\frac{1}{3} + \frac{5}{6}\right)$ c) $\frac{3}{20} + \left(-0{,}5 - \left(1{,}8 + \frac{3}{4}\right)\right)$ d) $-0{,}5 - \frac{1}{7} + \frac{1}{8}$

4 (2 + 2 VP)
a) Zwei Dezimalzahlen mit je zwei von 0 verschiedenen Nachkommastellen haben die Summe 3,51. Nenne zwei solche Zahlen.
b) Zwei Dezimalzahlen mit je zwei von 0 verschiedenen Nachkommastellen haben die Differenz −4,08. Nenne zwei solche Zahlen.

5 (4 VP)
Beim Bobfahren werden die Zeiten auf tausendstel Sekunden genau gemessen. Die ersten drei Bobschlitten kommen im Abstand von jeweils 17 tausendstel Sekunden ins Ziel. Der zweite Schlitten hat für die Fahrt 1 min 6,29 s benötigt.
Wie schnell waren die anderen beiden Bobs?

Lerntipps

zu Aufgabe 1
Schreibe die Zahlen sauber und stellenrichtig untereinander.
zu Aufgabe 2
Verwende möglichst kleine gemeinsame Nenner.
zu Aufgabe 3
Entscheide zuerst, ob du mit Bruchzahlen oder Dezimalzahlen rechnen kannst.
zu Aufgabe 4
Achte auf alle Bedingungen und mache eine Probe mit deinen Zahlen zur Selbstkontrolle.
zu Aufgabe 5
Beachte: 1 min 5 s ≠ 1,5 min.

Klassenarbeit 2.2

Anfangszeit: ____________ + 45 Minuten → Abgabe: ____________

1 (1 + 1 + 1 + 1 VP)
Berechne schriftlich.
a) 6,67 + 6,067
b) 0,782 − 0,29
c) 8,08 − 8,80
d) 1,23 − 1,234

2 (1 + 1 VP)
Ordne die Zahlen der Größe nach.
a) −2,1; −2,12; −2,021; −2,21
b) $\frac{4}{9}$; 0,44; 0,441; $\frac{9}{20}$

3 (2 + 2 VP)
a) Schreibe dezimal in der nächstgrößeren Einheit.
9 mm; 314 cm^2; 25 dm^3; 6 min
b) Schreibe dezimal in der größten vorkommenden Einheit.
21 g 18 mg; 5 m^2 7 dm^2; 1 km^2 1 a; 2 h 48 min

4 (2 + 2 + 2 + 2 VP)
Berechne. Gib den vollständigen Rechenweg an.
a) $5 - \frac{8}{9} + \frac{7}{27} - \frac{28}{81}$
b) $\frac{7}{24} + \frac{9}{16} - \frac{11}{8} - \frac{2}{3}$
c) $2\frac{1}{2} - \left(\frac{4}{3} - \left(\frac{1}{4} + \frac{5}{6}\right)\right)$
d) $\frac{3}{10} - \left(-\frac{2}{5}\right) + \left(-\frac{7}{20}\right)$

5 (3 + 3 VP)
Schreibe jeweils einen Rechenausdruck auf und rechne anschließend.
a) Subtrahiere $\frac{3}{8}$ von der Differenz aus 1,2 und 2,7.
b) Subtrahiere die Summe der Zahlen $\frac{4}{5}$ und −2,9 von −2,1.

Lerntipps

zu Aufgabe 2
a) Du kannst mit der kleinsten oder der größten Zahl beginnen.
Beachte: 1,5 > 1,4 aber −1,5 < −1,4.
b) $\frac{4}{9}$ ergibt keine abbrechende Dezimalzahl. Du brauchst aber auch nur wenige Stellen nach dem Komma.
zu Aufgabe 3
Vorsicht: Bei solchen Aufgaben gehen leicht Nullen verloren!
Beachte: 1 min ≠ 0,01 h.
zu Aufgabe 4
Nur bei einer Teilaufgabe kannst du von Anfang an mit Dezimalzahlen rechnen, wenn du willst.
zu Aufgabe 5
Prüfe genau: Was musst du wovon subtrahieren? Welcher Teil des Terms muss zuerst notiert werden?

Anfangszeit: ____________________ + 45 Minuten → Abgabe: ____________________

1 (1 + 1 + 1 + 1 VP)
Berechne schriftlich.
a) 0,58 − 0,79 b) −39,39 − 41,39 c) 2,0505 − 0,505 d) 9,3 − (4,7 − 6,8)

2 (2 + 2 + 2 VP)
Berechne. Gib den vollständigen Rechenweg an.
a) $\frac{7}{12} + \left(6\frac{2}{3} - 5\frac{1}{4}\right)$ b) $\frac{19}{30} + 2\frac{4}{15} - 4\frac{11}{60}$ c) $\frac{18}{6 \cdot 8} - \frac{16}{12 \cdot 3}$

3 (1,5 + 1,5 + 1,5 + 1,5 VP)
Ergänze die Tabelle.

a	b	−a	a − b	−a + b
3,1	2,7			
−1,2	4			
0,23	$-\frac{1}{4}$			
$\frac{1}{3}$	$-\frac{5}{6}$			

4 (2 + 1 VP)
a) Runde 2,79458 auf Zehntel, auf Hundertstel, auf drei Dezimalen, auf null Dezimalen.
b) Runde auf die in Klammern angegebene Einheit: 4,8374 kg (g); 25,28563 m (mm)

5 (1 + 1 VP)
Bestimme die Dezimalzahl in der Mitte von
a) 2,4 und 3,5, b) $\frac{3}{4}$ und −3,25.

6 (3 VP)
Beim Weitsprungwettbewerb der Klasse 6b springt Achim 3,64 m, Bernds Weite beträgt 3,49 m und Christoph liegt 17 cm hinter Achim.
Dieter behauptet: „Wenn ich 3 cm weiter gesprungen wäre, läge meine Sprungweite genau in der Mitte zwischen den Weiten von Bernd und Christoph."
Wie weit ist Dieter gesprungen?

Lerntipps

zu Aufgabe 5
Wie rechnest du die Mitte (den Mittelwert) zweier Zahlen aus?
Hier kann dir auch eine Skizze helfen.
zu Aufgabe 6
Markiere die beiden bekannten Weiten auf einer Zahlengeraden. Schließe dann auf die Weite von Christoph.
Welche Weite hätte Dieter, wenn er 3 cm weiter gesprungen wäre?

Klassenarbeit 2.4

Anfangszeit: ______________ + 45 Minuten → Abgabe: ______________

1 (1 + 1 + 1 + 1 + 1 + 1 VP)
Berechne schriftlich.

a) 6,94 + 3,87
b) 11,3 − 17,4
c) 3,14 − 2,981
d) 9,1 − (18,72 − 4,31)
e) $\frac{4}{5} + 2{,}7 - \frac{1}{2}$
f) $\frac{5}{6} + 1{,}4 - 2{,}9$

2 (1 + 1 + 1 + 1 VP)
Welche Zahl musst du anstelle von x einsetzen?

a) 12,4 + x = 17,1
b) x − 9,25 = 4,89
c) x + 1,07 = 2
d) −5,3 − x = −4

3 (2 + 1 VP)
Bei einem 100-m-Lauf war der zweite Läufer $\frac{7}{100}$ s langsamer als der erste und 0,16 s schneller als der dritte, der in 10,09 s im Ziel war.

a) Wie schnell waren der Sieger und der Zweitplatzierte?
b) Wie groß war der Vorsprung des Siegers vor dem Drittplatzierten?

4 (2 + 2 VP)
Zwei (positive oder negative) Dezimalzahlen mit wenigstens einer von 0 verschiedenen Nachkommastelle haben

a) die Summe −0,21,
b) die Differenz 1,4.

Nenne zwei solche Zahlen.

5 (1 + 1 + 1 VP)

a) Gib eine Zahl größer als 1,504 an, die, auf zwei Dezimalen gerundet, 1,50 ergibt.
b) Gib die größte und die kleinste Zahl mit zwei Dezimalen an, die, auf eine Dezimale gerundet, 0,2 ergibt.
c) Miriam sagt korrekt: „Unser Gartenzaun ist, auf Dezimeter gerundet, 24,3 m lang.“ Zwischen welchen Längen liegt das wirkliche Maß?

6 (3 + 1 VP)
Am 31.12.1989 lebten in Dresden 501 417, in Halle 230 824 Einwohner. Bis zum Jahresende 2002 hat die Einwohnerzahl Dresdens um $\frac{1}{20}$ abgenommen, die Einwohnerzahl von Halle ist auf $\frac{4}{5}$ ihres Werts zurückgegangen.
In Halle wurden 2002 nur noch 1935 Kinder geboren. 1989 gab es dort noch 1,8-mal so viele Geburten.

a) Wie groß war die Einwohnerzahl in Dresden bzw. in Halle Ende 2002?
b) Wie viele Kinder wurden 1989 in Halle geboren?

Klassenarbeit 2.1

1 (1 + 1 + 1 + 1 VP)

Schreibe die Zahlen stellenrichtig untereinander. Ergänze gegebenenfalls Nullen. Notiere auch die Überträge.

a)
$$\begin{array}{r} 5{,}320 \\ +2{,}714 \\ \hline {}_{1}\quad \\ 8{,}034 \end{array}$$

b)
$$\begin{array}{r} 9{,}07 \\ -3{,}70 \\ \hline {}_{1}\quad \\ 5{,}37 \end{array}$$

c) *Hier wird die größere von der kleineren Zahl subtrahiert. Daher ist das Ergebnis negativ.*

Nebenrechnung:
$$\begin{array}{r} 2{,}29 \\ -2{,}14 \\ \hline 0{,}15 \end{array}$$

$2{,}14 - 2{,}29 = -0{,}15$

d) Mit dem Vertauschungsgesetz ergibt sich:

$-3{,}08 + 1{,}94 = 1{,}94 - 3{,}08$

Nebenrechnung:
$$\begin{array}{r} 3{,}08 \\ -1{,}94 \\ \hline {}_{1}\quad \\ 1{,}14 \end{array}$$

$-3{,}08 + 1{,}94 = -1{,}14$

2 (1 + 1 + 1 + 1 VP)

Bestimme jeweils durch Erweitern den Hauptnenner. Verwende möglichst kleine Hauptnenner.

a) $\frac{4}{9} + \frac{5}{6}$

$= \frac{8}{18} + \frac{15}{18}$

$= \frac{8 + 15}{18}$

$= \frac{23}{18}$

b) $\frac{3}{14} - \frac{8}{21}$

$= \frac{9}{42} - \frac{16}{42}$

$= \frac{9 - 16}{42}$

$= \frac{-7}{42}$

$= -\frac{1}{6}$

c) *Beachte: Die Subtraktion der Zahl $-\frac{4}{9}$ ist gleichbedeutend mit der Addition der Gegenzahl $+\frac{4}{9}$.*

$\frac{2}{3} - \left(-\frac{4}{9}\right)$

$= \frac{6}{9} + \frac{4}{9}$

$= \frac{6 + 4}{9}$

$= \frac{10}{9}$

d) *Verwandle zuerst in Brüche. Denke daran: $3\frac{1}{4}$ bedeutet $3 + \frac{1}{4}$.*

$3\frac{1}{4} - 2\frac{3}{8}$

$= \frac{13}{4} - \frac{19}{8}$

$= \frac{26}{8} - \frac{19}{8}$

$= \frac{26 - 19}{8}$

$= \frac{7}{8}$

3 (2 + 2 + 2 + 2 VP)

Überlege, ob du nur mit Bruchzahlen oder nur mit Dezimalzahlen rechnen willst.
Wenn in den Nennern nur die Faktoren 2 oder 5 vorkommen, kannst du mit Dezimalzahlen oder mit Bruchzahlen rechnen.
Wenn in den Nennern außer 2 oder 5 oder Potenzen davon noch andere Faktoren vorkommen, musst du mit Bruchzahlen rechnen, um periodische Dezimalzahlen zu vermeiden.

a) *In den Nennern kommen nur die Faktoren 2 oder 5 vor. Daher kann man sowohl mit Bruchzahlen als auch mit Dezimalzahlen rechnen.*

$1{,}5 - \frac{7}{8} + \frac{3}{5}$

$= \frac{3}{2} - \frac{7}{8} + \frac{3}{5}$

$= \frac{60}{40} - \frac{35}{40} + \frac{24}{40}$

$= \frac{60 - 35 + 24}{40}$

$= \frac{25 + 24}{40}$

$= \frac{49}{40}$

Oder:

$1{,}5 - \frac{7}{8} + \frac{3}{5}$

$= 1{,}5 - 0{,}875 + 0{,}6$

$= 1{,}5 + 0{,}6 - 0{,}875$

$= 2{,}1 - 0{,}875$

$= 1{,}225$

Nebenrechnung:
$$\begin{array}{r} 2{,}100 \\ -0{,}875 \\ \hline {}_{1\ 1\ 1} \\ 1{,}225 \end{array}$$

b) *Hier kommen in den Nennern andere Primfaktoren als 2 oder 5 vor. Daher musst du mit Bruchzahlen rechnen.*

$2{,}3 - \left(2\frac{1}{3} + \frac{5}{6}\right)$

$= \frac{23}{10} - \left(\frac{7}{3} + \frac{5}{6}\right)$

$= \frac{23}{10} - \left(\frac{14}{6} + \frac{5}{6}\right)$

$= \frac{23}{10} - \frac{19}{6}$

$= \frac{69}{30} - \frac{95}{30}$

$= \frac{69 - 95}{30}$

$= \frac{-26}{30}$

$= -\frac{13}{15}$

c) *Berechne zuerst die Ausdrücke in den Klammern.*

$\frac{3}{20} + \left(-0{,}5 - \left(1{,}8 + \frac{3}{4}\right)\right)$

$= \frac{3}{20} + \left(-\frac{1}{2} - \left(\frac{18}{10} + \frac{3}{4}\right)\right)$

$= \frac{3}{20} + \left(-\frac{1}{2} - \left(\frac{36}{20} + \frac{15}{20}\right)\right)$

$= \frac{3}{20} + \left(-\frac{1}{2} - \frac{51}{20}\right)$

$= \frac{3}{20} + \left(-\frac{10}{20} - \frac{51}{20}\right)$

$= \frac{3}{20} + \left(-\frac{61}{20}\right)$

$= \frac{3}{20} - \frac{61}{20}$

$= \frac{3-61}{20}$

$= \frac{-58}{20}$

$= -\frac{29}{10}$

Oder:

$\frac{3}{20} + \left(-0{,}5 - \left(1{,}8 + \frac{3}{4}\right)\right)$

$= 0{,}15 + (-0{,}5 - (1{,}8 + 0{,}75))$

$= 0{,}15 + (-0{,}5 - 2{,}55)$

$= 0{,}15 - 3{,}05$

$= -2{,}9$

d) *Hier kommt ein von 2 bzw. 5 verschiedener Faktor 7 vor. Du musst daher mit Bruchzahlen rechnen.*

$-0{,}5 - \frac{1}{7} + \frac{1}{8}$

$= -\frac{1}{2} - \frac{1}{7} + \frac{1}{8}$

$= -\frac{28}{56} - \frac{8}{56} + \frac{7}{56}$

$= \frac{-28-8+7}{56}$

$= \frac{-36+7}{56}$

$= \frac{-29}{56}$

$= -\frac{29}{56}$

4 (2 + 2 VP)

Hier kannst du selbst je zwei geeignete Zahlen festlegen. Beachte dabei: Keine der zwei Nachkommastellen soll 0 sein.
Du kannst deine Lösung kontrollieren!

a) Beispiele:
2,15 + 1,34 = 3,51
1,12 + 2,39 = 3,51
0,17 + 3,34 = 3,51

Bemerkung:
Du kannst aber auch zunächst nur eine Zahl festlegen und die andere dann berechnen. Angenommen, du wählst die Zahl 1,72. Dann muss die zweite Zahl x die Bedingung 1,72 + x = 3,51 erfüllen.
Daher rechnest du:

$x = 3{,}51 - 1{,}72$
$\quad = 1{,}79$

b) Beispiele:
1,11 − 5,19 = −4,08
−2,42 − 1,66 = −4,08
−5,47 − (−1,39) = −4,08

5 (4 VP)

Beachte, dass 17 Tausendstel als 0,017 zu schreiben ist.

Zeit des ersten Schlittens:
1 min 6,29 s − 0,017 s
= 1 min 6,290 s − 0,017 s
= 1 min 6,273 s

Zeit des dritten Schlittens:
1 min 6,29 s + 0,017 s
= 1 min 6,290 s + 0,017 s
= 1 min 6,307 s

Klassenarbeit 2.2

1 (1 + 1 + 1 + 1 VP)

Schreibe die Zahlen stellenrichtig untereinander. Ergänze gegebenenfalls Nullen.

a)
$$\begin{array}{r} 6{,}670 \\ +6{,}067 \\ \scriptstyle 1 \\ \hline 12{,}737 \end{array}$$

b)
$$\begin{array}{r} 0{,}782 \\ -0{,}290 \\ \scriptstyle 1 \\ \hline 0{,}492 \end{array}$$

c) *Hier wird die größere von der kleineren Zahl subtrahiert. Daher ist das Ergebnis negativ.*

Nebenrechnung:
$$\begin{array}{r} 8{,}80 \\ -8{,}08 \\ \scriptstyle 1 \\ \hline 0{,}72 \end{array}$$

8,08 − 8,80 = −0,72

d) Nebenrechnung:
$$\begin{array}{r} 1{,}234 \\ -1{,}230 \\ \hline 0{,}004 \end{array}$$

1,23 − 1,234 = −0,004

2 (1 + 1 VP)

a) −2,21 < −2,12 < −2,1 < −2,021

b) Es gilt:

$\frac{4}{9} = 0{,}\overline{4} = 0{,}4444\ldots$;

$\frac{9}{20} = \frac{45}{100} = 0{,}45$.

Somit ist:

$0{,}44 < 0{,}441 < \frac{4}{9} < \frac{9}{20}$.

3 (2 + 2 VP)

Beachte:

$1\,mm = \frac{1}{10}\,cm = 0{,}1\,cm$;

$1\,cm^2 = \frac{1}{100}\,dm^2 = 0{,}01\,dm^2$;

$1\,dm^3 = \frac{1}{1000}\,m^3 = 0{,}001\,m^3$;

$1\,min = \frac{1}{60}\,h$.

a) 9 mm = 0,9 cm

$314\,cm^2 = 3{,}14\,dm^2$

$25\,dm^3 = 0{,}025\,m^3$

6 min = 0,1 h

b) 21 g 18 mg = 21,018 g

$5\,m^2\,7\,dm^2 = 5{,}07\,m^2$

$1\,km^2\,1\,a = 1{,}0001\,km^2$

2 h 48 min = 2,8 h

4 (2 + 2 + 2 + 2 VP)

Überlege, ob du nur mit Bruchzahlen oder nur mit Dezimalzahlen rechnen willst.

Wenn in den Nennern außer 2 oder 5 oder Potenzen davon noch andere Faktoren vorkommen, musst du mit Bruchzahlen rechnen.

a) $5 - \frac{8}{9} + \frac{7}{27} - \frac{28}{81}$

$= \frac{405}{81} - \frac{72}{81} + \frac{21}{81} - \frac{28}{81}$

$= \frac{405 - 72 + 21 - 28}{81}$

$= \frac{333 + 21 - 28}{81}$

$= \frac{354 - 28}{81}$

$= \frac{326}{81}$

b) $\frac{7}{24} + \frac{9}{16} - \frac{11}{8} - \frac{2}{3}$

$= \frac{14}{48} + \frac{27}{48} - \frac{66}{48} - \frac{32}{48}$

$= \frac{14 + 27 - 66 - 32}{48}$

$= \frac{41 - 66 - 32}{48}$

$= \frac{-25 - 32}{48}$

$= \frac{-57}{48}$

$= -\frac{19}{16}$

c) $2\frac{1}{2} - \left(\frac{4}{3} - \left(\frac{1}{4} + \frac{5}{6}\right)\right)$

$= \frac{5}{2} - \left(\frac{4}{3} - \left(\frac{3}{12} + \frac{10}{12}\right)\right)$

$= \frac{5}{2} - \left(\frac{4}{3} - \frac{13}{12}\right)$

$= \frac{5}{2} - \left(\frac{16}{12} - \frac{13}{12}\right)$

$= \frac{5}{2} - \frac{3}{12}$

$= \frac{5}{2} - \frac{1}{4}$

$= \frac{10}{4} - \frac{1}{4}$

$= \frac{9}{4}$

d) $\frac{3}{10} - \left(-\frac{2}{5}\right) + \left(-\frac{7}{20}\right)$

$= \frac{3}{10} + \frac{2}{5} - \frac{7}{20}$

$= \frac{6}{20} + \frac{8}{20} - \frac{7}{20}$

$= \frac{6 + 8 - 7}{20}$

$= \frac{14 - 7}{20}$

$= \frac{7}{20}$

5 (3 + 3 VP)

Überlege genau: Was musst du wovon subtrahieren? Was muss also zuerst aufgeschrieben werden?

a) $(1{,}2 - 2{,}7) - \frac{3}{8}$
$= -1{,}5 - \frac{3}{8}$
$= -1{,}5 - 0{,}375$
$= -1{,}875$

Alternative:

$(1{,}2 - 2{,}7) - \frac{3}{8}$
$= \left(\frac{12}{10} - \frac{27}{10}\right) - \frac{3}{8}$
$= -\frac{15}{10} - \frac{3}{8}$
$= -\frac{3}{2} - \frac{3}{8}$
$= -\frac{12}{8} - \frac{3}{8}$
$= -\frac{15}{8}$

b) $-2{,}1 - \left(\frac{4}{5} + (-2{,}9)\right)$
$= -2{,}1 - (0{,}8 - 2{,}9)$
$= -2{,}1 - (-2{,}1)$
$= -2{,}1 + 2{,}1$
$= 0$

Alternative:

$-2{,}1 - \left(\frac{4}{5} + (-2{,}9)\right)$
$= -\frac{21}{10} - \left(\frac{4}{5} - \frac{29}{10}\right)$
$= -\frac{21}{10} - \left(\frac{8}{10} - \frac{29}{10}\right)$
$= -\frac{21}{10} - \left(-\frac{21}{10}\right)$
$= -\frac{21}{10} + \frac{21}{10}$
$= 0$

Klassenarbeit 2.3

1 (1 + 1 + 1 + 1 VP)

a) $0{,}58 - 0{,}79 = -0{,}21$

Nebenrechnung: $\begin{array}{r} 0{,}79 \\ -0{,}58 \\ \hline 0{,}21 \end{array}$

b) $-39{,}39 - 41{,}39 = -80{,}78$

Nebenrechnung: $\begin{array}{r} 39{,}39 \\ +41{,}39 \\ _{1\ \ 1} \\ \hline 80{,}78 \end{array}$

c) $2{,}0505 - 0{,}505 = 1{,}5455$

Nebenrechnung: $\begin{array}{r} 2{,}0505 \\ -0{,}5050 \\ _{1\ \ 1} \\ \hline 1{,}5455 \end{array}$

d) $9{,}3 - (4{,}7 - 6{,}8)$
$= 9{,}3 - (-2{,}1)$
$= 9{,}3 + 2{,}1$
$= 11{,}4$

2 (2 + 2 + 2 VP)

a) $\frac{7}{12} + \left(6\frac{2}{3} - 5\frac{1}{4}\right)$
$= \frac{7}{12} + \left(\frac{20}{3} - \frac{21}{4}\right)$
$= \frac{7}{12} + \left(\frac{80}{12} - \frac{63}{12}\right)$
$= \frac{7}{12} + \frac{17}{12}$
$= \frac{24}{12}$
$= 2$

b) $\frac{19}{30} + 2\frac{4}{15} - 4\frac{11}{60}$
$= \frac{19}{30} + \frac{34}{15} - \frac{251}{60}$
$= \frac{38}{60} + \frac{136}{60} - \frac{251}{60}$
$= \frac{38 + 136 - 251}{60}$
$= \frac{174 - 251}{60}$
$= \frac{-77}{60}$
$= -1\frac{17}{60}$

c) $\frac{18}{6 \cdot 8} - \frac{16}{12 \cdot 3}$
$= \frac{3}{1 \cdot 8} - \frac{4}{3 \cdot 3}$
$= \frac{3}{8} - \frac{4}{9}$
$= \frac{27}{72} - \frac{32}{72}$
$= \frac{27 - 32}{72}$
$= \frac{-5}{72}$
$= -\frac{5}{72}$

Beachte: Du darfst in einer Summe oder Differenz nicht den Zähler des ersten Bruchs und den Nenner des zweiten Bruchs kürzen.

3 (1,5 + 1,5 + 1,5 + 1,5 VP)

a	b	−a	a − b	−a + b
3,1	2,7	−3,1	0,4	−0,4
−1,2	4	1,2	−5,2	5,2
0,23	$-\frac{1}{4}$	−0,23	0,48	−0,48
$\frac{1}{3}$	$-\frac{5}{6}$	$-\frac{1}{3}$	$\frac{7}{6}$	$-\frac{7}{6}$

4 (2 + 1 VP)

a) 2,79458 ≈ 2,8 2,79458 ≈ 2,79
2,79458 ≈ 2,795 2,79458 ≈ 3

b) 4,8374 kg ≈ 4837 g
25,28563 m ≈ 25 286 mm

5 (1 + 1 VP)

a)

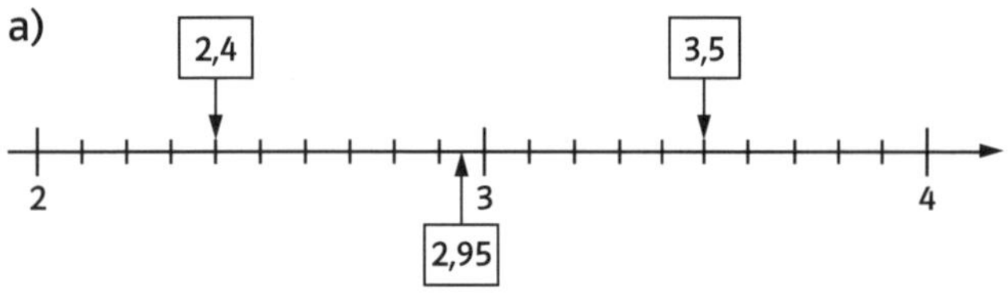

Alternative:
$2{,}4 = \frac{24}{10} = \frac{48}{20}$ $3{,}5 = \frac{35}{10} = \frac{70}{20}$
In der Mitte von 48 und 70 liegt 59, denn
59 − 48 = 11 und 70 − 59 = 11.
Daher liegt die Zahl $\frac{59}{20}$ in der Mitte von 2,4 und 3,5.

b)

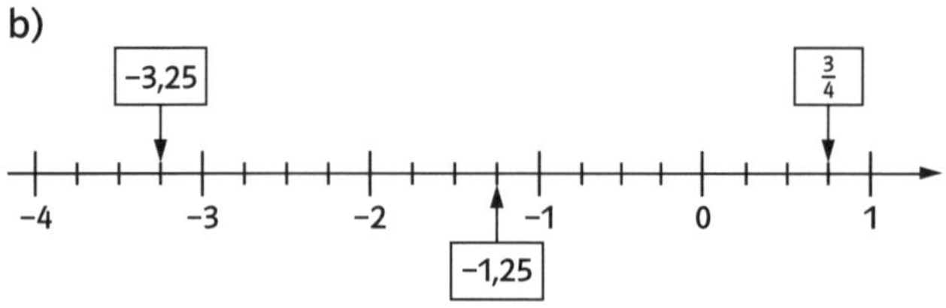

Alternative:
$-3{,}25 = -\frac{13}{4}$
In der Mitte von −13 und 3 liegt −5, denn
−5 − (−13) = 8 und 3 − (−5) = 8.
Daher liegt $-\frac{5}{4}$ in der Mitte von $-\frac{13}{4}$ und $\frac{3}{4}$.

6 (3 VP)
Sprungweite von Achim: 3,64 m
Sprungweite von Bernd: 3,49 m
Sprungweite von Christoph:
3,64 m − 0,17 m = 3,47 m
In der Mitte zwischen den Weiten von Bernd und Christoph liegt 3,48 m.
Dieter ist 3 cm weniger weit gesprungen als dieser Mittelwert.
3,48 m − 3 cm = 3,48 m − 0,03 m = 3,45 m
Dieter ist 3,45 m weit gesprungen.

Klassenarbeit 2.4

1 (1 + 1 + 1 + 1 + 1 + 1 VP)

a) 6,94 + 3,87 = 10,81
Nebenrechnung:
6,94
+3,87
1 1
10,81

b) 11,3 − 17,4 = −6,1
Nebenrechnung:
17,4
−11,3
6,1

c) 3,14 − 2,981 = 0,159
Nebenrechnung:
3,140
−2,981
1 1 1
0,159

d) 9,1 − (18,72 − 4,31)
= 9,1 − 14,41
= −5,31
Nebenrechnung:
18,72
− 4,31
14,41

14,41
− 9,10
1
5,31

e) $\frac{4}{5} + 2{,}7 - \frac{1}{2}$
$= \frac{4}{5} + \frac{27}{10} - \frac{1}{2}$
$= \frac{8}{10} + \frac{27}{10} - \frac{5}{10}$
$= \frac{8 + 27 - 5}{10}$
$= \frac{30}{10}$
$= 3$

f) $\frac{5}{6} + 1{,}4 - 2{,}9$
$= \frac{5}{6} + \frac{14}{10} - \frac{29}{10}$
$= \frac{5}{6} - \frac{15}{10}$
$= \frac{5}{6} - \frac{3}{2}$
$= \frac{5}{6} - \frac{9}{6}$
$= -\frac{4}{6}$
$= -\frac{2}{3}$

2 (1 + 1 + 1 + 1 VP)

a) $12{,}4 + x = 17{,}1$
$x = 17{,}1 - 12{,}4$
$x = 4{,}7$

Nebenrechnung:
$$\begin{array}{r} 17{,}1 \\ -12{,}4 \\ \hline {}_{1} \\ 4{,}7 \end{array}$$

b) $x - 9{,}25 = 4{,}89$
$x = 4{,}89 + 9{,}25$
$x = 14{,}14$

Nebenrechnung:
$$\begin{array}{r} 4{,}89 \\ +9{,}25 \\ \hline {}_{1\ 1} \\ 14{,}14 \end{array}$$

c) $x + 1{,}07 = 2$
$x = 2 - 1{,}07$
$x = 0{,}93$

Nebenrechnung:
$$\begin{array}{r} 2{,}00 \\ -1{,}07 \\ \hline {}_{1\ 1} \\ 0{,}93 \end{array}$$

d) $-5{,}3 - x = -4$
$-x = -4 + 5{,}3$
$-x = 1{,}3$
$x = -1{,}3$

3 (2 + 1 VP)

a) Laufzeit des Drittplatzierten: 10,09 s
Laufzeit des Zweitplatzierten:
10,09 s − 0,16 s = 9,93 s
Laufzeit des Siegers:
$9{,}93\,s - \frac{7}{100}\,s$
$= 9{,}93\,s - 0{,}07\,s$
$= 9{,}86\,s$

b) Vorsprung des Siegers vor dem Drittplatzierten:
10,09 s − 9,86 s = 0,23 s

4 (2 + 2 VP)

Hier gibt es beliebig viele Lösungen. Am einfachsten ist es, du wählst eine der Zahlen und berechnest damit die andere.

a) Beispiele:
Wählst du z. B. als erste Zahl 0,1, dann musst du die zweite Zahl so bestimmen, dass 0,1 + x = −0,21 gilt.

1. Zahl	0,1	0,25	3,3	−0,2	−1,1
2. Zahl	−0,31	−0,46	−3,51	−0,01	+0,89

b) Beispiele:
Wählst du z. B. als erste Zahl 1,6, dann musst du die zweite Zahl so bestimmen, dass 1,6 − x = 1,4 gilt.

1. Zahl	1,6	2,51	0,8	1,3	−2,1
2. Zahl	0,2	1,11	−0,6	−0,1	−3,5

5 (1 + 1 + 1 VP)

a) *Hier kann man beliebig viele Zahlen angeben. Beachte jedoch bei deiner Lösung, dass die Zahl kleiner ist als 1,505, denn dies ist die kleinste Zahl, bei der auf 1,51 aufgerundet werden müsste.*
Beispiele:
1,5044; 1,5049; 1,50499

b) Die größte Zahl mit zwei Dezimalen, die auf 0,2 abgerundet wird, heißt 0,24.
Die kleinste Zahl mit zwei Dezimalen, die auf 0,2 aufgerundet wird, heißt 0,15.

c) Wegen der Rundung der Maßzahl auf eine Nachkommastelle gilt für die wirkliche Länge a:
$24{,}25\,m \leqq a < 24{,}35\,m$.

6 (3 + 1 VP)

a) Einwohnerzahl in Dresden:

31.12.1989	501 417
Abnahme	$\frac{1}{20}$ von 501 417 ≈ 25 071
31.12.2002	501 417 − 25 071 = 476 346

Einwohnerzahl in Halle:

31.12.1989	230 824
Abnahme	$\frac{1}{5}$ von 230 824 ≈ 46 165
31.12.2002	230 824 − 46 165 = 184 659

Ende 2002 lebten in Dresden etwa 476 000 Einwohner und in Halle etwa 185 000 Einwohner.

b) Anzahl der Geburten in Halle:

Jahr 2002	1935 Geburten
Jahr 1989	1,8 · 1935 = 3483 Geburten

Im Jahr 1989 wurden in Halle etwa 3500 Kinder geboren.

Pinboard – Winkel und Kreis

Winkel

Man zeichnet zwei Halbgeraden mit demselben Anfangspunkt S. Wenn man nun eine der Halbgeraden im Uhrzeigergegensinn um S dreht, bis sie mit der zweiten Halbgeraden zusammenfällt, so sagt man, sie habe einen Winkel überstrichen.
Die beiden Halbgeraden heißen Schenkel des Winkels, der gemeinsame Punkt S heißt Scheitel des Winkels.
Die gedrehte Halbgerade heißt erster Schenkel, die andere Halbgerade heißt zweiter Schenkel des Winkels.
Zwei Halbgeraden mit dem gemeinsamen Anfangspunkt S legen zwei verschiedene Winkel fest, je nachdem, welche der beiden Halbgeraden als erster oder zweiter Schenkel bezeichnet wird.

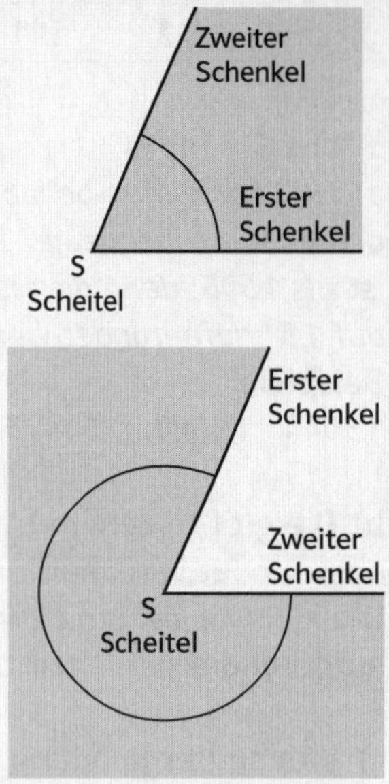

Winkel überall!

Das Symbol des Euro ist angelehnt an den griechischen Buchstaben Epsilon. Es verweist damit auf die Wiege der europäischen Kultur und den ersten Buchstaben des Wortes „Europa". Beim Entwurf des Zeichens wurde festgelegt, dass eine genaue geometrische Konstruktion zugrunde liegen soll, die auch bei der Verwendung von anderen Schriftarten nicht verändert werden darf. Lediglich die Größe des Zeichens kann der verwendeten Schriftgröße angepasst werden. Anhand der angegebenen Maße kannst du dir ein Euro-Zeichen mit Zirkel und Lineal konstruieren.
Tatsächlich sind aber in vielen Schriften die Kreisbögen durch Ellipsen ersetzt worden, wie du an untenstehendem Symbol aus der Arial-Schrift erkennen kannst.

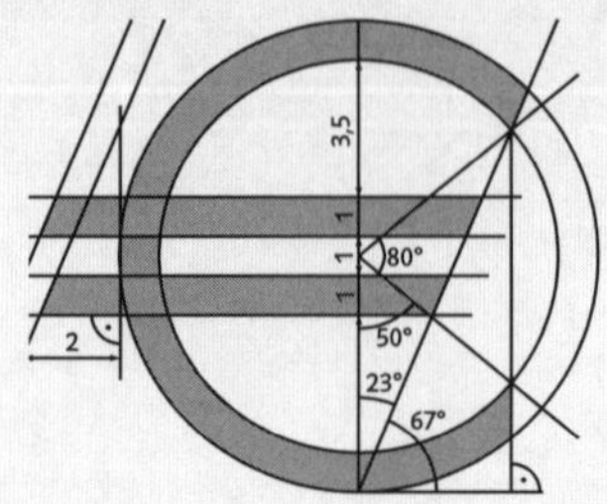

Winkelbezeichnungen

Winkel können durch drei Punkte bezeichnet werden.
Wenn ein Punkt A auf dem ersten Schenkel, ein Punkt B auf dem zweiten Schenkel und der Winkelscheitel S bezeichnet sind, so heißt dieser Winkel ∢ASB.

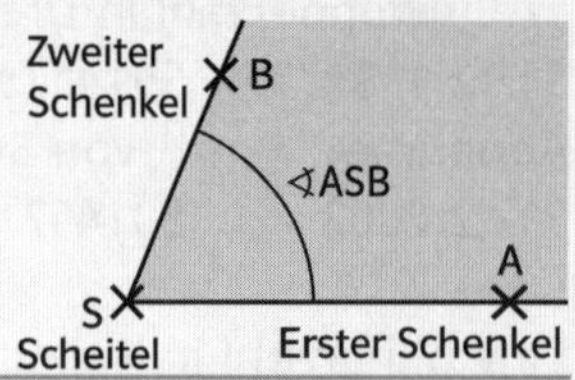

Beispiele

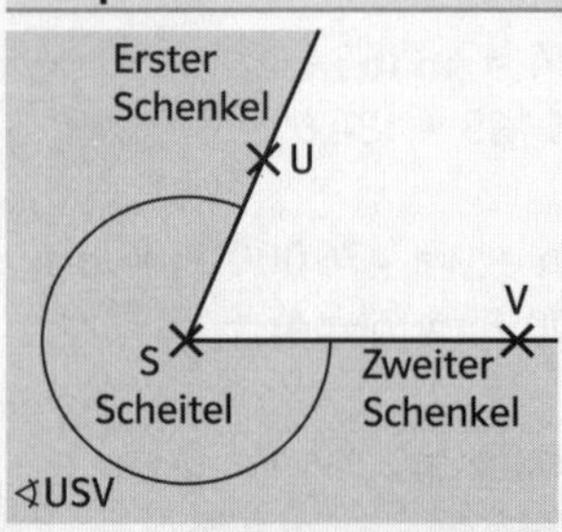

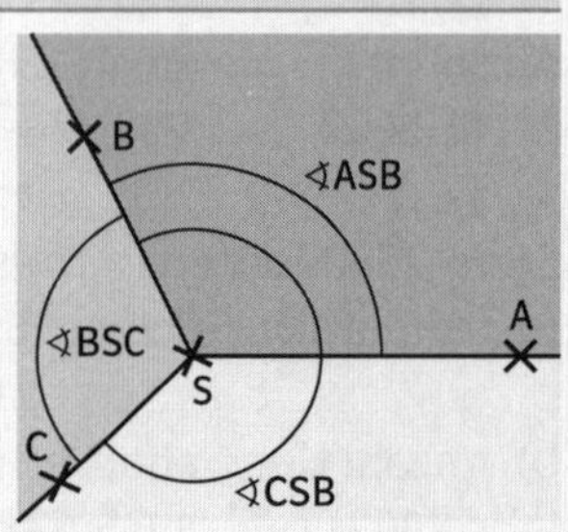

Winkelnamen

Spitzer Winkel: 0° < α < 90°	Rechter Winkel: α = 90°
Stumpfer Winkel: 90° < α < 180°	Gestreckter Winkel: α = 180°
Überstumpfer Winkel: 180° < α < 360°	Vollwinkel: α = 360°

Beispiele

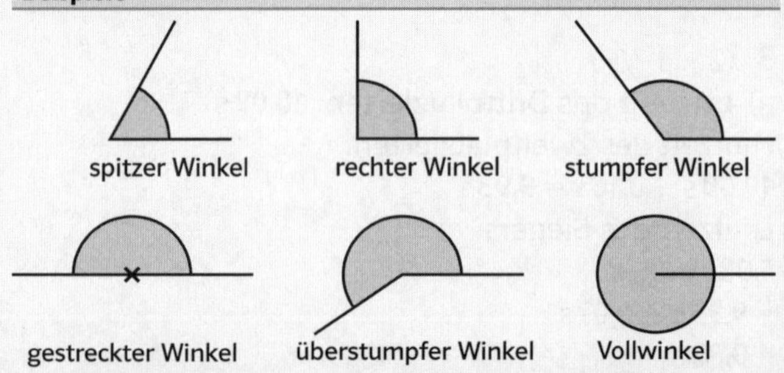

Winkeldreiteilung

Max Schlaumaier meint, durch Dreiteilen der Strecke AB den Winkel ASB in drei gleich große Teile zerlegen zu können. Was meinst du?

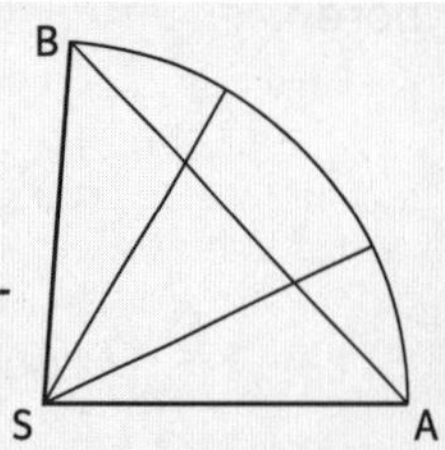

Winkelweite

Die Maßeinheit der Winkelmessung bezeichnet man als 1 Grad (1°).

Als Teile dieser Einheit verwendet man die Winkelminute (1′) und die Winkelsekunde (1″).
Dabei gilt: $1' = \left(\frac{1}{60}\right)^\circ$, $1'' = \left(\frac{1}{60}\right)'$.

Winkelweiten werden mit Buchstaben des griechischen Alphabets bezeichnet.

Wenn man eine Halbgerade so um ihren Anfangspunkt dreht, bis ihr Bild mit dem Original zusammenfällt, so sagt man, sie habe einen Vollwinkel überstrichen.
Denkt man sich diesen Vollwinkel in 360 gleich große Winkel zerlegt, so hat jeder der entstehenden Winkel die Weite 1°.

α (alpha), β (beta), γ (gamma), δ (delta), ε (epsilon) usw.

Beispiele

0,1° = 6′; 0,01° = 0,6′; 0,1′ = 6″; 2,5° = 150′; 3,7′ = 227″;
12° 15′ = 12,25°; 28° 54′ = 28,9°; 13,3° = 13° 18′; 45,84° = 45° 50,4′

∟ 90°-Winkel: Winkel mit hohem Fieber!!!

Winkel messen

Zur Messung eines gezeichnet vorliegenden Winkels verwendet man die Winkelskala des Geodreiecks.

Bei Winkelweiten kleiner als 180° gehst du folgendermaßen vor: Lege die lange Kante auf den ersten Schenkel des Winkels und die Nullmarke des Geodreiecks auf den Winkelscheitel.
Am Winkelmesser auf dem Geodreieck musst du den Winkel an der Markierung ablesen, die auf dem zweiten Winkelschenkel liegt.

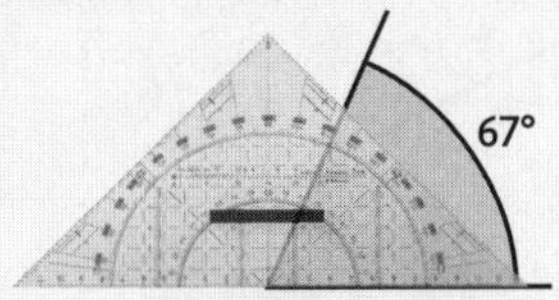

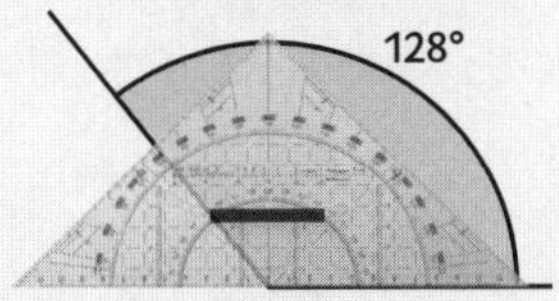

Bei Winkelweiten größer als 180° gehst du folgendermaßen vor: Trage zuerst eine Hilfslinie als Schenkel zur Markierung eines 180°-Winkels ein.
Dann misst du den verbleibenden Winkel, der ja nun kleiner ist als 180°, wie oben angegeben. Die Hilfslinie bildet dabei den ersten Schenkel des verbleibenden Winkels.

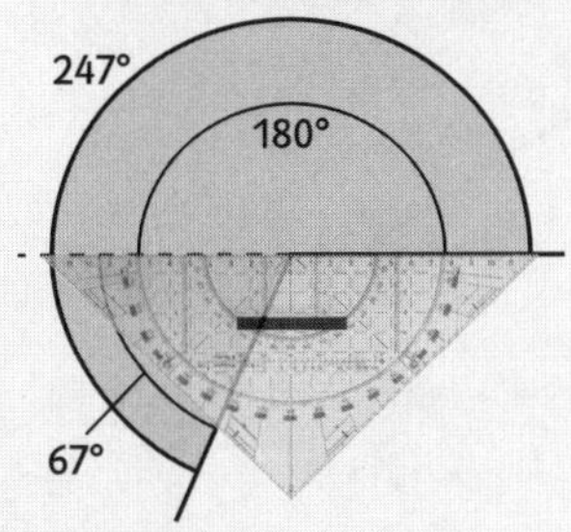

Winkel zeichnen

Zur Zeichnung eines Winkels verwendet man die Winkelskala des Geodreiecks.

Bei Winkelweiten kleiner als 180° gehst du folgendermaßen vor: Zeichne den Scheitel und den ersten Winkelschenkel.
Lege die lange Kante auf den ersten Schenkel des Winkels und die Nullmarke des Geodreiecks auf den Winkelscheitel.
Drehe den Winkelmesser um den Winkelscheitel solange gegen den Uhrzeigersinn, bis die Markierung für die gewünschte Winkelweite auf dem ersten Schenkel liegt. Zeichne entlang der langen Kante des Geodreiecks den zweiten Schenkel.

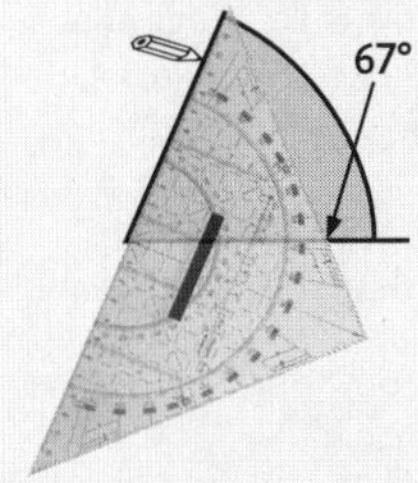

Bei Winkelweiten größer als 180° gehst du folgendermaßen vor: Zeichne zuerst einen gestreckten Winkel (180°-Winkel) mit dem Winkelscheitel.
Trage nun am zweiten Schenkel – wie oben beschrieben – den noch fehlenden Winkel an.

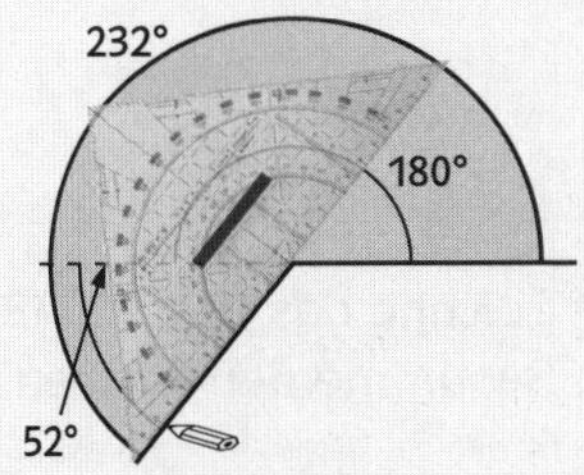

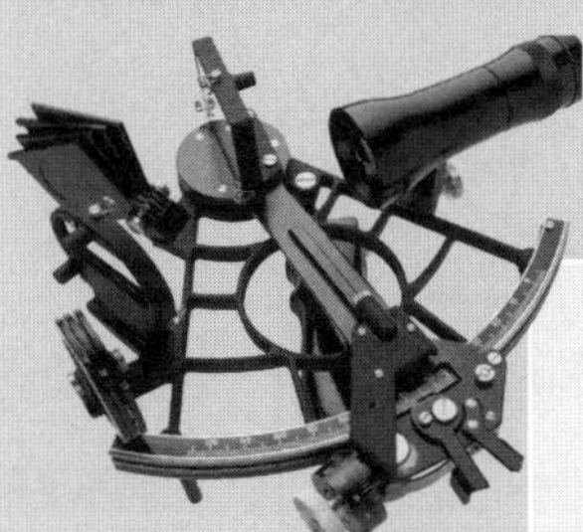

Ein Punkt ist ein Winkel, dem man seine Schenkel ausgerissen hat.

Bist du sicher?

1 Zeichne ein Rechteck mit den Seitenlängen 8 cm und 4 cm. Miss den kleineren der beiden Winkel, unter dem sich die Diagonalen schneiden.

2 Zeichne das Viereck ABCD mit A(−2 | 0), B(6 | −3), C(5 | 4), D(−1 | 3) und dem Diagonalenschnittpunkt S.
a) Miss die Weiten α und β der Viereckswinkel mit den Scheiteln A und B.
b) Miss die Weiten der Winkel des Dreiecks ABS.

3 a) Welchen Winkel überstreicht der große Zeiger einer Uhr in 25 Minuten?
b) In welcher Zeit überstreicht der kleine Zeiger einen Winkel der Weite 18°?
c) Welchen Winkel bilden die beiden Zeiger um 8:10 Uhr?

4 Zeichne ein Dreieck, bei dem zwei Winkel die Weiten α = 75° und β = 38° haben. Miss die Weite des dritten Winkels.

5 Zeichne einen Kreis mit dem Radius 4 cm. Wähle einen beliebigen Punkt A auf dem Kreis. Zeichne um A einen weiteren Kreis mit dem Radius 4 cm. Die Schnittpunkte der beiden Kreise sollen B und C heißen. Miss die Winkelweiten im Dreieck ABC.

6 Die Abbildung zeigt die Ergebnisse der letzten Mathematik-Klassenarbeit. Zeichne dazu ein Kreisdiagramm. Gib die Winkelweiten der einzelnen Kreisausschnitte an.

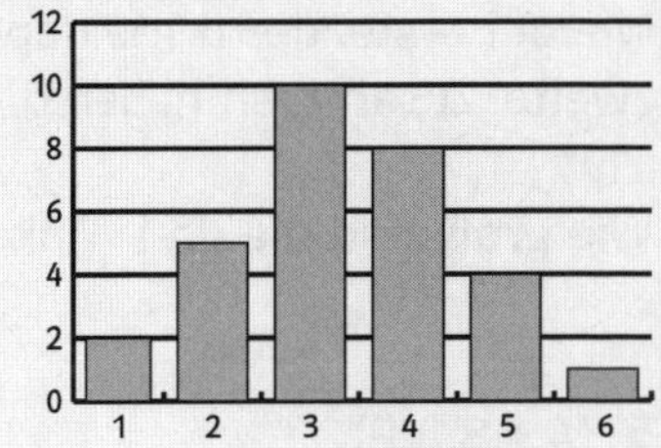

Lösungen

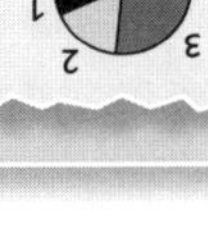

1 Schnittwinkelweite 53° **2** a) α = 92°, β = 61° b) ε_1 = 50°, ε_2 = 20°, ε_3 = 110° **3** a) 150° b) 36 min c) 175°
4 γ = 67° **5** Die Winkelweiten sind 120°, 30°, 30°. **6** Note 1: 24°, Note 2: 60°, Note 3: 120°, Note 4: 96°, Note 5: 48°, Note 6: 12°.

Anfangszeit: ____________ + 45 Minuten → Abgabe: ____________

1 (3 VP)
Miss die Weiten der Innenwinkel des Vierecks ABCD sowie ε_1 und ε_2.

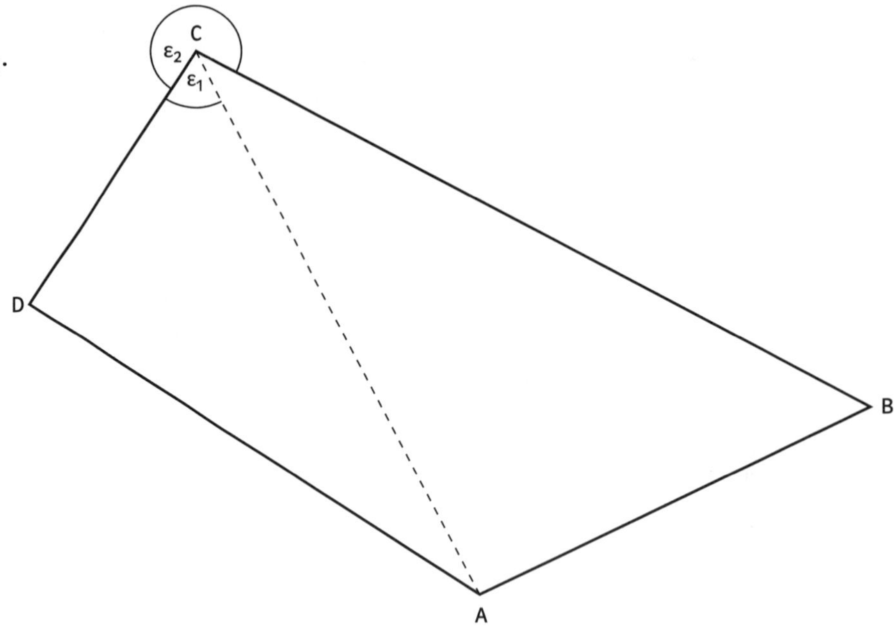

2 (2 + 2 VP)
a) Zeichne das Dreieck ABC mit $\overline{BC}$ = 6,4 cm und den Winkelweiten β = 63° und γ = 48°.
b) Bestimme den Flächeninhalt des Dreiecks.

3 (2 + 2 VP)
a) Im Quadrat sind von einer Ecke aus zwei Strecken zu den Mittelpunkten zweier Quadratseiten gezeichnet.
Sind die Winkelweiten α, β, und γ gleich groß?
b) Kannst du ein Rechteck zeichnen, bei dem sich die Diagonalen unter einem Winkel von 50° schneiden?

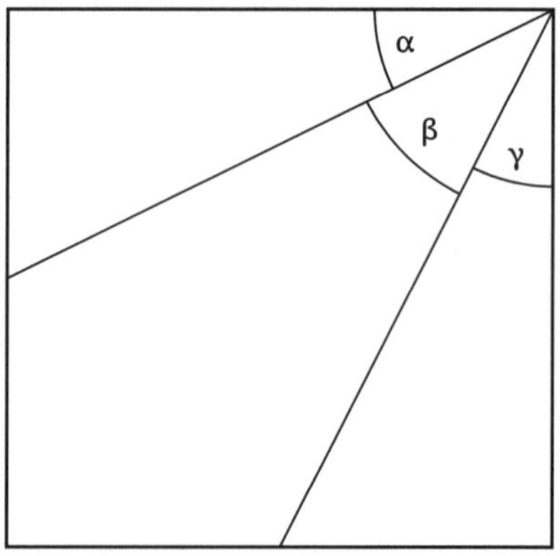

4 (3 + 3 VP)
a) Zwei Winkel haben zusammen die Weite 85°.
Einer ist um 8° größer als der andere.
Bestimme die Winkelweiten.
b) Von drei Winkeln ist der zweite doppelt so groß wie der erste, der dritte doppelt so groß wie der zweite. Zusammen haben die drei Winkel die Weite 119°.
Wie groß sind die drei Winkel?

5 (4 + 3 VP)
Wenn ein Lichtstrahl auf einen ebenen Spiegel fällt, so wird er so zurückgeworfen (reflektiert), dass der Einfallswinkel α und der Reflexionswinkel β die gleiche Weite haben (vgl. Figur 1).

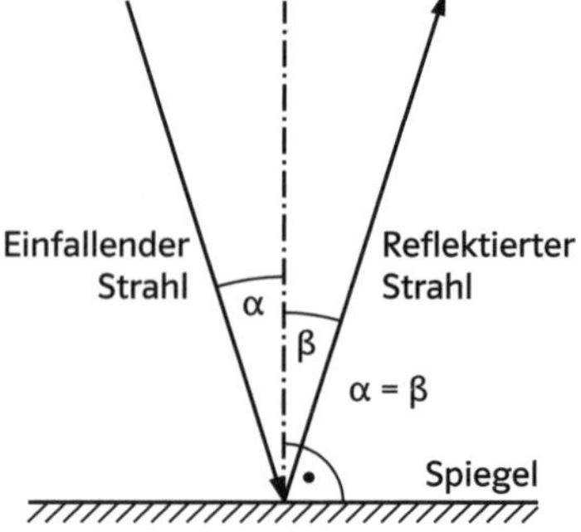

Figur 1

a) In Figur 2 fällt ein Lichtstrahl unter dem Einfallswinkel der Weite 30° auf den ersten Spiegel.
Zeichne den weiteren Verlauf des Lichtstrahls bei Reflexion an beiden Spiegeln.
Unter welchem Winkel schneiden sich der auf den Spiegel 1 einfallende und der von Spiegel 2 reflektierte Lichtstrahl?

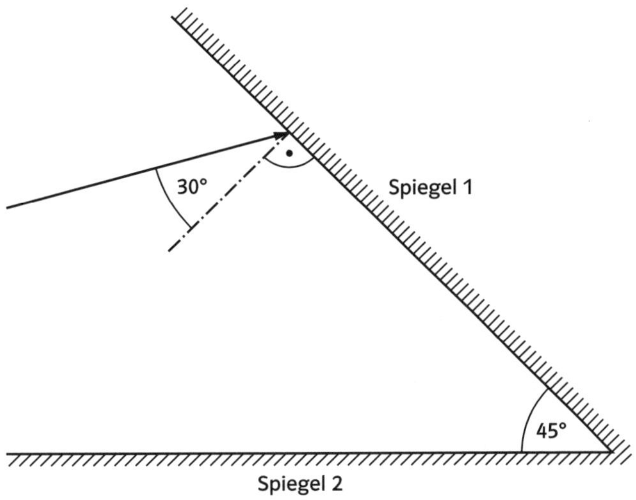

Figur 2

b) Max Schlaumaier behauptet: „Wenn ich den Lichtstrahl unter einem Winkel von 20° statt 30° auf den ersten Spiegel fallen lasse, dann erhalte ich das selbe Ergebnis wie in der vorherigen Teilaufgabe."
Überprüfe diese Behauptung durch Ergänzen der Figur 3.

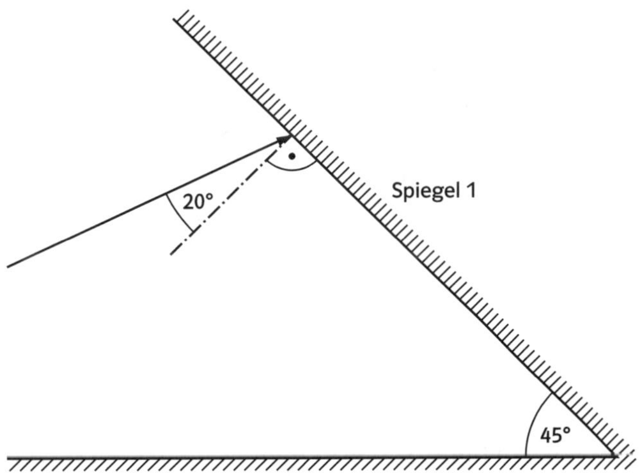

Figur 3

Lerntipps

zu Aufgabe 2
b) Du kennst eine Formel.
Miss die benötigte Streckenlänge.
zu Aufgabe 3
a) Messen darfst du nicht vergessen!
b) Du kannst! Beginne mit dem, was du weißt.
zu Aufgabe 4
Gib den Winkelweiten Namen und „übersetze" die Texte in Gleichungen.
zu Aufgabe 5
Beachte, dass jeweils an zwei Spiegeln reflektiert wird. Zeichne äußerst genau.

Klassenarbeit 3.2

Anfangszeit: ____________ + 45 Minuten → Abgabe: ____________

1 (2 + 3 + 2 VP)
a) Miss die Weiten α, β, γ und δ der Winkel ∢ASB, ∢CSD, ∢BSD und ∢CSA.
b) Zeichne eine entsprechende Figur, bei der die Winkel ∢ASB, ∢BSC und ∢CSD die Weiten α = 81°, β = 127° und γ = 72° haben.
Bestimme durch Rechnung die Weite δ des Winkels ∢DSA.
c) Zeichne ein gleichschenkliges Dreieck mit der Basislänge 6,0 cm, bei dem jeder Basiswinkel die Weite 36° hat.

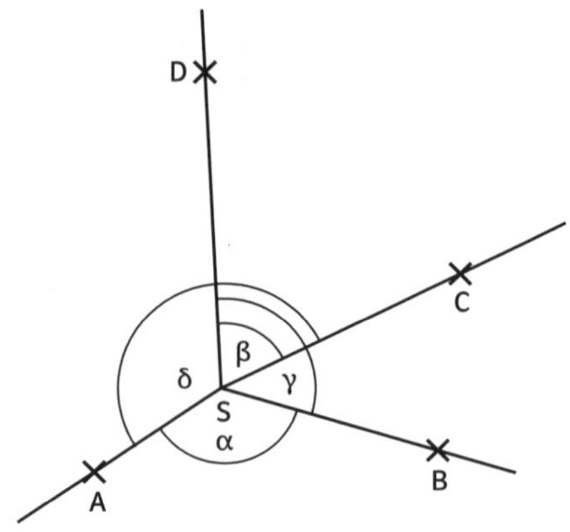

2 (1 + 1 + 3 VP)
a) Welche Weite hat der Winkel, den die beiden Zeiger einer Uhr um 4:00 Uhr einschließen?
b) Welchen Winkel überstreicht der große Zeiger in den nächsten 20 Minuten?
c) Welchen Winkel schließen die beiden Zeiger um 4:20 Uhr ein?

3 (3 VP)
Kinder brauchen eine besonders ausgewogene Ernährung. Die Abbildung zeigt die prozentualen Anteile an Kohlenhydraten, Obst, frischem Gemüse, Milchprodukten, Eiweiß und Fetten.
Der Grafiker hat in der Abbildung aus gestalterischen Gründen offenbar nicht die richtigen Mittelpunktswinkel zu den Prozentsätzen verwendet.
Berechne die richtigen Mittelpunktswinkel für Obst, Gemüse und Milchprodukte und vergleiche sie mit den Winkeln in der Abbildung.

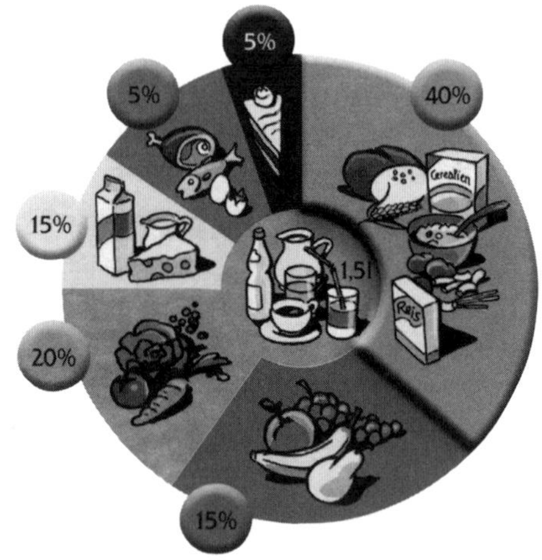

4 (5 VP)
Bei Verwendung eines Kompasses werden Richtungs- oder Kursangaben immer rechtsdrehend (im Uhrzeigersinn), bezogen auf die 0°-Richtung (d.h. Nordrichtung), angegeben. Ein „Kurs von 90°" bedeutet daher eine Bewegung in Richtung nach Osten.
Ein Schiff bewegt sich von seinem derzeitigen Standort gemäß folgenden Anweisungen:
4 Seemeilen Kurs 90°, 8 Seemeilen Kurs 315°, 2 Seemeilen Kurs 0°, 5 Seemeilen Kurs 270°.
Zeichne die Bewegung des Schiffs auf (1 cm ≙ 1 Seemeile).
Wie weit ist das Schiff nun von seinem ursprünglichen Standort entfernt?

5 (4 VP)
Knobelix: „Wenn ich die Ecke C des Dreiecks ABC auf der Geraden g bewege, dann hat der Winkel ∢ACB immer die Weite 90°."
Knobelinchen: „Das glaube ich dir nicht. Aber es gibt eine weitere Lage von C auf der Geraden, bei welcher der Winkel ∢ACB ebenfalls ein rechter Winkel ist."
Wer hat Recht?

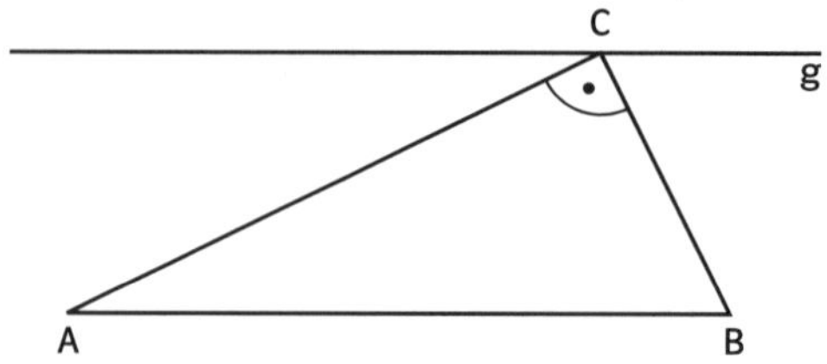

Anfangszeit: ______________ + 45 Minuten → Abgabe: ______________

1 (2 + 4 VP)
a) Miss die Winkelweiten α, β und γ.
b) Ergänze die Abbildung durch die Winkel $\sphericalangle$DBA, $\sphericalangle$FDB, $\sphericalangle$AFC und $\sphericalangle$AEB mit den Weiten δ_1, δ_2, δ_3 und δ_4.
Wie groß sind die Winkelweiten δ_1, δ_2, δ_3 und δ_4?

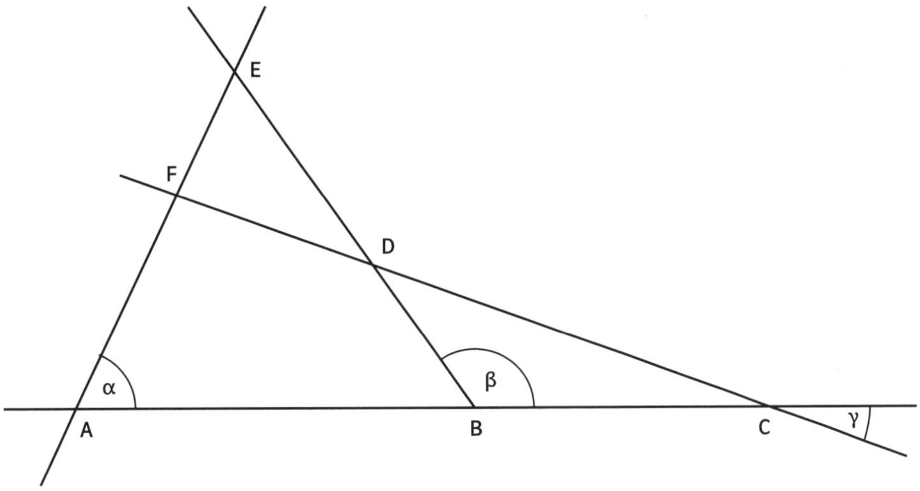

2 (2 + 2 VP)
a) Zeichne das Viereck ABCD mit $\overline{AB} = 7{,}0\,cm$, $\overline{BC} = 6{,}4\,cm$, $\overline{AD} = 5{,}2\,cm$ und den Winkelweiten $\alpha = 82°$ und $\beta = 105°$.
b) Miss die Weiten der anderen beiden Vierecksinnenwinkel.
Unter welchem Winkel schneiden sich die Diagonalen des Vierecks?

3 (2 + 2 + 2 VP)
a) Ein Baum wirft auf ebenem Gelände einen 65 m langen Schatten, wenn die Sonne 30° hoch steht.
Fertige eine maßstabsgerechte Zeichnung an (1 mm ≙ 1 m).
Entnimm der Zeichnung die Höhe des Baumes.
b) Wie hoch steht die Sonne, wenn der Schatten 30 m lang ist? Ergänze die Abbildung entsprechend.
c) Wie lang ist der Schatten, wenn die Sonne 20° hoch steht?

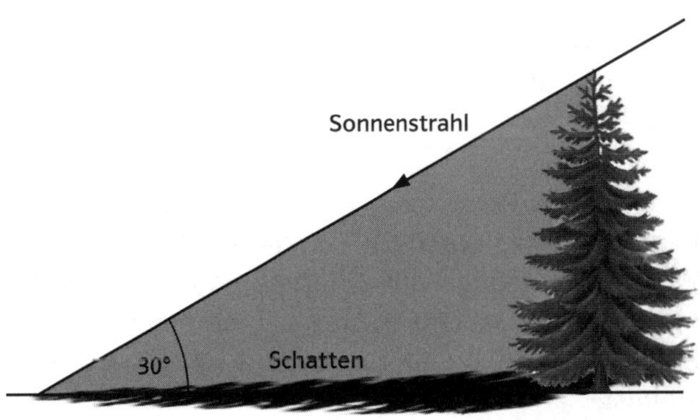

4 (2 + 2 VP)
a) Zwei Winkel haben zusammen die Weite 135°. Einer ist $\frac{4}{5}$-mal so groß wie der andere.
Bestimme die Winkelweiten.
b) Von zwei Winkeln ist einer um 20 % größer als der andere. Zusammen haben sie die Weite 143°.
Wie groß sind die beiden Winkel?

5 (4 VP)
Bei einem Rechteck ist die Länge mindestens so groß wie die Breite und höchstens dreimal so groß wie die Breite.
Wie groß kann der Schnittwinkel der Diagonalen sein? Zeichne.

Anfangszeit: ______________ + 45 Minuten → Abgabe: ______________

1 (2 VP)
Große Käselaibe haben nicht selten einen Durchmesser von 40 cm bis 60 cm.
Zur Dekoration in der Verkaufstheke schneidet man einen Laib in Stücke der abgebildeten Form.
Wie viele solche Stücke erhält man?

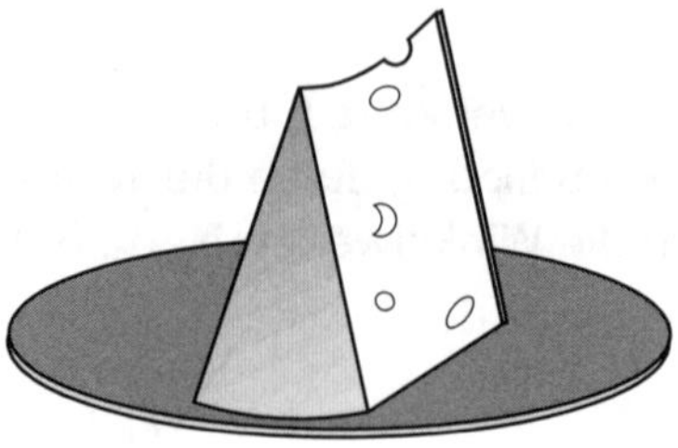

2 (2 + 1 + 1 VP)
a) Die Geraden g und h sind parallel. Die Geraden s und t schneiden g und h wie in der Abbildung.
Gib (ohne zu messen) die Winkelweiten β, γ und δ an. Begründe deine Antworten.
b) Wie würden sich β und γ verändern, wenn α um 12° verkleinert würde?
c) Wie würden sich β und γ verändern, wenn α verdoppelt würde?

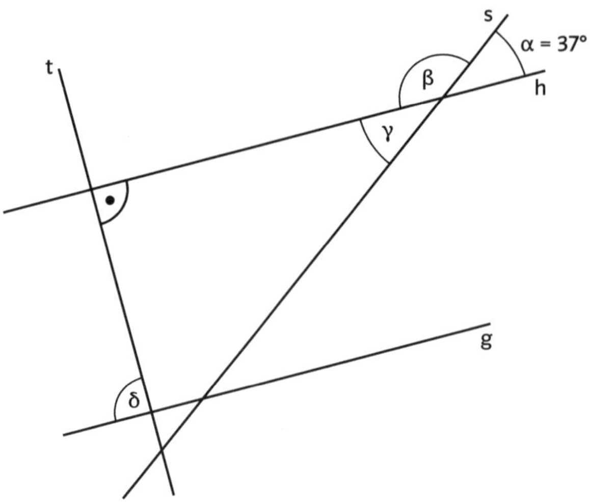

3 (2 + 2 + 2 VP)
Um Rollstuhlfahrern den Zugang zu seinem Wohnhaus zu ermöglichen, will der auf einen Rollstuhl angewiesene Herr Meier die Eingangstreppe durch eine gleichmäßig ansteigende Rampe ersetzt haben.
Jede der fünf Stufen ist 0,20 m hoch. Die Stufentiefe ist 0,40 m.

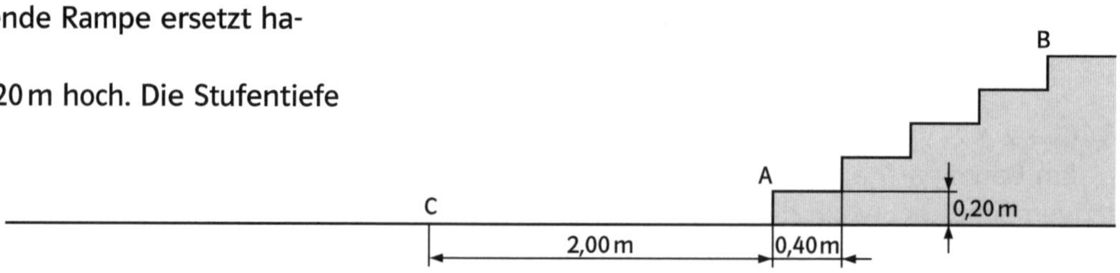

a) Sein Sohn Peter schlägt vor, die Rampe so zu bauen, dass sie durch die Punkte A und B geht.
Welchen Steigungswinkel hätte die Rampe?
b) Frau Meier schlägt vor, die Rampe durch die Punkte B und C gehen zu lassen, damit sie weniger steil ist.
Wie groß wäre in diesem Fall der Steigungswinkel?
c) Die Verkäuferin des Rollstuhls rät, den Steigungswinkel keinesfalls größer als 10° zu wählen, damit die Rampe nicht zu steil wird.
Wo liegt jetzt der Anfangspunkt D der Rampe?

4 (4 VP)
Die Abbildung zeigt das Kantenmodell eines Würfels mit der Kantenlänge 4 cm.
Bestimme durch geeignete Zeichnungen die wahren Winkelweiten α, β und γ.

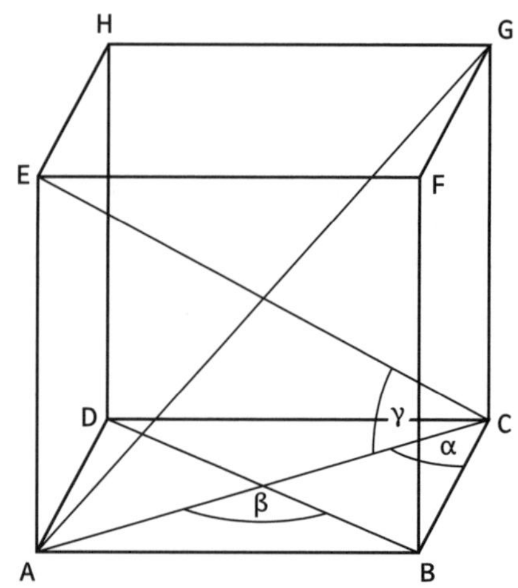

5 (2 + 4 + 2 VP)

a) Ein Hundehalter steht am Punkt A des Hundesportplatzes (links unten auf der Karte) und schaut nach Nordosten zum Kirchturm K von Brettach. In welcher Kursrichtung (in Grad) und wie weit entfernt liegt der Kirchturm?

b) Ein Wanderer in Punkt B am nordwestlichen Ortseingang marschiert 450 m Kurs 150°, dann 150 m Kurs 180° bis Punkt C. Zeichne den Weg und den Punkt C in die Karte ein. Wie weit muss er sich in C im mathematisch positiven Sinn drehen, um auf die Kirche zu schauen?

c) Ein Tennisspieler behauptet: „Das Rathaus R ist vom Tennisplatz T Luftlinie weniger als 500 m entfernt." Stimmt das?

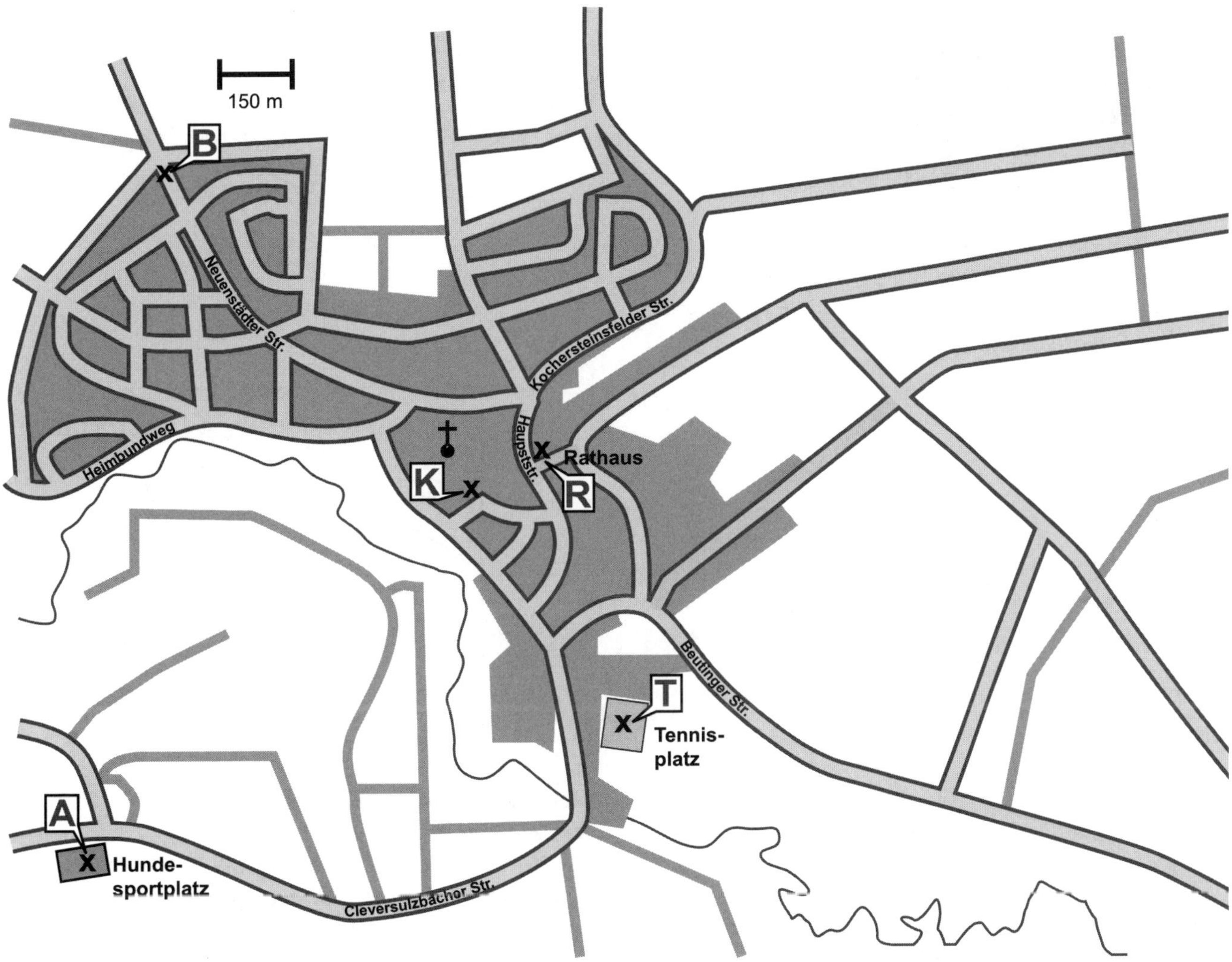

Klassenarbeit 3.1

1 (3 VP)

Die gemessenen Winkelweiten sind in der Figur eingetragen.

Du kannst die Winkel auch mithilfe von Punktenamen auf den Schenkeln und dem Namen des Winkelscheitels bezeichnen.
Denke daran, dass der erstgenannte Punkt im Winkelnamen auf dem ersten Schenkel liegt und der zweitgenannte Punkt der Winkelscheitel ist. Der erste Schenkel wird im Uhrzeigergegensinn gedreht. Dann gilt:

$\sphericalangle BAD = 121°$, $\sphericalangle CBA = 54°$,
$\sphericalangle DCB = 95°$, $\sphericalangle ADC = 90°$,
$\sphericalangle DCA = 60°$, $\sphericalangle BCD = 265°$.

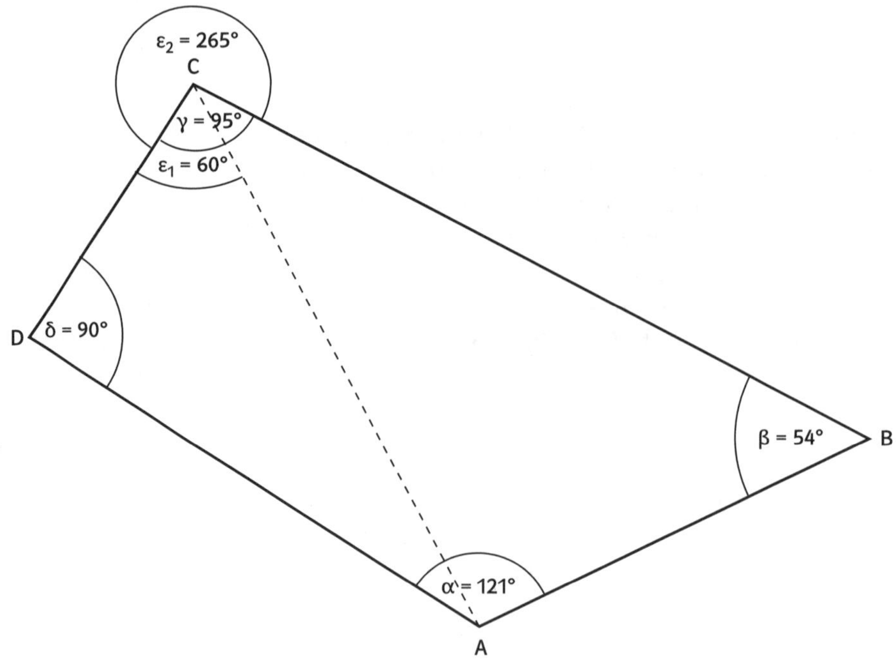

2 (2 + 2 VP)

a) *Beginne mit der Strecke BC. Bei Dreiecken bezeichnet man üblicherweise die Weite des Winkels mit dem Scheitelpunkt B mit β.*

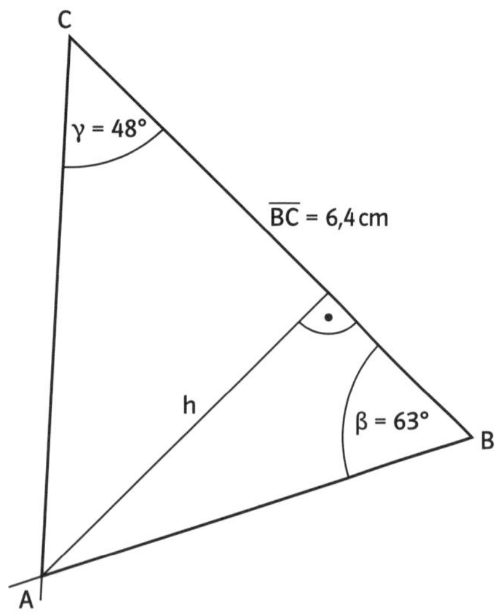

b) *Man berechnet den Flächeninhalt eines Dreiecks, indem man die Länge einer Seite mit der Länge der zugehörigen Höhe multipliziert und das Ergebnis durch 2 teilt.*
Du brauchst die zur Seite BC gehörende Dreieckshöhe. Sie ist orthogonal zu BC und geht durch A.

Die zur Seite BC gehörende Höhe ist in der Abbildung eingetragen.

Es gilt: $h = 4{,}5\,cm$.

Flächeninhalt:

$A = (\overline{BC} \cdot h) : 2$
$= (6{,}4\,cm \cdot 4{,}5\,cm) : 2$
$= 14{,}4\,cm^2$

3 (2 + 2 VP)

a) *Du darfst messen.*

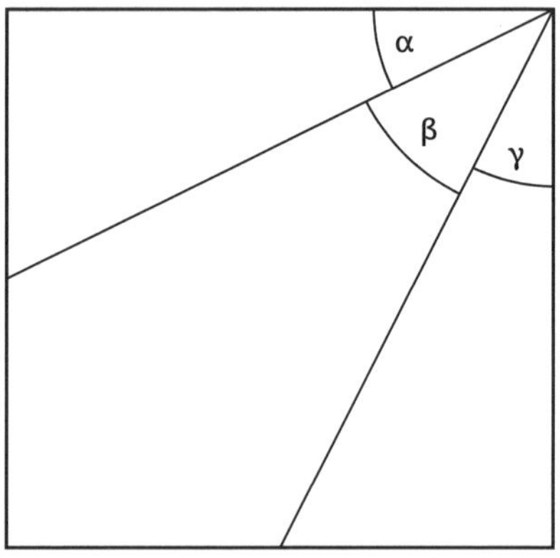

Nachmessen in der Figur ergibt:
$\alpha = 27°$, $\beta = 36°$, $\gamma = 27°$.
Die Winkel sind nicht gleich groß.

b) *Zeichne zuerst die Diagonalen eines solchen Rechtecks. Die Eckpunkte sind vom Diagonalenschnittpunkt gleich weit entfernt. Zeichne daher einen Kreis um den Diagonalenschnittpunkt S mit beliebigem Radius.*

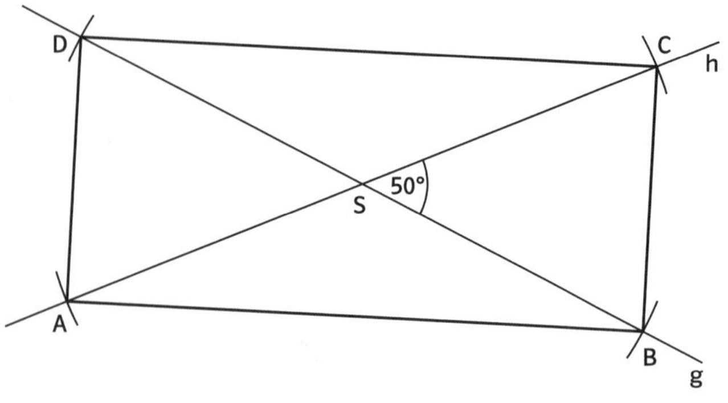

4 (3 + 3 VP)

a) *Wenn eine Winkelweite α ist, wie groß ist dann die andere?*
Die Summe der beiden Winkelweiten lässt sich nur durch α ausdrücken.
Die beiden Winkel sollen die Weiten α und β haben.
Dann gilt: $\alpha + \beta = 85°$.
Angenommen, β ist um 8° größer als α, also $\beta = \alpha + 8°$, dann folgt daraus:

$$\alpha + \alpha + 8° = 85°$$
$$2 \cdot \alpha = 77°$$
$$\alpha = 77° : 2$$
$$\alpha = 38{,}5°;$$
$$\beta = 38{,}5° + 8°$$
$$\beta = 46{,}5°.$$

Die beiden Winkel haben die Weiten 38,5° und 46,5°.

b) *Aus wie vielen gleich großen Teilen muss der 119°-Winkel zusammengesetzt sein?*
Die drei Winkel sollen die Weiten α, β und γ haben.
Dann gilt: $\alpha + \beta + \gamma = 119°$.
Man weiß:
$\beta = 2 \cdot \alpha$,
$\delta = 2 \cdot \beta = 2 \cdot 2 \cdot \alpha = 4 \cdot \alpha$.
Somit folgt:

$$\alpha + 2 \cdot \alpha + 4 \cdot \alpha = 119°$$
$$7 \cdot \alpha = 119°$$
$$\alpha = 119° : 7$$
$$\alpha = 17°;$$
$$\beta = 2 \cdot 17°$$
$$\beta = 34°;$$
$$\gamma = 4 \cdot 17°$$
$$\gamma = 68°.$$

Die drei Winkel haben die Weiten 17°, 34° und 68°.

5 (4 + 3 VP)

a) *Verwende die Informationen aus dem Text der Figur 1. Dann kannst du den ersten reflektierten Strahl zeichnen.*

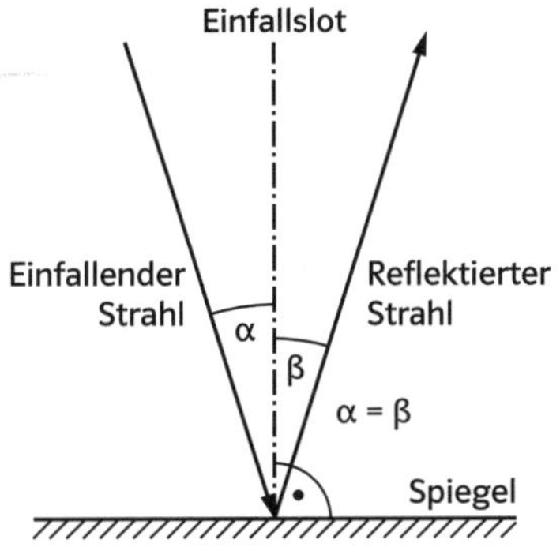

Figur 1

Zeichne das Einfallslot im Auftreffpunkt auf den zweiten Spiegel.

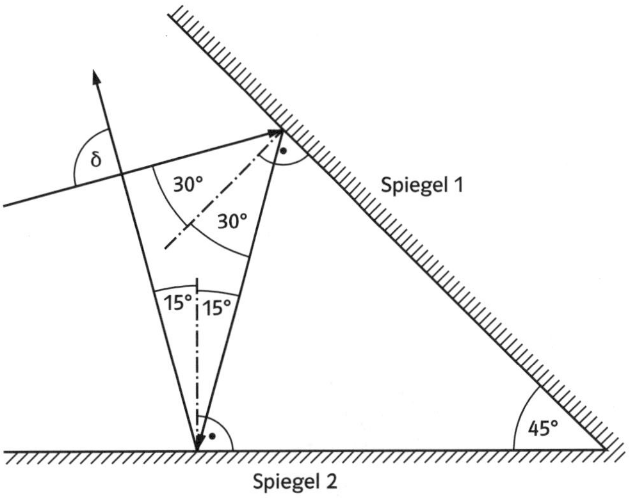

Figur 2

Die beiden Strahlen schneiden sich unter einem Winkel der Weite $\delta = 90°$.

b) *Zeichne den weiteren Strahlenverlauf genau auf und vergleiche mit dem vorherigen Ergebnis.*

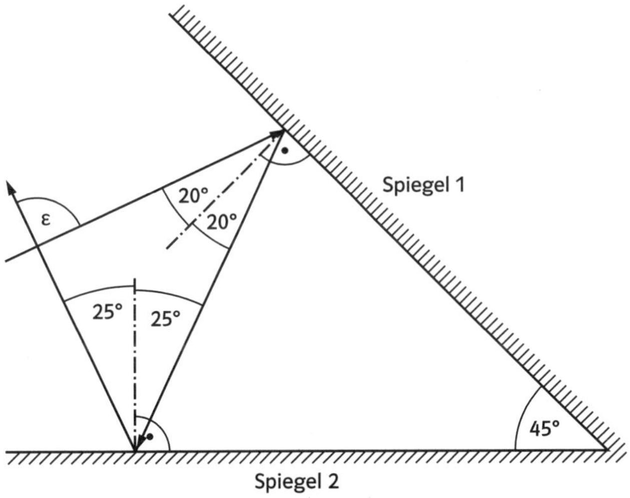

Figur 3

Die beiden Strahlen schneiden sich unter einem Winkel der Weite $\varepsilon = 90°$.
Die Behauptung ist zutreffend.

Bemerkung:
Experimentiere mit verschiedenen Einfallswinkeln. Du wirst feststellen, dass sich die beiden Strahlen immer unter einem Winkel der Weite 90° schneiden, gleichgültig, unter welchem Winkel der erste Strahl auf den Spiegel fällt.
Du kannst natürlich auch den Winkel zwischen den Spiegeln verändern. Findest du jetzt auch eine Gesetzmäßigkeit?

Klassenarbeit 3.2

1 (2 + 3 + 2 VP)

a) *Wie musst du das Geodreieck anlegen? Der erste Winkelschenkel wird im Uhrzeigergegensinn gedreht, bis er auf den zweiten Schenkel fällt.*

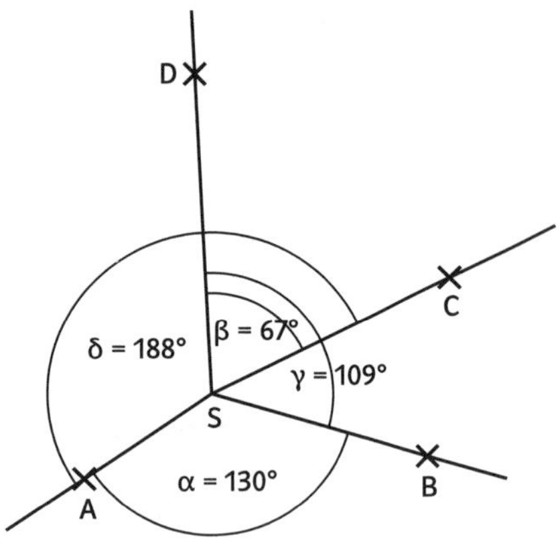

Messen ergibt:
$\alpha = 130°$ $\beta = 67°$ $\gamma = 109°$ $\delta = 188°$

b) *Du kennst die Weite des Vollwinkels.*

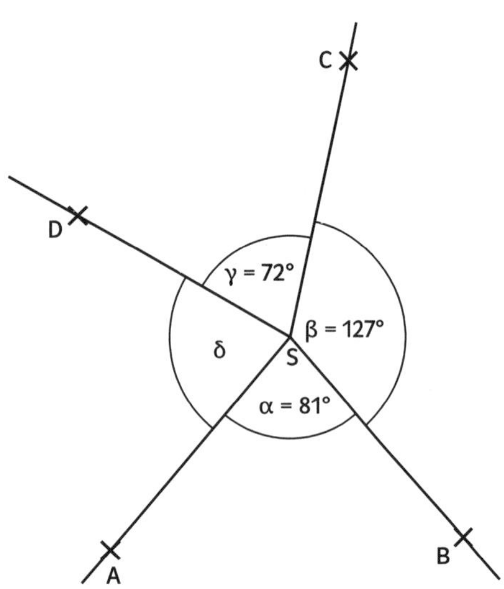

Da alle vier Winkelweiten zusammen 360° ergeben müssen, gilt:

$\delta = 360° - (81° + 127° + 72°)$
$= 360° - 280°$
$= 80°$

c) *Beginne die Zeichnung mit der Basis. Beschrifte die Figur.*

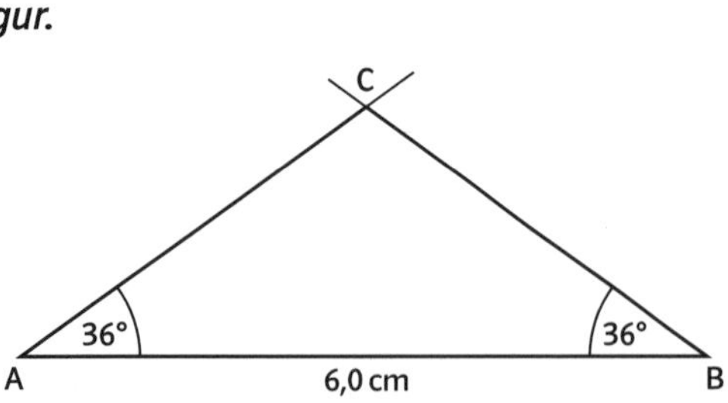

2 (1 + 1 + 3 VP)

Welchen Winkel überstreicht der große Zeiger (Minutenzeiger) in einer Stunde?
Welchen Winkel überstreicht der kleine Zeiger (Stundenzeiger) in einer Stunde?
Eine Skizze der Uhr kann dir helfen.

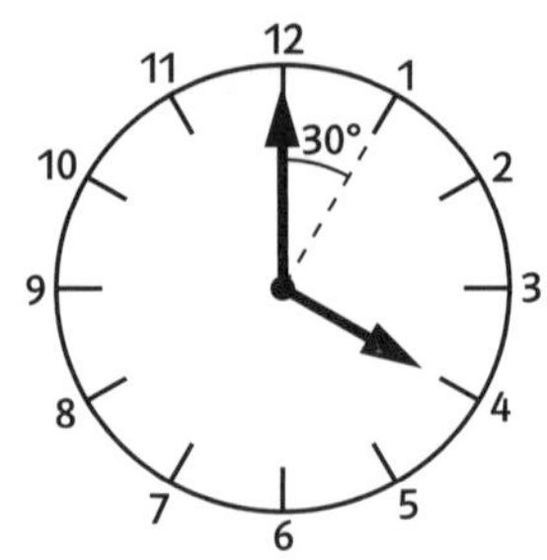

a) Um 4:00 Uhr schließen die beiden Zeiger einen Winkel der Weite 120° ein.

b) Der große Zeiger (der Minutenzeiger) überstreicht in einer Stunde einen 360°-Winkel. Wenn in 60 min ein Winkel von 360° überstrichen wird, dann wird in 20 min der dritte Teil davon, das sind 120°, überstrichen.

c) Der kleine Zeiger (der Stundenzeiger) überstreicht in einer Stunde einen Winkel von 30°, in 20 min also einen Winkel von 10°. Der Winkel zwischen dem kleinen Zeiger und der 12:00-Uhr-Marke beträgt um 4:20 Uhr also 120° + 10° = 130°.
Der große Zeiger (der Minutenzeiger) steht auf der 4:00-Uhr-Marke, hat also von der 0:00-Uhr-Marke aus einen 120°-Winkel überstrichen.
Der Winkel zwischen den beiden Zeigern ist demnach 10°.

3 (3 VP)

Trage den Kreismittelpunkt und einige Kreisradien ein. Dann kannst du die Winkel leicht messen.
Du weißt: $10\,\% = \frac{10}{100} = \frac{1}{10}$.

Ernährungsbestandteil	Prozentsatz	Korrekter Mittelpunktswinkel	Gemessener Mittelpunktswinkel
Obst	15 %	15 % von 360° $= 15 \cdot \frac{360°}{100}$ $= 54°$	81°
Frisches Gemüse	20 %	20 % von 360° $= 20 \cdot \frac{360°}{100}$ $= 72°$	59°
Milchprodukte	15 %	15 % von 360° $= 15 \cdot \frac{360°}{100}$ $= 54°$	35°

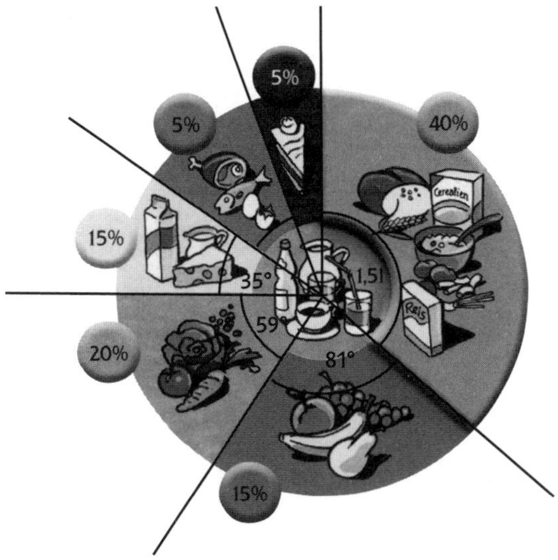

4 (5 VP)

Lies den Text genau. Beachte vor allem, dass Kurswinkel im Uhrzeigersinn gemessen werden.

1 Seemeile (1sm) entspricht 1cm.

Der ursprüngliche Standort sei A. Nach den Anweisungen werden die jeweiligen Standorte B, C, D und E benannt.

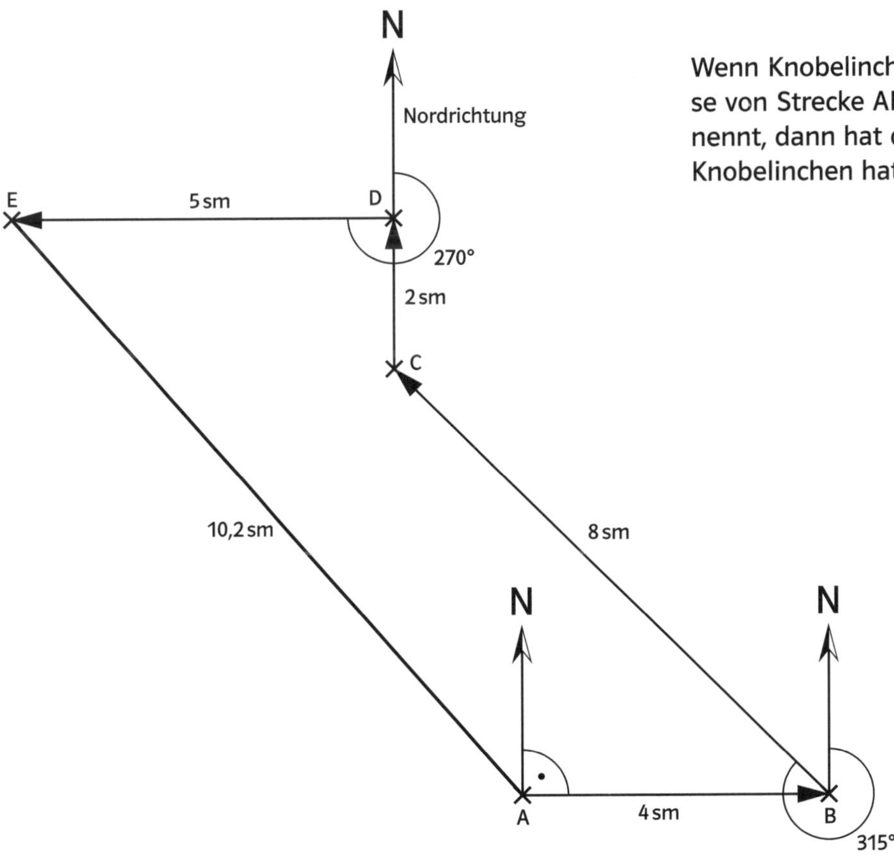

Die Strecke AE ist im Bild 10,2cm lang. Das Schiff ist daher von seinem ursprünglichen Standort 10,2 Seemeilen entfernt.

5 (4 VP)

Wähle verschiedene erlaubte Lagen von C und miss. Ein einziges Gegenbeispiel reicht zur Widerlegung einer Behauptung aus.

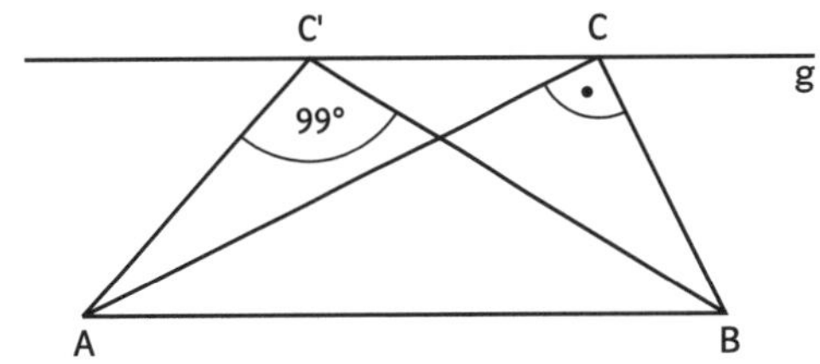

Wenn Knobelix die Ecke C nach C′ bewegt, dann hat der Winkel ∢AC′B die Weite 99°. Also ist seine Behauptung falsch.

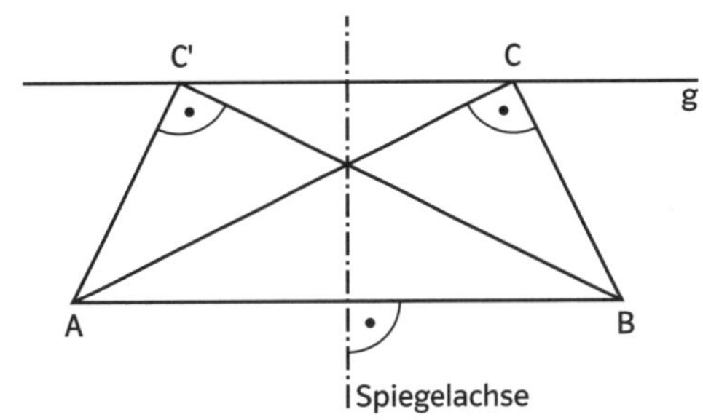

Wenn Knobelinchen den Punkt C an der Spiegelachse von Strecke AB spiegelt und den Bildpunkt C′ nennt, dann hat der Winkel ∢AC′B die Weite 90°. Knobelinchen hat Recht.

Klassenarbeit 3.3

1 (2 + 4 VP)

a) Es gilt: $\alpha = 65°$, $\beta = 125°$, $\gamma = 20°$.

b)

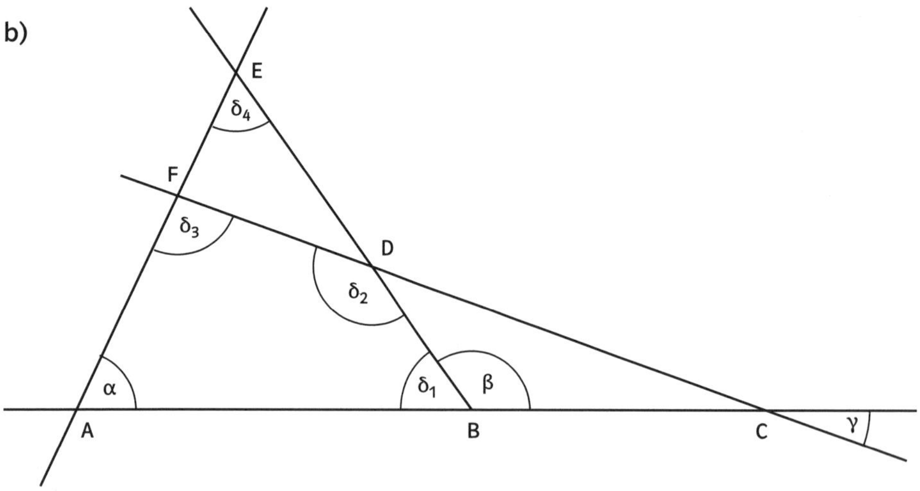

Messungen: $\delta_1 = 55°$, $\delta_2 = 145°$, $\delta_3 = 95°$, $\delta_4 = 60°$

2 (2 + 2 VP)

a) Zeichnung des Vierecks

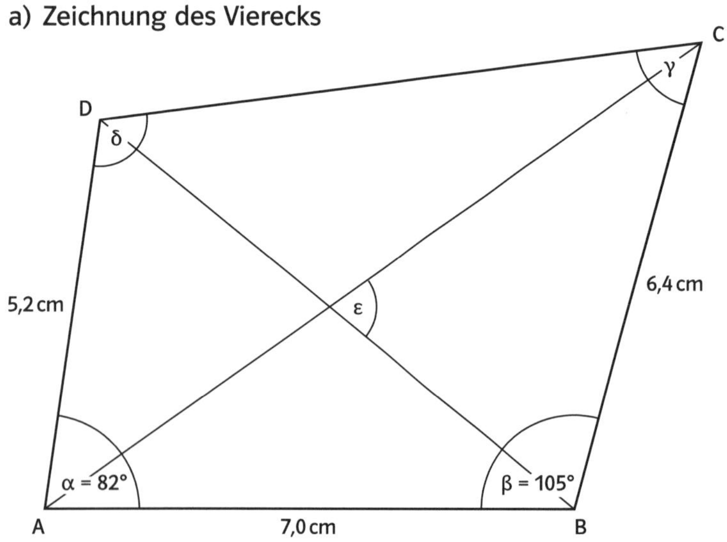

b) Messungen: $\gamma = 67°$, $\delta = 106°$, $\varepsilon = 75°$

3 (2 + 2 + 2 VP)

a) 1 mm ≙ 1 m

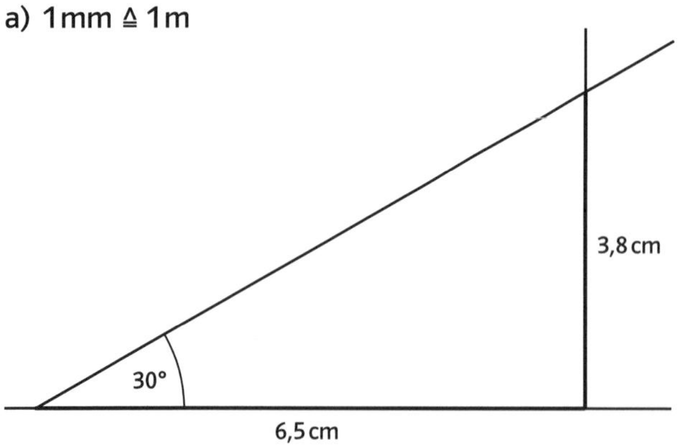

Der Baum ist in Wirklichkeit etwa 38 m hoch.

b)

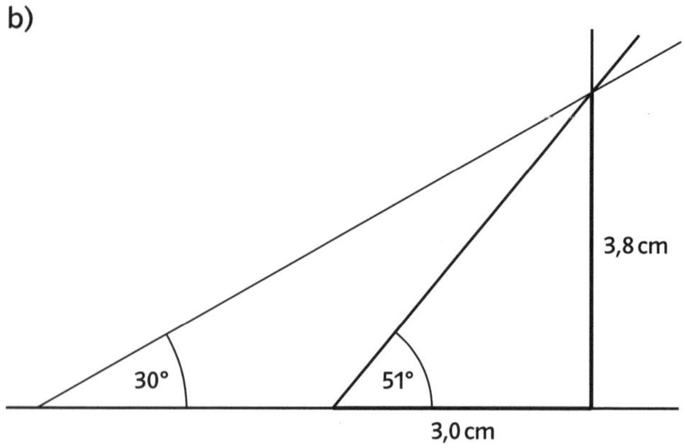

Die Sonne steht etwa 51° hoch.

c)

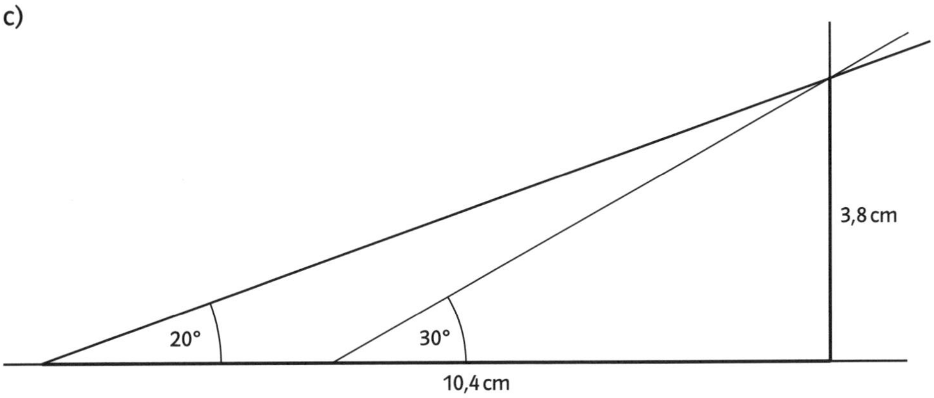

Der Schatten ist etwa 104 m lang.

4 (2 + 2 VP)

a) Der erste Winkel habe die Weite α. Der zweite Winkel hat dann die Weite $\frac{4}{5} \cdot \alpha$.
Zusammen haben sie die Weite $\frac{9}{5} \cdot \alpha$.

$\frac{9}{5} \cdot \alpha = 135°$

$\frac{1}{5} \cdot \alpha = 135° : 9 = 15°$

$1 \cdot \alpha = 15° \cdot 5 = 75°$

Der erste Winkel hat die Weite 75°, der zweite hat die Weite 60°.

b) Der erste Winkel habe die Weite α. Der zweite Winkel hat dann die Weite $\frac{120}{100}$ von α, also $\frac{6}{5} \cdot \alpha$.
Zusammen haben sie die Weite $\frac{11}{5} \cdot \alpha$.

$\frac{11}{5} \cdot \alpha = 143°$

$\frac{1}{5} \cdot \alpha = 143° : 11 = 13°$

$1 \cdot \alpha = 13° \cdot 5 = 65°$

Der erste Winkel hat die Weite 65°, der zweite hat die Weite 143° − 65° = 78°.

5 (4 VP)

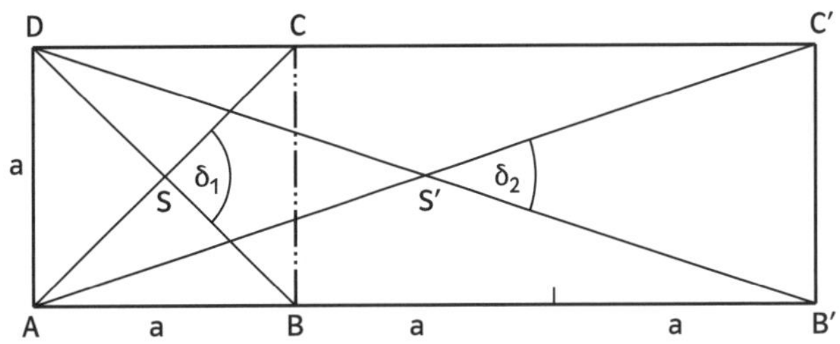

Wenn bei einem Rechteck ABCD die Länge genauso groß ist wie die Breite, dann ist es ein Quadrat. In diesem Fall ist der Winkel zwischen den Diagonalen ein 90°-Winkel: $\delta_1 = 90°$.
Verlängert man jetzt die Seite AB, so wird der Schnittwinkel ∢BSC der Diagonalen kleiner.
Wenn bei einem Rechteck AB'C'D die Länge genau dreimal so groß ist wie die Breite, dann hat der kleinere der beiden Schnittwinkel der Diagonalen die Weite $\delta_2 \approx 37°$.
Der kleinere der beiden Diagonalenschnittwinkel liegt daher zwischen 37° und 90°.

Klassenarbeit 3.4

1 (2 VP)
Der Mittelpunktswinkel des Käsestücks beträgt 30°.
360° : 30° = 12. Man erhält 12 Käsestücke.

2 (2 + 1 + 1 VP)
a) Die Winkelweiten α und β ergeben zusammen 180°. Daher: β = 180° − 37° = 143°.
Entsprechend gilt: $\beta + \gamma$ = 180°.
Folglich: γ = 180° − 143° = 37°.
Die Geraden g und h sind parallel und die Gerade t ist orthogonal zu g. Daher ist t auch orthogonal zu h. Demnach gilt: δ = 90°.

b) Würde man α um 12° verkleinern, so würde sich β um 12° vergrößern, da die Summe beider Winkelweiten 180° bleibt.
Würde sich α um 12° verkleinern, so würde sich auch γ um 12° verkleinern.

c) Nun gilt: $\alpha' = 2 \cdot \alpha = 2 \cdot 37° = 74°$.
Somit: $\beta' = 180° - \alpha' = 180° - 74° = 106°$.
Folglich: $\gamma' = 180° - \beta' = 180° - 106° = 74°$.
Die Winkelweite β würde sich um 37° auf 106° verringern, die Winkelweite γ würde sich um 37° auf 74° vergrößern.

3 (2 + 2 + 2 VP)
Der Übersichtlichkeit halber werden die Lösungen hier in drei verschiedenen Bildern eingetragen.
a)

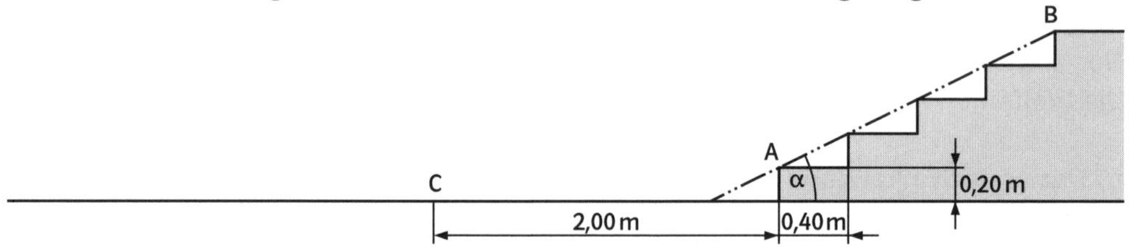

Die Rampe hätte einen Steigungswinkel der Weite $\alpha \approx 26{,}5°$.
b)

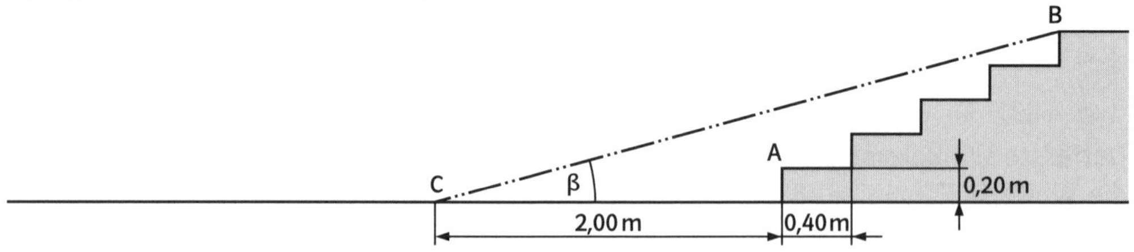

In diesem Fall hätte die Rampe einen Steigungswinkel der Weite $\beta \approx 15{,}5°$.
c)

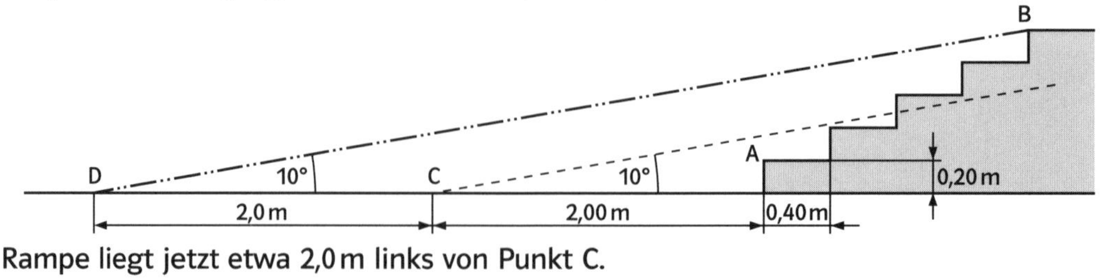

Der Anfangspunkt D der Rampe liegt jetzt etwa 2,0 m links von Punkt C.

4 (4 VP)
Die Würfelgrundfläche ABCD ist ein Quadrat und die Strecken AC und BD sind die Diagonalen.
Daher: α = 45°, β = 90°.
Das rechtwinklige Dreieck ACE hat die Quaderkante AE als Seite und die Diagonale AC als zweite Seite.
Messen ergibt γ = 35°.

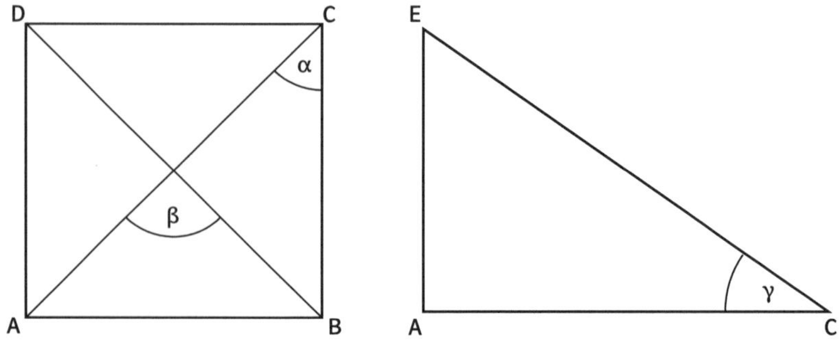

5 (2 + 4 + 2 VP)

a) Die Kursrichtung beträgt $\alpha \approx 45°$.
Abstand auf der Karte: $\overline{AK} \approx 7{,}5$ cm.
Der Abstand des Kirchturms vom Hunde-Sportplatz beträgt in Wirklichkeit etwa 1,1 km.

b) Der Weg ist in der Karte eingezeichnet. Die Strecke auf Kurs 150° ist in der Karte 3 cm lang, die Strecke auf Kurs 180° ist 1,0 cm lang. Um von C aus auf die Kirche K zu sehen, muss sich der Wanderer um $\delta = 71°$ im mathematisch positiven Sinn (gegen den Uhrzeiger) drehen.

c) Auf der Karte gilt: $\overline{RT} = 4$ cm. Dies entspricht in Wirklichkeit einer Strecke von 600 m. Die Behauptung des Tennisspielers ist daher falsch.

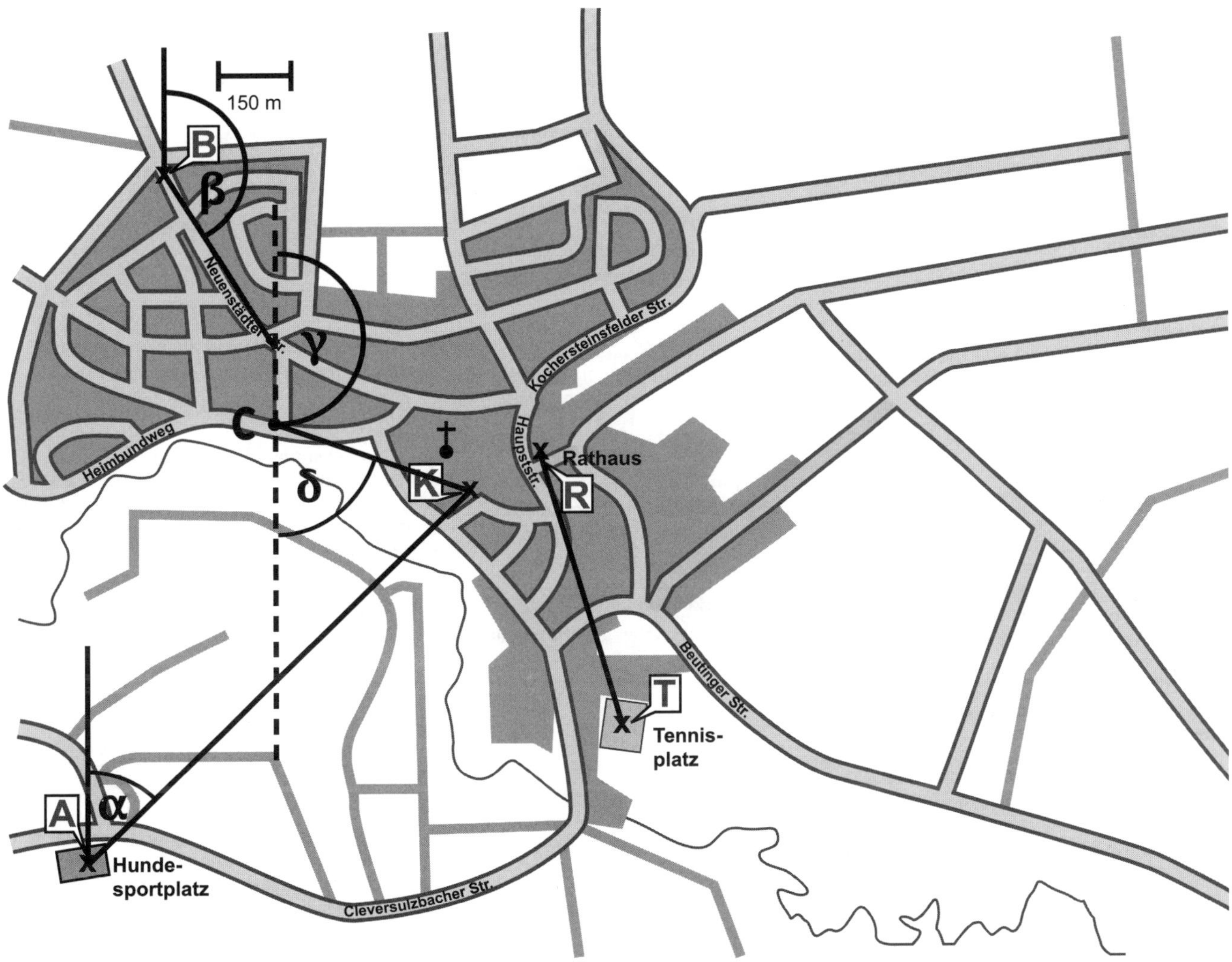

Pinboard – Strategien entwickeln – P

Mathematische Probleme lösen

Viele Aufgaben im Mathematikunterricht lassen sich durch konsequente Anwendung gelernter Rechenregeln zielsicher und zuverlässig lösen. Das sind meist Routineaufgaben, die, bei entsprechendem Training, keine Schwierigkeiten machen sollten. Richtig spannend sind solche Aufgaben, ehrlich gesagt, höchst selten.

Viel interessanter sind doch Fragestellungen, bei denen man nicht sofort erkennt, wie man anfangen soll, wie ein mögliches Ergebnis aussieht und auf welchem Weg man dahin gelangen kann. Solche Fragestellungen nennt man gerne „Probleme". Wie löst man solche Probleme? Wie lernt man das Lösen von Problemen?

Strategien zum Problemlösen

Strategien sind Vorgehensweisen, die Erfolg beim Lösen von Problemen versprechen, aber nicht garantieren. Auch solche Vorgehensweisen kann man lernen und trainieren. Dazu muss man solche Strategien aber erst einmal kennen.
Eine wichtige Strategie ist:
Muster erkennen.
Dies gelingt, indem man das Problem zunächst für einfache *Zahlenbeispiele* bearbeitet. Diese Beispiele kann man in einer *Tabelle* oder *Zeichnung* übersichtlich darstellen. Anhand dieser Beispiele versucht man dann zu erkennen, wie „es weitergeht": Wie ändern sich die Zahlen oder Bilder im nächsten Schritt? Kann man diese Veränderung einfach beschreiben? Was bleibt gleich? Bestätigt sich die gewonnene Erkenntnis auch beim nächsten Schritt?
Auf diese Weise kann eine Vermutung über die Lösung des Problems *entdeckt* werden.
Dabei ist jedoch zu beachten, dass noch so viele Einzelbeispiele zur Begründung einer Vermutung nicht ausreichen. Man kann ja immer nur endlich viele Zahlenbeispiele tatsächlich prüfen und nicht alle. Daher muss immer eine Antwort auf die Frage gegeben werden: Warum geht es so weiter? Erst dadurch kann man sicherstellen, also *begründen*, dass es „immer so weitergeht".

Der Umgang mit Problemen

Recht häufig bieten gelöste Probleme Gelegenheit, durch Veränderungen der Fragestellung neue Probleme zu erzeugen. „Was passiert, wenn ich … abändere?" „Warum ändert sich, …wenn…?" „Wie viele …?"
Man sollte sich die Gelegenheit nicht entgehen lassen, an solchen eigenen Beispielen das Problemlösen weiter zu trainieren. Merke: Problemlösen lernt man nur, indem man viele Probleme löst!

Beispiel 1

Problem
Berechne die Summe
2 + 4 + 6 + 8 + … + 96 + 98 + 100.

Lösung
Die Lösung durch Addieren all dieser Summanden per Hand oder Taschenrechner ist möglich, aber zeitaufwendig.
Kann man das Ergebnis 2550 geschickt erhalten?

Problem vereinfachen
Berechne die entsprechenden Summen mit weniger Summanden.

2 = 2
2 + 4 = 6
2 + 4 + 6 = 12
2 + 4 + 6 + 8 = 20

Muster erkennen
Wie ändert sich die Summe mit der *Anzahl* der Summanden?

Tabelle

Anzahl der Summanden	1	2	3	4
Summe	2	6	12	20

Fragen stellen
Kann man die Summe aus der *Anzahl* der Summanden berechnen?

Mit der richtigen Idee erkennt man *vielleicht*:

Anzahl der Summanden	1	2	3	4
Summe	1 · 2	2 · 3	3 · 4	4 · 5

Einsicht gewinnen
Wie kann man erkennen, dass die Tabelle „immer so weitergeführt" werden kann?

Wenn man wüsste, dass die Tabelle sinngemäß fortgesetzt werden dürfte, dann könnte man für die gesuchte Summe aus 50 Summanden rechnen: 50 · 51 = 2550.

Fragen stellen
Kann man ein Gegenbeispiel finden? Dann wäre die Vermutung, die Idee falsch und man müsste eine neue suchen.

Wenn man weitere Beispiele prüft, dann stellt sich heraus, dass die sinngemäße Fortsetzung wohl erlaubt ist. Ein Gegenbeispiel lässt sich nicht finden. Aber: Damit ist nicht *begründet*, dass die Vermutung korrekt ist! Es könnte doch sein, dass bei 10000 Summanden das Muster nicht mehr gilt.

Muster erkennen
Lässt sich die Anhängigkeit visualisieren?
Was ändert sich, was ändert sich nicht?

Zeichnung zur Veranschaulichung

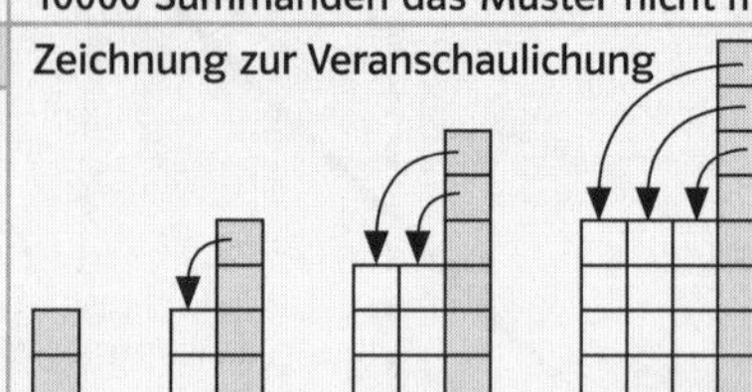

1 · 2 2 · 3 3 · 4 4 · 5

Einsicht gewinnen
Kann man erkennen, dass es „immer so weitergeht"?

Die Abbildungen zeigen, dass jedes Rechteck beim nächsten Schritt immer um ein Kästchen breiter und um ein Kästchen höher wird.
Beim fünften Bild wird das Rechteck daher fünf Kästchen breit und sechs Kästchen hoch sein, beim 50. Bild (da man bis zur 50. geraden Zahl addieren möchte) ist das Rechteck also 50 Kästchen breit und 51 Kästchen hoch. Daher hat die Summe den Wert 50 · 51 = 2550.

Problem erweitern
Kann die Summe für eine geeignet gewählte Anzahl von Summanden den Wert 10301 haben?

Da es sich nur um gerade Summanden handelt, kann die Summe noch so vieler Summanden nicht einen ungeraden Wert haben. Die Antwort lautet daher nein.

Problem erweitern
Kann die Summe für eine geeignet gewählte Anzahl von Summanden den Wert 10500 haben?

Wenn dies möglich wäre, dann müsste es zwei aufeinander folgende natürliche Zahlen geben, deren Produkt 10500 ist.
Tabelle

100 · 101	101 · 02	102 · 103
10100	10302	10506

Zwischen 10302 und 10506 gibt es keine Summe gerader Zahlen. Die Antwort lautet daher nein.

Problem finden
Berechne die Summe
20 + 22 + 24 + … + 78 + 80.

Wende die bisherigen Erkenntnisse an. Du kannst die Summe 2 + 4 + 6 + … + 78 + 80 berechnen und die Summe 2 + 4 + 6 + … + 16 + 18.

bleme lösen

Beispiel 2

Problem	Lösung
Berechnung der Dezimalen von $\frac{1}{17}$.	Durchführung der Division ergibt $\frac{1}{17} = 0{,}0588235294117647058823\ldots$
Muster erkennen	
Was ändert sich, was ändert sich nicht?	Die Ziffern wiederholen sich nach jeweils 16 Ziffern. Ein Muster in der Aufeinanderfolge der einzelnen Ziffern ist jedoch nicht erkennbar.
Fragen stellen	
Warum ist das so?	Wenn man die Division per Hand ausführt, erkennt man, dass der verbleibende Divisionsrest 1 nach der 16. Division derselbe ist wie zu Beginn der Rechnung. Daher müssen sich ab jetzt die Ziffern wiederholen.
Problem finden	
Welche Ziffer steht an der 48., der 100. Stelle nach dem Komma?	Da sich die Ziffern nach je 16 Ziffern wiederholen und $48 = 3 \cdot 16$ gilt, muss an der 48. Stelle dieselbe Ziffer auftreten wie an der 16. Stelle. Diese Ziffer ist daher 7. Da $100 = 6 \cdot 16 + 4$ gilt, muss an der 100. Stelle dieselbe Ziffer auftreten wie an der 4. Stelle. Diese Ziffer ist 8.
Problem erweitern	
Wie oft kommt die Ziffer 8 unter den ersten 100 Dezimalen vor?	In jedem Block von 16 Ziffern kommt die Ziffer 8 zweimal vor. In sechs Blöcken von 16 Ziffern kommt also zwölfmal die Ziffer 8 vor. Unter den nächsten vier noch fehlenden Ziffern gibt es zweimal die Ziffer 8. Folglich kommt die Ziffer 8 vierzehnmal vor.
Fragen stellen	
Was ergibt sich bei anderen Zählern, also etwa bei $\frac{2}{17}$?	Es könnte sein, dass manche der Antworten mit dem Zähler 1 des Bruches zusammenhängen. Daher wird man den Zähler variieren (und den Nenner zunächst beibehalten).
Daten beschaffen	Durchführung der Division ergibt $\frac{2}{17} = 0{,}1176470588235294117 6\ldots$
Muster erkennen	
Was ändert sich, was ändert sich nicht?	Die Ziffern wiederholen sich nach jeweils 16 Ziffern. Die *Reihenfolge* der Ziffern ändert sich nicht! Die Ziffernfolge beginnt nach dem Komma nur mit einer anderen Ziffer der Folge.

Einsicht gewinnen	Der Block von 16 Ziffern beginnt jetzt mit der Ziffer 1. Dies ist zu erwarten, denn wenn man den Näherungswert 0,05882 für $\frac{1}{17}$ verdoppelt, sollte 0,11764 Näherungswert für $\frac{2}{17}$ sein.
Kann man sich die Beobachtungen erklären? Warum bleibt aber die *Reihenfolge* der Ziffern gleich?	
Daten beschaffen	Durchführung der Division ergibt:
Ist das bei $\frac{3}{17}$, $\frac{4}{17}$ usw. auch so?	$\frac{3}{17} = 0{,}1764705882352941\ldots$ $\frac{4}{17} = 0{,}2352941176470588\ldots$
Problem	Alle Beispiele mit dem Nenner 17 bestätigen, dass die Reihenfolge der Ziffern gleich bleibt. Prüfe! Es ist jedoch nicht zu erkennen, warum das so ist.
Ist das Zufall?	
Daten beschaffen	$\frac{1}{13} = 0{,}076923076923076\ldots$
Ist das immer so? Wie sieht die Situation bei anderen Bruchzahlen aus?	$\frac{2}{13} = 0{,}153846153846153\ldots$
Muster erkennen	Hier wiederholen sich die Ziffern bereits nach jeweils sechs Dezimalen. Bei $\frac{2}{13}$ kommen jedoch ganz andere Ziffern vor als bei $\frac{1}{13}$. Damit ist ein Gegenbeispiel gefunden.
Was ändert sich, was ändert sich nicht?	
Problem finden	Damit eröffnet sich ein ganz weites Forschungsfeld! Mit unseren Mitteln können wir zu dieser und damit verwandten Fragen keine abschließenden Antworten geben. Es lohnt sich aber, Datenmaterial zu beschaffen, um gute Vermutungen zu gewinnen. Probiere aus: $\frac{1}{3}, \frac{1}{7}, \frac{1}{19}, \frac{1}{97}$. Überlege, wie dir eventuell ein Taschenrechner helfen kann.
Hängt dies damit zusammen, dass die Ziffern sich nicht nach zwölf, sondern bereits nach sechs Ziffern wiederholen? Kann man für verschiedene Nenner vorhersagen, wie die Lösung heißen wird?	

Bist du sicher?

1 Berechne die Summen.
a) $2 + 4 + 6 + \ldots + 118 + 120$ b) $238 + 240 + 242 + \ldots + 248 + 250$

2 Berechne die Summen.
a) $1 + 3 + 5 + \ldots + 97 + 99$ b) $13 + 15 + 17 + \ldots + 81 + 83$

3 Es gilt: $\frac{1}{7} = 0{,}142857142857\ldots$ Wenn man Vielfache von $\frac{1}{7}$ berechnet, bleibt die Reihenfolge der Ziffern nach dem Komma gleich. Wie heißen die Dezimaldarstellungen von $\frac{2}{7}, \frac{3}{7}, \ldots, \frac{6}{7}$?

4 Zwei Geraden, die nicht parallel sind, schneiden sich in einem Punkt. Bei drei Geraden gibt es höchstens drei Schnittpunkte. Wie viele Schnittpunkte gibt es höchstens bei
a) vier Geraden, fünf Geraden?
b) Wie viele Schnittpunkte gibt es wohl bei zehn Geraden?

5 Zeichne ein Viereck, ein Fünfeck, ein Sechseck mit allen seinen Diagonalen. Bestimme die Anzahl der Diagonalen. Versuche eine Gesetzmäßigkeit zu finden. Wie viele Diagonalen hat wohl ein Zehneck?

6 Die abgebildeten Muster werden sinngemäß weitergeführt.

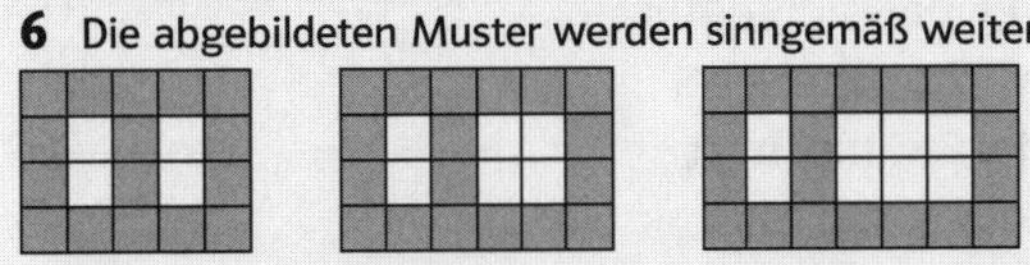

1. Muster 2. Muster 3. Muster

a) Wie viele Quadrate sind beim achten Muster grau gefärbt?
b) Wie viele Quadrate sind beim Muster mit der Nummer n grau gefärbt?
c) Gibt es ein Muster mit 100 grau gefärbten Quadraten?

Lösungen

1 a) $60 \cdot 61 = 3660$ b) $225 \cdot 226 - 119 \cdot 120 = 36\,570$ **2** a) $50 \cdot 50 = 2500$ b) $42 \cdot 42 - 6 \cdot 6 = 1728$ **3** 0,285714; 0,428571; 0,571428; 0,714285; 0,857142
4 a) Vier Geraden haben höchstens sechs, fünf Geraden haben zehn Schnittpunkte. b) Zehn Geraden haben höchstens 45 Schnittpunkte. Tipp: Wie viele neue Schnittpunkte kommen dazu, wenn man eine Gerade hinzunimmt? **5** Ein Viereck hat zwei, ein Fünfeck hat fünf, ein Sechseck hat neun Diagonalen. Ein Zehneck hat 35 Diagonalen. *Tipp: Wie viele Diagonalen gibt es von einer Ecke aus? Jede Diagonale gehört zu zwei Ecken!* **6** a) $3 \cdot 2 + 12 \cdot 2 = 30$
b) $3 \cdot 2 + (n + 4) \cdot 2$ c) Das 43. Muster hat 100 gefärbte Quadrate.

Klassenarbeit 4.1

Anfangszeit: ______________ + 45 Minuten → Abgabe: ______________

1 (1 + 2 VP)
Schreibe in die Kästchen die fehlenden Ziffern, sodass die Subtraktions- bzw. Multiplikationsaufgabe richtig ist.

a) 5□
− □9
―――
9

b) □2□ · 7
―――
1□7□

2 (2 + 1 + 2 VP)
Streiche aus der Zahl 47 925 063 vier Ziffern, sodass die verbleibende vierstellige Zahl

a) möglichst groß ist. b) möglichst klein ist. c) durch 3 teilbar ist.

3 (2 + 3 VP)
Denke dir die Figurenreihen sinngemäß fortgesetzt.
Schreibe jeweils einen Term auf für die Anzahl der grauen Quadrate in der Figur mit der Nummer n.

a) Figur 1 Figur 2 Figur 3 Figur 4

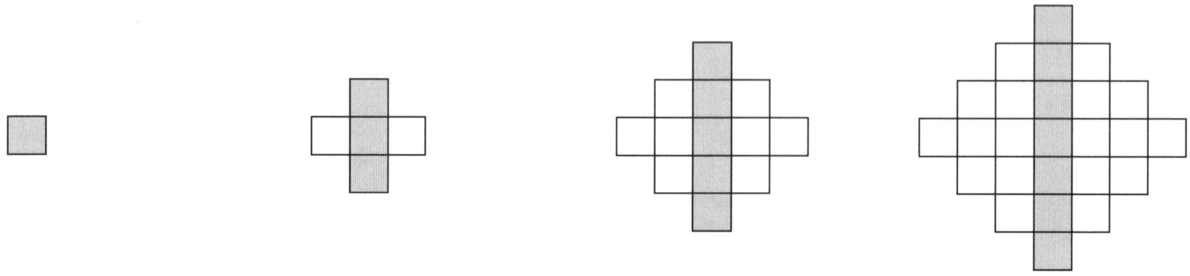

b)

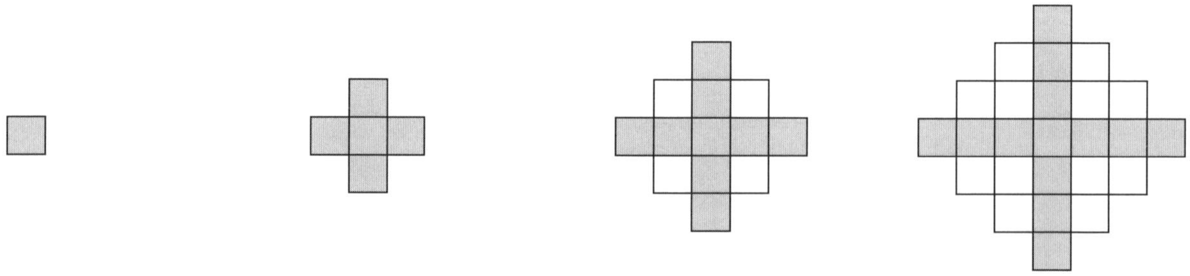

4 (3 + 2 + 3 VP)
Carl Friedrich will die natürlichen Zahlen von 1 bis 10 addieren. Er hat sich dafür folgenden Trick überlegt.
Die gesuchte Summe ist
$(10 \cdot 11) : 2 = 55$.

1	+	2	+	3	+	4	+	5	+	6	+	7	+	8	+	9	+	10
10	+	9	+	8	+	7	+	6	+	5	+	4	+	3	+	2	+	1
11	+	11	+	11	+	11	+	11	+	11	+	11	+	11	+	11	+	11

a) Erkläre die Vorgehensweise von Carl Friedrich.
b) Verwende nun selbst diesen Trick, um ganz schnell die Summe 1 + 2 + 3 + … + 18 + 19 + 20 zu berechnen.
c) Kannst du unter Verwendung dieses Tricks auch die Summe 41 + 42 + … + 49 + 50 berechnen?

5 (3 VP)
Schätze: Wie viele dieser DIN-A4-Blätter bräuchtest du, um den Boden deines Klassenzimmers lückenlos zu bedecken?
Gib deine Überlegungen an.

Klassenarbeit 4.2

Anfangszeit: ____________ + 45 Minuten → Abgabe: ____________

1 (2 + 2 + 2 VP)
Gegeben ist die achtstellige Zahl 78 253 164.
a) Maurice entscheidet mit Teilbarkeitsregeln, ob diese Zahl durch 3, 4 oder 5 teilbar ist.
Zu welchem Ergebnis kommt er?
b) Miriam streicht nun die Ziffer 5 und erhält eine siebenstellige Zahl.
Welche Ziffer kann sie jetzt noch streichen, damit die verbleibende sechsstellige Zahl durch 3 teilbar ist?
c) Martin streicht die letzten beiden Ziffern der achtstelligen Zahl und ordnet die verbleibenden sechs Ziffern so an, dass die neue Zahl durch 4 teilbar ist.
Wie kann diese neue Zahl heißen?

2 (2 + 2 + 1 VP)
Wenn man alle Ziffern einer natürlichen Zahl miteinander multipliziert, dann nennt man das Ergebnis das Querprodukt dieser Zahl.
a) Bilde von folgenden Zahlen die Querprodukte: 1234; 9191; 27150.
b) Gib eine dreistellige und eine vierstellige Zahl an, deren Querprodukt 21 ist.
c) Gibt es dreistellige Zahlen mit dem Querprodukt 800?

3 (6 VP)
Denke dir die Figurenreihe sinngemäß fortgesetzt. Es soll ein Term angegeben werden, der die Anzahl der grauen Quadrate in der Figur mit der Nummer n beschreibt.

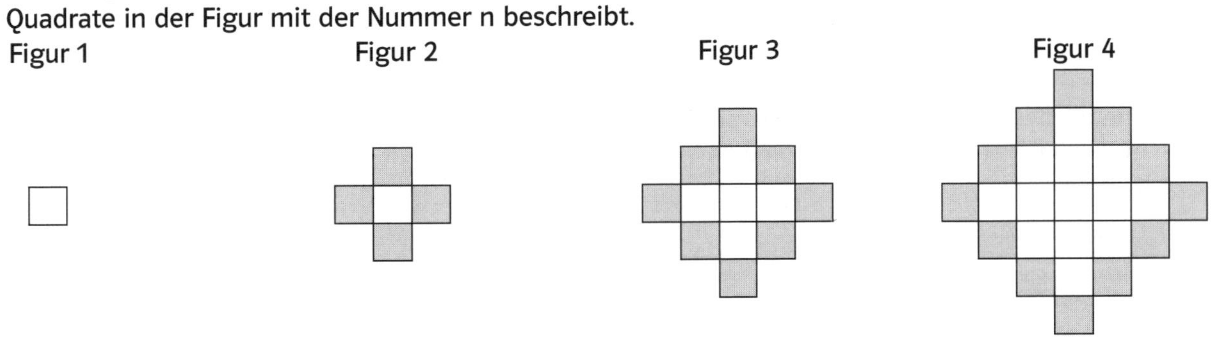

Welche der folgenden Behauptungen sind wahr?
Begründe deine Antwort.
1. Der Term ist $4 \cdot n$.
2. Der Term ist $4 \cdot n - 4$.
3. Der Term ist $4 \cdot (n - 1)$.
4. Der Term ist $(n - 1) \cdot (n + 2)$.

4 (3 + 3 + 1 VP)
Bei einem gewöhnlichem Spielwürfel liegen die Augenzahlen 1 und 6; 2 und 5 sowie 3 und 4 gegenüber.
Man setzt n solche Spielwürfel aufeinander auf einen Tisch.
a) Wie viele Augen kann man insgesamt höchstens sehen?
Wie viele sieht man mindestens?
b) Aus wie vielen Würfeln besteht der Turm, wenn man 115 Augen sieht?
c) Gibt es einen Turm, bei dem man 92 Augen sieht?

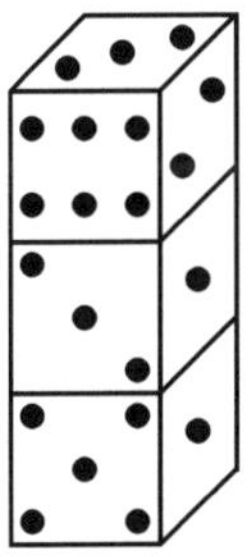

Anfangszeit: ____________ + 45 Minuten → Abgabe: ____________

1 (1 + 1 + 1 VP)
Wie viele Stellen haben die folgenden Zahlen?
a) 10^6 b) $10^8 \cdot 10^3$ c) $10^8 + 10^3$

2 (2 + 1 + 2 + 2 + 3 VP)
In jedes Feld der Zahlenmauer soll die Summe der Zahlen aus den beiden darunter liegenden Feldern geschrieben werden.

a) Ergänze die fehlenden Zahlen.

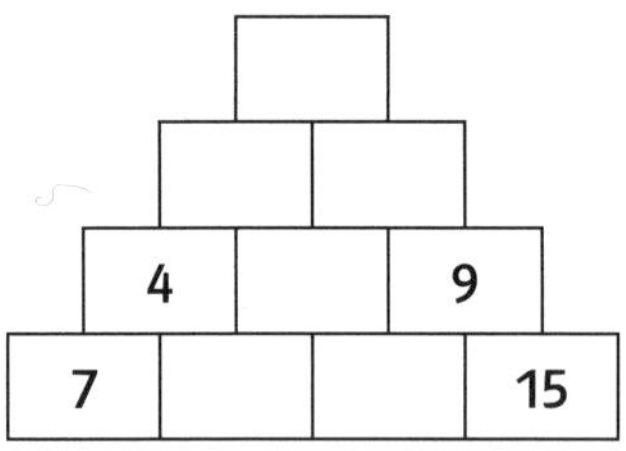

b) Schreibe ein Beispiel auf, bei dem in der untersten Schicht drei negative Zahlen vorkommen.

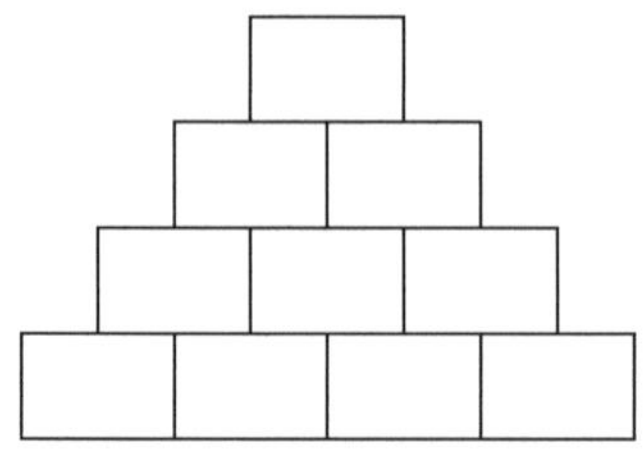

c) Schreibe ein Beispiel auf, bei dem im obersten Feld die Zahl 0 steht und alle Zahlen verschieden sind.

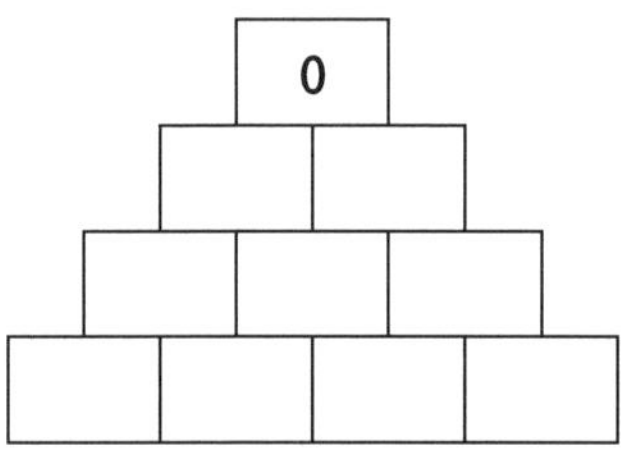

d) Erkläre: Wenn in der unteren Schicht nur ungerade Zahlen stehen, dann steht ganz oben eine gerade Zahl.

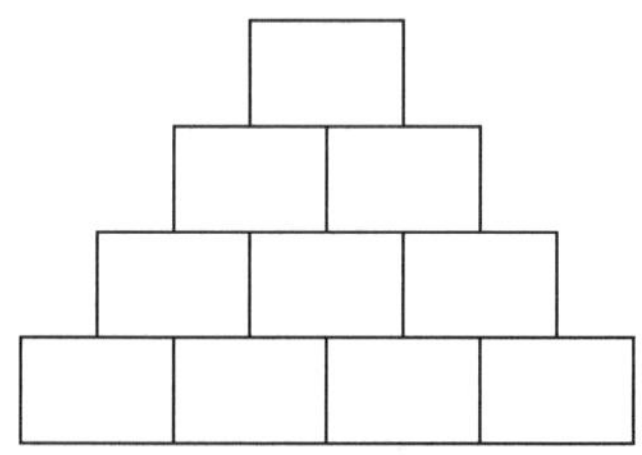

e) Welche der folgenden Behauptungen sind wahr:
Wenn in der unteren Schicht genau eine ungerade Zahl steht, dann ist die Zahl ganz oben ungerade.

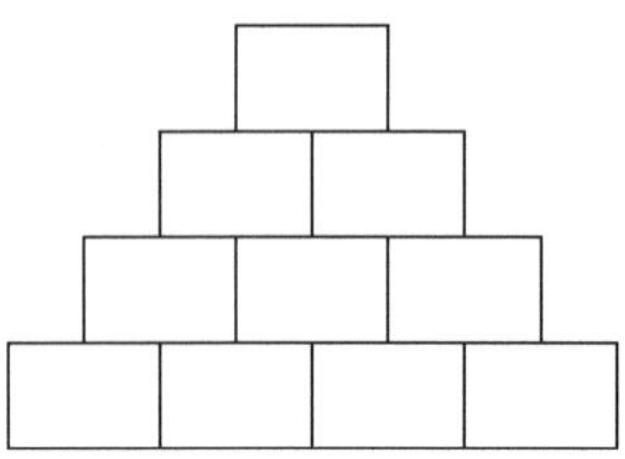

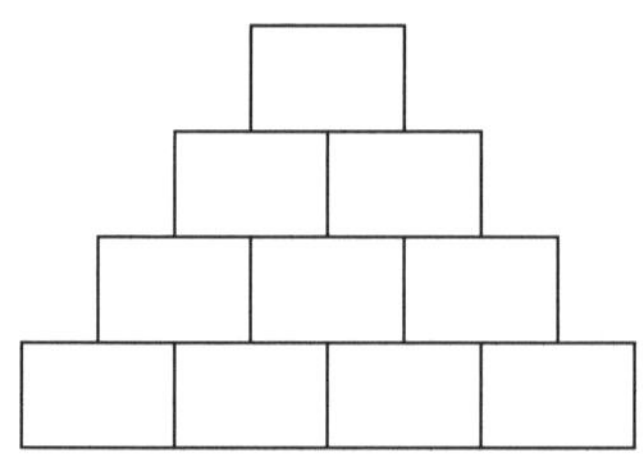

Wenn in der unteren Schicht zwei ungerade Zahlen stehen, dann ist die Zahl ganz oben ungerade.

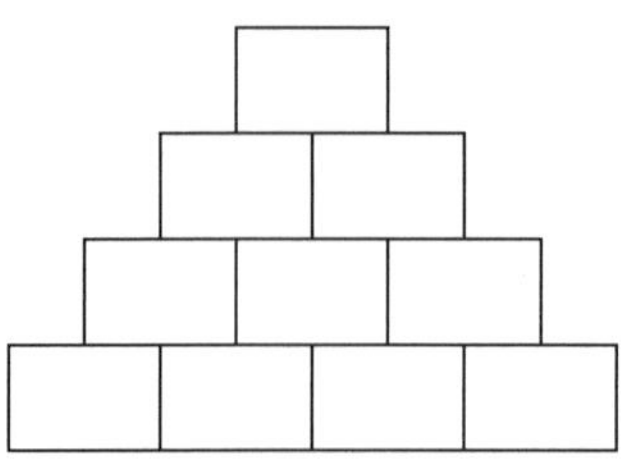

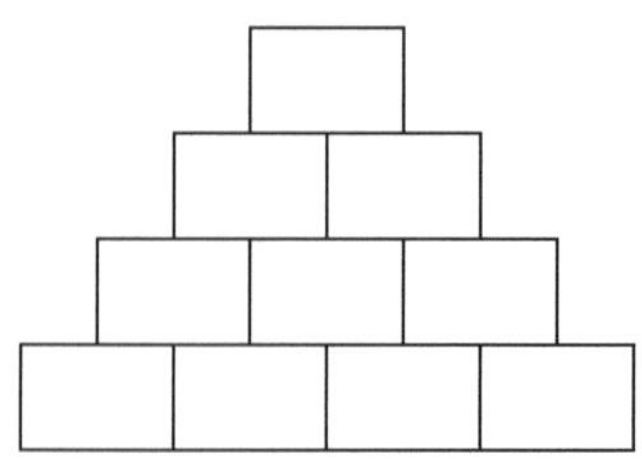

3 (2 + 2 + 2 + 2 VP)

Der Mathematiker Leonhard Euler hat im 18. Jahrhundert einen bemerkenswerten Zusammenhang zwischen der Anzahl e der Ecken, f der Flächen und k der Kanten bei vielen Körpern entdeckt:
e + f − k ist konstant (immer gleich).

a) Bestimme für einen Quader den Wert dieser Konstanten, indem du die Anzahlen e, f und k abzählst.

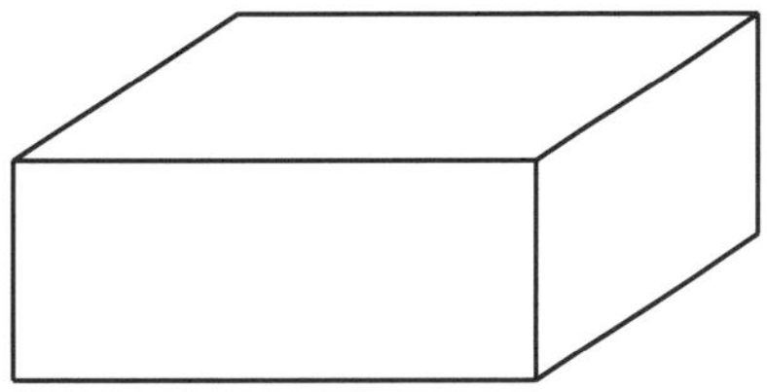

b) Prüfe durch Feststellen von e, f und k nach, ob sich dieselbe Konstante auch bei dem hier abgebildeten Körper ergibt.

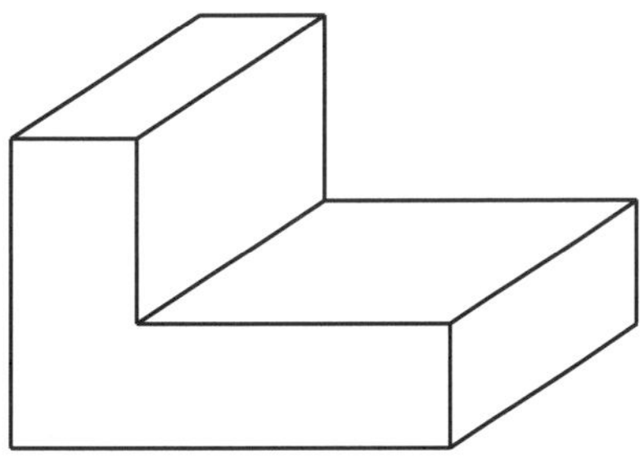

c) Was ergibt sich entsprechend bei einer Pyramide mit quadratischer Grundfläche?

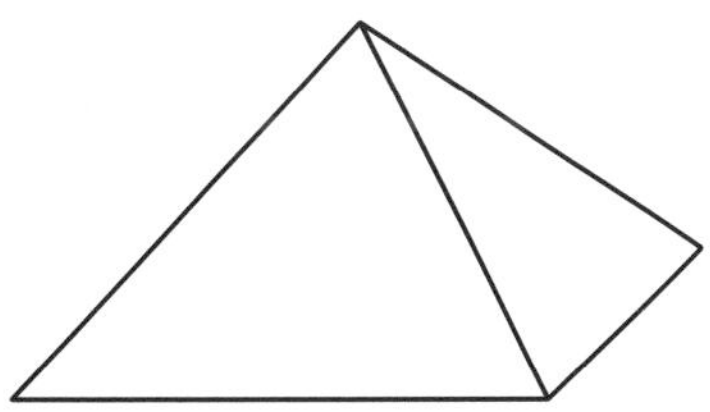

d) Gilt der von Euler gefundene Zusammenhang auch noch für den abgebildeten Körper mit Loch?

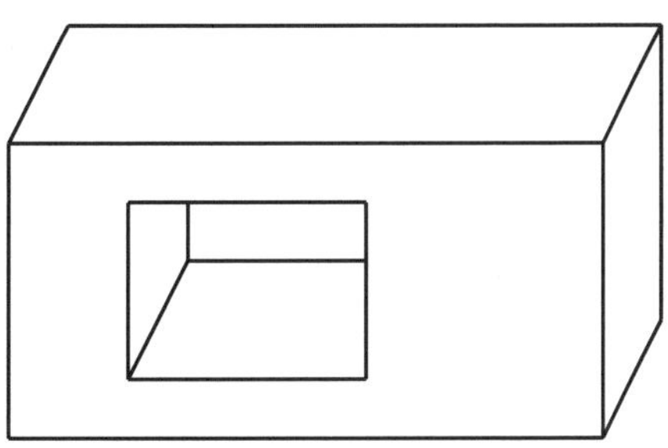

4 (3 VP)

Kevin will ausprobieren, wie lange er braucht, um alle natürlichen Zahlen von 1 bis 1 000 000 nacheinander aufzusagen.
Gib ihm einen Anhaltspunkt für die erforderliche Zeit.

Anfangszeit: ____________________ + 45 Minuten → Abgabe: ____________________

1 (1 + 1 + 1 + 1 VP)
Bestimme für die folgenden Muster aus Quadraten jeweils einen Term für die Anzahl der Quadrate.

a)

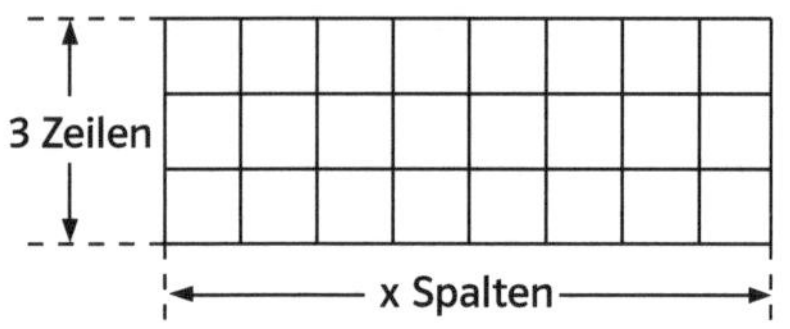

b)

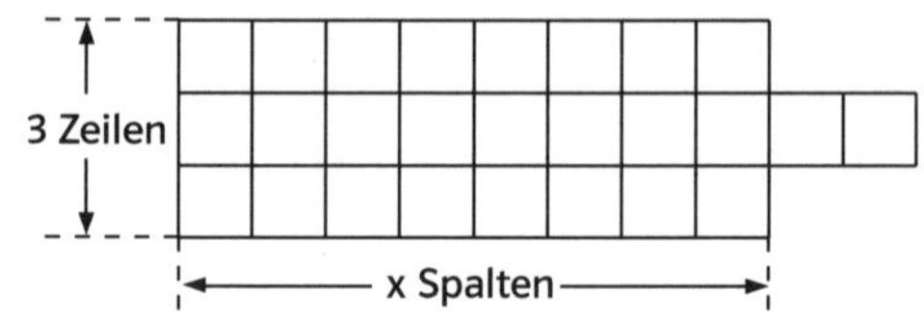

c)

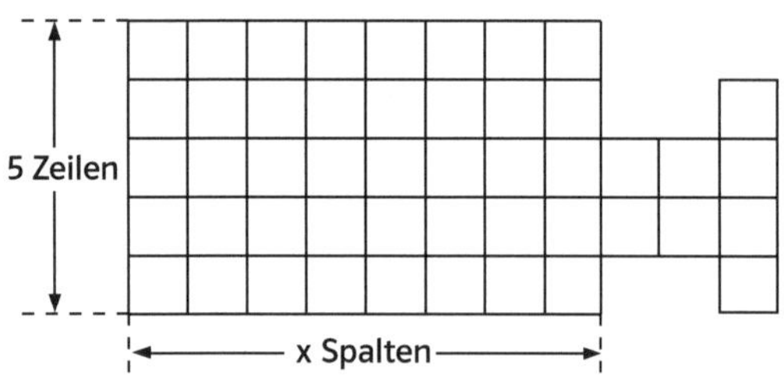

d)

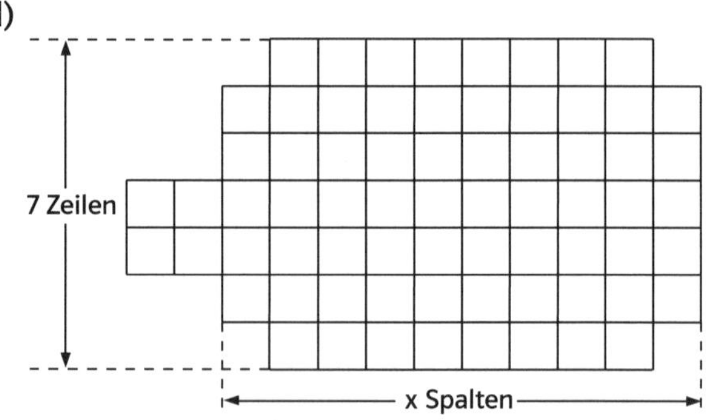

2 (2 + 2 VP)
Zeichne jeweils ein Muster wie in Aufgabe 1, das zu dem angegebenen Term gehört.
a) $3 \cdot x + 4$
b) $4 \cdot x - 2$

3 (2 + 2 VP)
a) Eine Zahlenfolge beginnt mit 6. Alle weiteren Folgeglieder entstehen durch Verdoppeln des vorhergehenden Folgeglieds.
Begründe, dass in dieser Zahlenfolge niemals eine Quadratzahl vorkommt.
b) Kommt in der Zahlenfolge 15, 45, 135, 405 … eine Quadratzahl vor?

4 (3 + 2 + 2 + 1 VP)
Zahlen mit der Einerziffer 5 kann man sehr leicht mit sich selbst multiplizieren.
a) Susanne bemerkt: „Ich kann das Ergebnis ganz schnell erhalten, indem ich 25 hinschreibe und davor das Produkt aus der Zehnerziffer der Zahl mit der um 1 größeren Zahl."
Erkläre am Beispiel $65 \cdot 65$, was Susanne meint.
b) Was ergibt $75 \cdot 75$, $85 \cdot 85$, $95 \cdot 95$?
c) Funktioniert der Trick auch noch bei $135 \cdot 135$?
d) Verwende eines der folgenden Ergebnisse, um $2715 \cdot 2715$ anzugeben.
$271 \cdot 271 = 73\,441$; $271 \cdot 272 = 73\,712$; $272 \cdot 272 = 73\,984$; $272 \cdot 273 = 74\,256$; $273 \cdot 273 = 74\,529$

$5 \cdot 5 =$	25
$15 \cdot 15 =$	225
$25 \cdot 25 =$	625
$35 \cdot 25 =$	1225
$45 \cdot 45 =$	2025
$55 \cdot 55 =$	3025
$65 \cdot 65 =$	4225

5 (2 + 1 + 1 VP)
Max und Moritz haben dieselbe Summe bestimmt und kommen zu unterschiedlichen Ergebnissen.
Max: 123 456 789 + 234 567 891 + 345 678 912 + 456 789 123 = 1 160 492 716
Moritz: 123 456 789 + 234 567 891 + 345 678 912 + 456 789 123 = 2 160 492 715
a) Begründe, dass sich Max verrechnet hat.
b) Hat sich Moritz auch verrechnet?
c) Kannst du schnell erkennen, ob die Summe 1 160 592 715 sein kann, ohne die Summe tatsächlich zu berechnen?

Klassenarbeit 4.1

1 (1 + 2 VP)

a) *Da das Ergebnis eine einstellige Zahl ist, kann die fehlende Zehnerziffer des Subtrahenden nur 4 sein. Die Umkehraufgabe 49 + 9 liefert 58 und damit die gesuchte Einerziffer 8 des Minuenden.*

```
   5 [8]
- [4] 9
-------
     9
```

b) *Hier kann man natürlich mit den verschiedenen möglichen Einerziffern des ersten Faktors probieren, ob sich im Ergebnis die richtige Zehnerziffer 7 ergibt. Kürzer ist aber folgender Weg: Die Multiplikation der 7 mit der Zehnerziffer 2 ergibt 14. Die 4 ist in der Zehnerziffer des Ergebnisses enthalten. Daher muss es von der Einerziffer her den Übertrag 3 gegeben haben. Dieser Übertrag entsteht nur, wenn die Einerziffer des ersten Faktors 5 ist.*
Probieren zeigt dann, dass die Hunderterziffer des ersten Faktors nicht 1 sein kann, da sonst das Produkt nicht vierstellig wird. Die Hunderterziffer kann aber auch nicht 3 sein, da sonst das Produkt größer als 2000 wäre.

```
  [2] 2 [5] · 7
-----------------
1 [5] 7 [5]
```

2 (2 + 1 + 2 VP)

a) *Wenn die Zahl möglichst groß werden soll, dann muss sie mit der größten Ziffer beginnen (wenn danach noch mindestens drei Ziffern vorkommen!). Die Tausenderziffer ist daher 9.*
~~4~~~~7~~9~~2~~5~~0~~63 ergibt die größtmögliche Zahl 9563.

b) ~~4~~~~7~~~~9~~2~~5~~063 ergibt die kleinstmögliche Zahl 2063.

c) *Wenn eine Zahl durch 3 teilbar sein soll, dann muss ihre Quersumme durch 3 teilbar sein. In der vierstelligen Zahl kommen vier Ziffern vor, die durch 3 teilbar sind: 9; 0; 6; 3. Wählt man die Zahl 9063, so ist deren Quersumme durch 3 teilbar und daher die Zahl auch.*
~~4~~~~7~~9~~2~~~~5~~063 ergibt 9063.
Alternative:
Man erkennt, dass die gegebene Zahl die Quersumme 36 hat. Daher ist die Zahl durch 3 teilbar. Streicht man nun alle Ziffern, die durch 3 teilbar sind, so muss die neue Zahl immer noch eine durch 3 teilbare Quersumme haben. Daher ist auch 4725 eine Lösung.
Bemerkungen:
Es gibt noch viele weitere Lösungen, z. B: 4920; 4506; 4503; 4263; 4206; 4203.

3 (2 + 3 VP)

In beiden Teilaufgaben geht es darum zu erkennen, wie die Anzahl der grau gefärbten Quadrate von der Nummer der jeweiligen Figur abhängt.

a) Der Term ist $2 \cdot n - 1$.
Bemerkungen
Wenn man erkennt, dass die Anzahl der grauen Quadrate in jeder Figur um 1 kleiner ist als das Doppelte der Nummer der Figur, dann ist man fertig.
Anderenfalls kann eine Tabelle hilfreich sein.

Nummer der Figur	1	2	3	4
Anzahl der Quadrate	1	3	5	7
Erkenntnis	$2 - 1$ $2 \cdot 1 - 1$	$4 - 1$ $2 \cdot 2 - 1$	$6 - 1$ $2 \cdot 3 - 1$	$8 - 1$ $2 \cdot 4 - 1$

b) Der Term ist $2 \cdot (2 \cdot n - 1) - 1$.
Bemerkungen
Wenn man die Figuren mit den darüber abgebildeten Figuren vergleicht, so erkennt man, dass jetzt doppelt so viele Quadrate grau gefärbt sind, jedoch abzüglich des nun doppelt gezählten Quadrats in der Mitte. Damit erhält man die angegebene Lösung
$2 \cdot (2 \cdot n - 1) - 1$.
Alternativen:
Mit einer Tabelle erkennt man den Term $4 \cdot n - 3$.

Nummer der Figur	1	2	3	4
Anzahl der Quadrate	1	5	9	13
Erkenntnis	$4 - 3$ $4 \cdot 1 - 3$	$8 - 3$ $4 \cdot 2 - 3$	$12 - 3$ $4 \cdot 3 - 3$	$16 - 3$ $4 \cdot 4 - 3$

Mit den Rechengesetzen erkennt man die Gleichwertigkeit der Terme:

$$2 \cdot (2 \cdot n - 1) - 1 = 2 \cdot 2 \cdot n - 2 \cdot 1 - 1 = 4 \cdot n - 3$$

Auch folgende Argumentation ist möglich:
Um das mittlere Quadrat werden bei der ersten Figur 0 Quadrate gefärbt, bei der zweiten Figur 4 Quadrate, bei der dritten Figur 2 · 4 Quadrate und bei der vierten Figur 3 · 4 Quadrate.
Bei der Figur mit der Nummer n sind daher $1 + (n - 1) \cdot 4$ *Quadrate gefärbt.*
Damit kennst du jetzt drei verschieden aussehende Terme zur Beschreibung desselben Sachverhalts.

4 (3 + 2 + 3 VP)
a) Carl Friedrich schreibt die Summanden von 1 bis 10 nebeneinander auf. Darunter schreibt er dieselben Summanden, aber in umgekehrter Reihenfolge. Nun addiert er jeweils die beiden untereinander stehenden Zahlen und erhält immer 11. Insgesamt stehen jetzt in der dritten Zeile zehn Summanden 11. Ihre Summe ist $10 \cdot 11$. Dies ist jedoch das Doppelte der gesuchten Summe. Deshalb dividiert er $10 \cdot 11$ noch durch 2 und erhält 55.

b) $1 + 2 + 3 + \ldots + 18 + 19 + 20 = (20 \cdot 21) : 2 = 210$
Begründung:
Nun stünden 20 Summanden 21 in der dritten Zeile. Deren Summe ist $20 \cdot 21$. Um die gesuchte Summe zu erhalten, muss $20 \cdot 21$ halbiert werden.

c) $41 + 42 + \ldots + 49 + 50 = (10 \cdot 91) : 2 = 455$
Begründung:

$$\begin{array}{ccccccccc} 41 & + & 42 & + & \ldots & + & 49 & + & 50 \\ 50 & + & 49 & + & \ldots & + & 42 & + & 41 \\ \hline 91 & + & 91 & + & \ldots & + & 91 & + & 91 \end{array}$$

Die zehn Summanden 91 haben die Summe $10 \cdot 91$. Die gesuchte Summe ist die Hälfte davon, also $(10 \cdot 91) : 2 = 455$.
Alternative:
Man weiß bereits aus Teilaufgabe a: $1 + 2 + \ldots + 9 + 10 = 55$.
Jeder der zehn Summanden der Summe $41 + 42 + \ldots + 49 + 50$ ist um 40 größer. Daher ist die Summe um $10 \cdot 40$ größer: $55 + 10 \cdot 40 = 455$.

5 (3 VP)
Messung:
Das DIN-A4-Blatt ist etwa 3 dm lang und 2 dm breit. Sein Flächeninhalt beträgt demnach $6\,dm^2$.
Schätzung:
Das Klassenzimmer ist etwa 8 m breit und 9 m lang. Daher beträgt sein Flächeninhalt etwa $72\,m^2$.
Rechnung:
$72\,m^2 : 6\,dm^2 = 7200\,dm^2 : 6\,dm^2 = 1200$
Ergebnis:
Man benötigt etwa 1200 DIN-A4-Blätter, um den Boden des Klassenzimmers zu bedecken.

Bemerkungen
Es ist nicht sinnvoll, die Maße des DIN-A4-Blatts genauer anzugeben, da man die Maße des Klassenzimmers ja auch nur grob schätzen kann. Orientiere dich bei der Schätzung der Zimmerlänge und der Zimmerbreite an der Höhe der Tür (etwa 2 m), der Breite der Tafel (bei zwei ausgeklappten Flügeln etwa 4 m).

Klassenarbeit 4.2

1 (2 + 2 + 2 VP)
a) Die Quersumme der Zahl ist
$7 + 8 + 2 + 5 + 3 + 1 + 6 + 4 = 36$.
Da die Quersumme durch 3 teilbar ist, ist auch die Zahl selbst durch 3 teilbar.
Die aus den beiden letzten Ziffern bestehende Zahl ist 64. Da 64 durch 4 teilbar ist, ist auch die Zahl selbst durch 64 teilbar.
Die Einerziffer der Zahl ist 4. Eine Zahl ist nur dann durch 5 teilbar, wenn ihre Einerziffer 0 oder 5 ist. Dies ist nicht der Fall. Also ist die Zahl nicht durch 5 teilbar.

b) Die Ziffer 5 ist gestrichen. Damit entsteht die Zahl 7823164, deren Quersumme sich um 5 gegenüber der ursprünglichen Zahl verringert hat.
Streicht man jetzt noch die Ziffer 1, so ist die Quersumme um insgesamt 6 auf 30 verringert. Da 30 durch 3 teilbar ist, ist die neue Zahl durch 3 teilbar. Entsprechend kann man auch statt der Ziffer 1 die Ziffer 4 oder die Ziffer 7 streichen. Nur in diesen Fällen ist die Quersumme der sechsstelligen Zahl durch 3 teilbar und somit die Zahl selbst.

c) Die neue sechsstellige Zahl ist 782531. Durch Umordnen der sechs Ziffern kann man erreichen, dass die aus den letzten beiden Ziffern gebildete Zahl durch 4 teilbar ist und damit die Zahl selbst.
Beispiele: 753128; 781532; 785312; 853172

2 (2 + 2 + 1 VP)
a) Die Zahl 1234 hat das Querprodukt
$1 \cdot 2 \cdot 3 \cdot 4 = 24$.
Die Zahl 9191 hat das Querprodukt $9 \cdot 1 \cdot 9 \cdot 1 = 81$.
Die Zahl 27150 hat das Querprodukt
$2 \cdot 7 \cdot 1 \cdot 5 \cdot 0 = 0$.

b) Wegen $21 = 1 \cdot 3 \cdot 7$ hat die dreistellige Zahl 137 das Querprodukt 21.
Wegen $21 = 1 \cdot 1 \cdot 3 \cdot 7$ hat die vierstellige Zahl 1137 das Querprodukt 21.

Bemerkungen
Die weiteren dreistelligen Zahlen mit dem Querprodukt 21 sind 173, 317, 371, 713 und 731.
Weitere vierstellige Zahlen mit dem Querprodukt 21 sind z. B. 1173, 1317, 1713, 1371, 1731, 3117, 3171 usw.

c) Es gibt keine dreistelligen Zahlen mit dem Querprodukt 800. Die größte dreistellige Zahl ist 999. Ihr Querprodukt $9 \cdot 9 \cdot 9 = 729$ ist das größtmögliche und kleiner als 800.

3 (6 VP)
1. Term: $4 \cdot n$
Dieser Term ist sicher falsch, da er bereits für $n = 1$ den falschen Termwert 4 ergibt. Für $n = 1$ muss sich jedoch 0 ergeben, da in der Figur 1 kein Quadrat grau gefärbt ist.
2. Term: $4 \cdot n - 4$
Die Berechnung der Termwerte ergibt:

Nummer der Figur	Anzahl der Quadrate
1	$4 \cdot 1 - 4 = 0$
2	$4 \cdot 2 - 4 = 4$
3	$4 \cdot 3 - 4 = 8$
4	$4 \cdot 4 - 4 = 12$

Dieser Term liefert also für die ersten vier Figuren zutreffende Anzahlen. Es ist daher möglich, dass der Term zutrifft.
3. Term: $4 \cdot (n - 1)$
Die Berechnung der Termwerte ergibt:

Nummer der Figur	Anzahl der Quadrate
1	$4 \cdot (1 - 1) = 0$
2	$4 \cdot (2 - 1) = 4$
3	$4 \cdot (3 - 1) = 8$
4	$4 \cdot (4 - 1) = 12$

Der Term liefert also ebenfalls für die ersten vier Figuren zutreffende Anzahlen. Es ist daher möglich, dass der Term stimmt.
4. Term: $(n - 1) \cdot (n + 2)$
Die Berechnung der Termwerte ergibt:

Nummer der Figur	Anzahl der Quadrate
1	$(1 - 1) \cdot (1 + 2) = 0$
2	$(2 - 1) \cdot (2 + 2) = 4$
3	$(3 - 1) \cdot (3 + 2) = 10$
4	$(4 - 1) \cdot (4 + 2) = 18$

Die ersten beiden Termwerte passen zu den Figuren, die anderen beiden Termwerte sicher nicht. Daher ist dieser Term mit Sicherheit falsch.
Nun muss aber noch sichergestellt werden, dass der 2. Term und der 3. Term für $n > 4$ die Quadratanzahlen richtig beschreiben.
Begründung für den 2. Term:
Die Mittelpunkte der grauen Quadrate in jeder Figur ab Figur 2 bilden ein auf einer Spitze stehendes Quadrat:

Figur 1

Figur 2

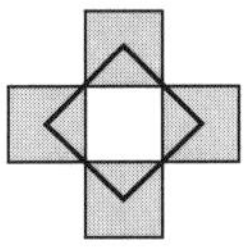

Figur 3

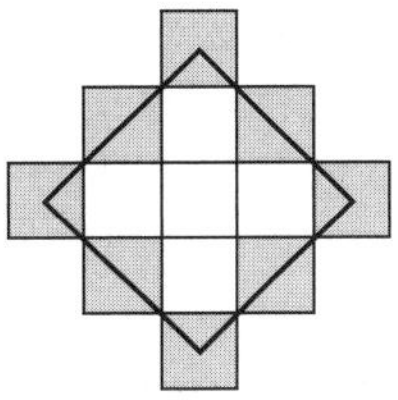

Figur 4

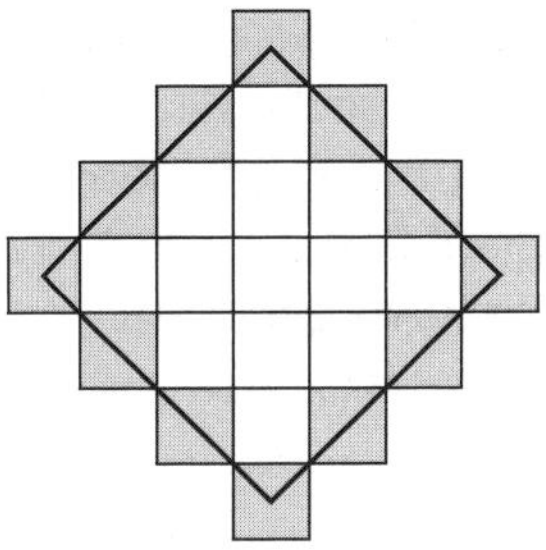

An jeder Quadratseite in der Figur 2 liegen zwei Quadrate. Die Gesamtzahl der Quadrate ist daher $4 \cdot 2 - 4$. Von $4 \cdot 2$ muss 4 subtrahiert werden, da ja die vier Quadrate in den Eckpunkten doppelt gezählt wurden.
Bei der Figur 3 liegen an jeder Quadratseite drei Quadrate. Die Gesamtzahl der Quadrate ist also $4 \cdot 3 - 4$, da wieder die vier Quadrate in den Eckpunkten doppelt gezählt wurden.
Entsprechend ergibt sich bei der Figur 4 die Anzahl $4 \cdot 4 - 4$.
Damit ist klar, dass bei der Figur mit Nummer n $4 \cdot n - 4$ graue Quadrate vorkommen. Der angegebene Term ist daher zutreffend.
Begründung für den 3. Term:
Wenn man den 3. Term mit dem Distributivgesetz umformt, erhält man den 2. Term:
$4 \cdot (n - 1) = 4 \cdot n - 4 \cdot 1 = 4 \cdot n - 4$.
Da der 2. Term korrekt ist, muss auch der 3. Term zutreffen.

4 (3 + 3 + 1 VP)
a) Von jedem Würfel sieht man die Augenzahlen auf den vier Seitenflächen, vom oberen Würfel zusätzlich die oben liegende Augenzahl.
Auf den vier Seitenflächen eines Würfels sieht man zusammen $2 \cdot 7 = 14$ Augen.
Auf der oben liegenden Fläche des oberen Würfels sieht man höchstens sechs Augen und mindestens ein Auge.
Bei n Würfeln sieht man daher höchstens $14 \cdot n + 6$ Augen und mindestens $14 \cdot n + 1$ Augen.

b) Tabelle

Anzahl der Würfel	Mindestzahl der Augen	Höchstzahl der Augen
6	$14 \cdot 6 + 1 = 85$	$14 \cdot 6 + 6 = 90$
7	$14 \cdot 7 + 1 = 99$	$14 \cdot 7 + 6 = 104$
8	$\mathbf{14 \cdot 8 + 1 = 113}$	$\mathbf{14 \cdot 8 + 6 = 118}$
9	$14 \cdot 9 + 1 = 127$	$14 \cdot 9 + 6 = 132$

Da man 115 Augen sieht, besteht der Turm aus acht Würfeln. Auf der oben liegenden Fläche sieht man drei Augen.

c) Der Tabelle aus Teilaufgabe b entnimmt man, dass bei sechs Würfeln höchstens 90 Augen sichtbar sind und bei sieben Würfeln mindestens 99 Augen. Daher kann es keinen Turm geben, bei dem man 92 Augen sieht.

Klassenarbeit 4.3

1 (1 + 1 + 1 VP)

a) 10^6 hat sieben Stellen.

Begründung:

$10^6 = 10 \cdot 10 \cdot 10 \cdot 10 \cdot 10 \cdot 10 = 1\,000\,000$

Die Zahl beginnt mit einer Eins, auf die sechs Nullen folgen. Dies sind sieben Ziffern.

b) $10^8 \cdot 10^3$ hat zwölf Stellen.

Begründung:

Die Zahl 10^8 hat neun Stellen. Sie wird mit $10^3 = 1000$ multipliziert. An die neunstellige Zahl werden also drei Nullen angehängt. Die neue Zahl hat folglich zwölf Stellen.

c) $10^8 + 10^3$ hat neun Stellen.

Begründung:

Wenn man zur neunstelligen Zahl 10^8 die vierstellige Zahl $10^3 = 1000$ addiert, ändert sich die Stellenzahl nicht.

2 (2 + 1 + 2 + 2 + 3 VP)

a) *Beginne unten links: $7 + \square = 4$ ergibt $\square = 4 - 7 = -3$. Unten rechts ergibt sich entsprechend: $\square + 15 = 9$, $\square = 9 - 15 = -6$.*

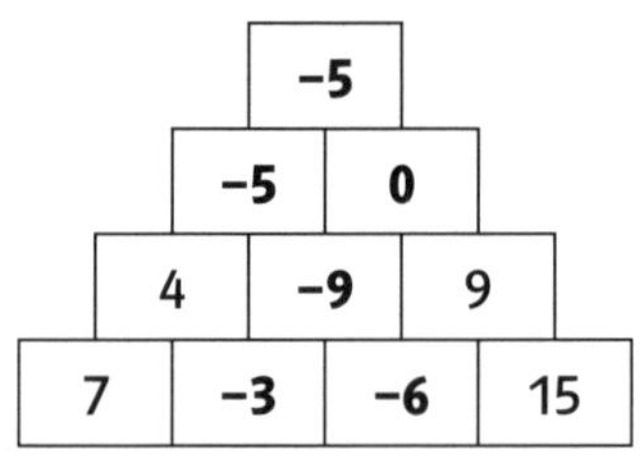

b) *Die drei negativen Zahlen in der unteren Reihe wählst du beliebig. Es ist dir auch nicht vorgegeben, in welche drei Felder diese Zahlen zu schreiben sind. Daher kann die nun folgende Lösung nur als Beispiel dienen, bei dem −2, −4 und −1 vorgegeben waren.*

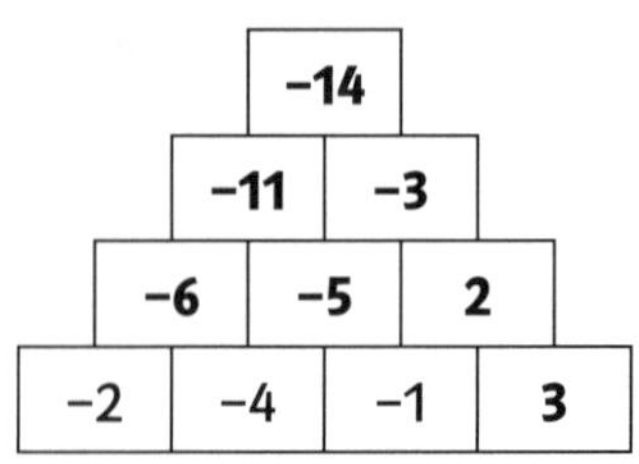

c) *Arbeite hier von oben nach unten. In der zweiten Reihe von oben müssen eine beliebige Zahl und ihre Gegenzahl stehen. Die angegebene Lösung ist also wieder nur ein Beispiel von vielen möglichen. Achte bei deiner Lösung darauf, dass alle Zahlen verschieden sind.*

0			
−3	3		
4	−7	10	
−2	6	−13	23

d) Wenn man zwei gerade oder zwei ungerade Zahlen addiert, erhält man eine gerade Zahl. Addiert man eine gerade und eine ungerade Zahl, so erhält man eine ungerade Zahl.
Wenn in der unteren Zeile nur ungerade Zahlen stehen, dann gibt es in der zweiten Zeile von unten nur gerade Zahlen.
In der dritten Zeile von unten kommen daher wieder nur gerade Zahlen vor und daher steht auch im oberen Feld eine gerade Zahl.
Bemerkungen
Wenn du für „gerade Zahl" die Abkürzung g, für „ungerade Zahl" die Abkürzung u verwendest, dann gilt mit dieser symbolischen Schreibweise:
g + g = g, g + u = u, u + g = u, u + u = g.

g			
g	g		
g	g	g	
u	u	u	u

e) Die einzige ungerade Zahl kann im ersten oder zweiten Feld der unteren Reihe stehen.
(Steht sie im dritten oder vierten Feld, so entstehen lediglich symmetrische Anordnungen zu den hier abgebildeten.)

u			
u	g		
u	g	g	
u	g	g	g

u			
g	u		
u	u	g	
g	u	g	g

In allen Fällen steht oben eine ungerade Zahl.
Die erste Behauptung ist wahr.
Beachte:
Da die Behauptung wahr ist, kannst du mit Zahlenbeispielen allein keine begründete Antwort geben.

Die zwei ungeraden Zahlen können im ersten und zweiten Feld von links, im ersten und dritten Feld, im ersten und vierten Feld oder im zweiten und dritten Feld stehen. (Die anderen Anordnungen sind symmetrisch zu diesen.)

g			
u	u		
g	u	g	
u	u	g	g

Bereits dieses Beispiel zeigt, dass die Behauptung falsch ist.

Bemerkungen
Da die Behauptung falsch ist, reicht bereits die Angabe eines konkreten Zahlenbeispiels als Begründung aus (Gegenbeispiel).
Für die anderen Fälle ergibt sich:

g			
g	g		
u	u	u	
u	g	u	g

g			
u	u		
u	g	u	
u	g	g	u

g			
u	u		
u	g	u	
g	u	u	g

In allen möglichen Fällen ist die Zahl im oberen Feld gerade.

3 (2 + 2 + 2 + 2 VP)
a) Beim Quader gilt:
e = 8, f = 6, k = 12
e + f − k = 8 + 6 − 12 = 2
Die Konstante hat den Wert 2.

b) *Vergiss nicht, die unsichtbaren Ecken, Flächen und Kanten zu zählen.*

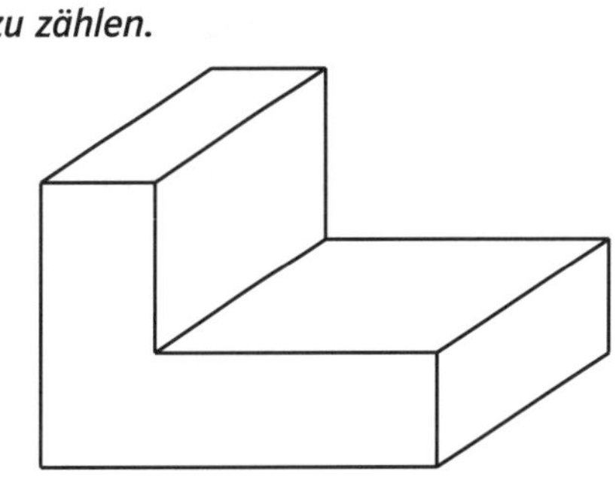

Bei diesem Körper gilt:
e = 12, f = 8, k = 18
e + f − k = 12 + 8 − 18 = 2
Es ergibt sich ebenfalls die Konstante 2.

c)

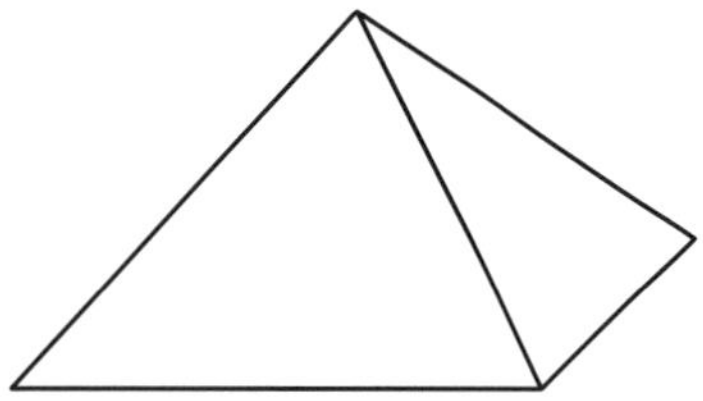

Bei der quadratischen Pyramide gilt:
e = 5, f = 5, k = 8
e + f − k = 5 + 5 − 8 = 2
Erneut ergibt sich die Konstante 2.

d)

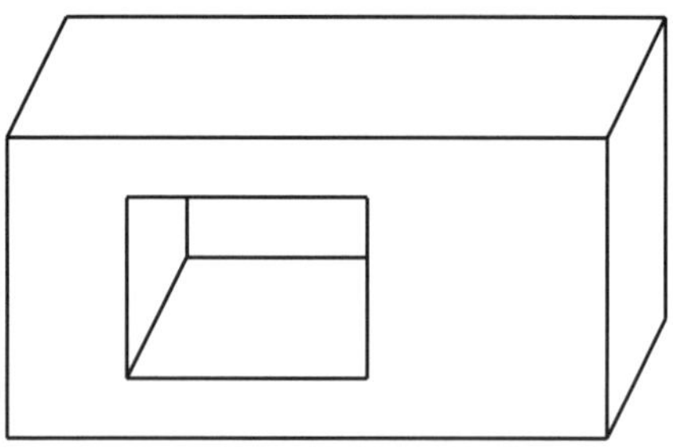

Es gilt:
e = 16, f = 10, k = 24
e + f − k = 16 + 10 − 24 = 2
Auch in diesem Fall hat die Konstante den Wert 2.

4 (3 VP)
Annahme:
Für das deutliche Aussprechen einer zwei- oder dreistelligen Zahl reichen etwa ein bis zwei Sekunden aus. Bei sechsstelligen Zahlen werden etwa vier bis fünf Sekunden benötigt. Da die meisten der Zahlen von 1 bis 1 000 000 sechsstellig sind, werden im Durchschnitt für eine Zahl vier Sekunden angenommen.
Rechnung:
$1\,000\,000 \cdot 4 = 4\,000\,000$
Kevin wird vermutlich 4 000 000 Sekunden lang ohne Unterbrechung zählen müssen.
Ein Tag hat 86 400 Sekunden.
$4\,000\,000 : 86\,400 \approx 46$
Unter den gemachten Annahmen bräuchte Kevin etwa 46 Tage.

Bemerkungen
Probiere dies selbst aus. Sprich laut und deutlich z. B. mit 879 215 beginnend zehn aufeinanderfolgende Zahlen und stoppe die erforderliche Zeit.
Was stellst du fest, wenn du 100 Zahlen aussprichst?

Klassenarbeit 4.4

1 (1 + 1 + 1 + 1 VP)
a)

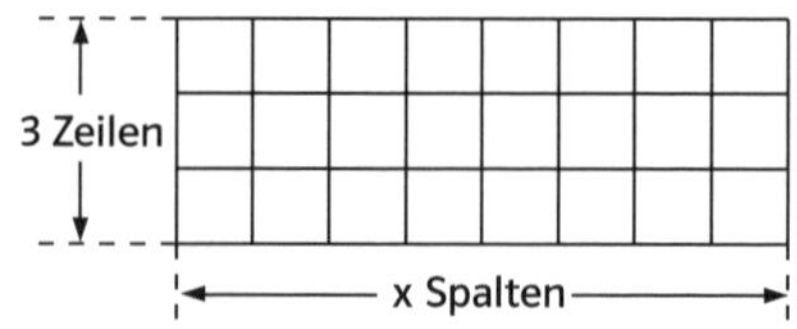

Der Term ist $3 \cdot x$.

b)

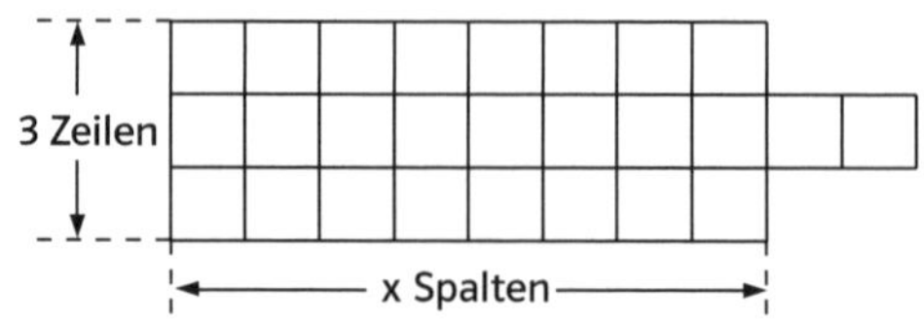

Der Term ist $3 \cdot x + 2$.

c)

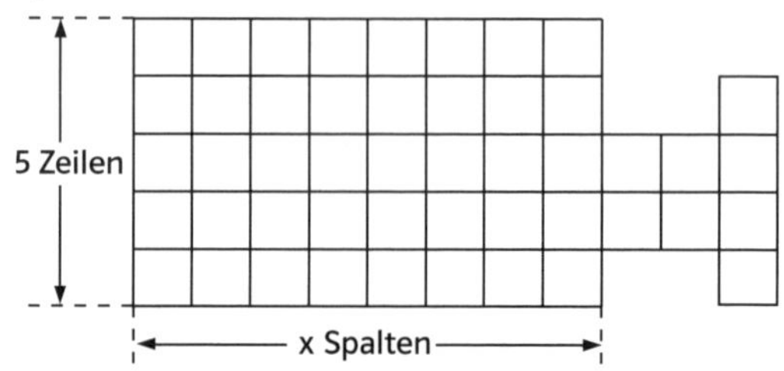

Der Term ist $5 \cdot x + 8$.

d)

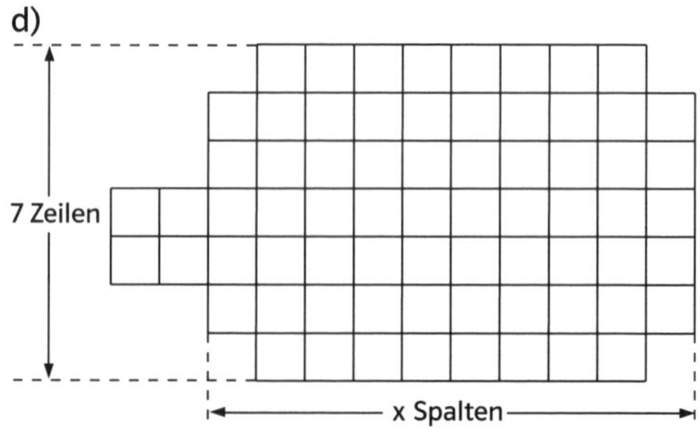

Der Term ist $4 + 7 \cdot x - 4 = 7 \cdot x$.

2 (2 + 2 VP)
Zu den folgenden Teilaufgaben gibt es jeweils beliebig viele Lösungen.
a) Zum Term $3 \cdot x + 4$ passen z. B. die folgenden Muster:

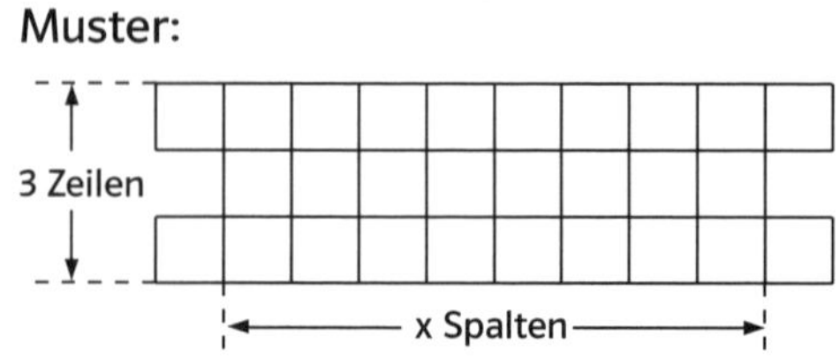

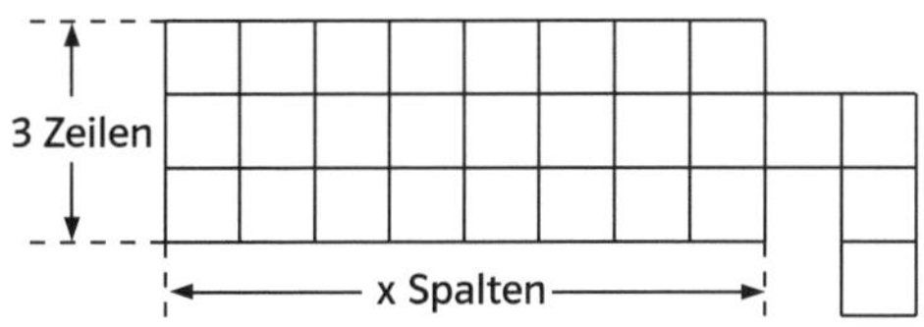

b) Zum Term $4 \cdot x - 2$ passen z. B. die folgenden Muster:

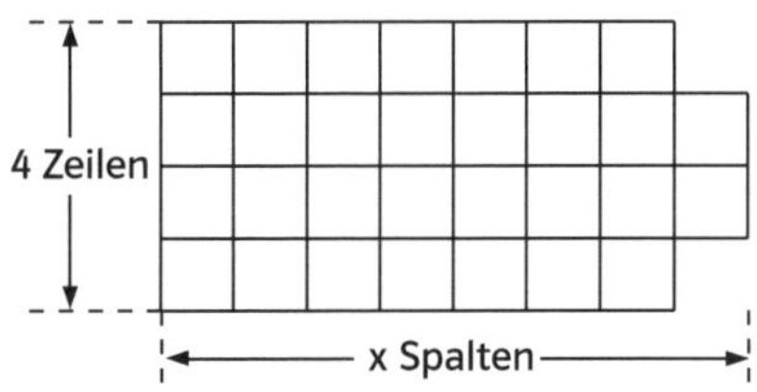

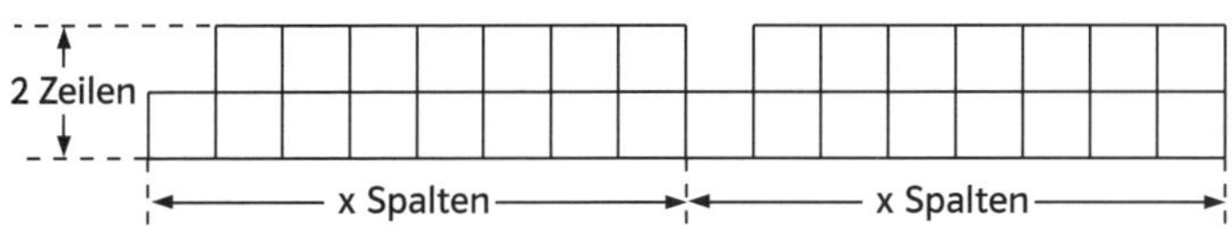

3 (2 + 2 VP)

Vorüberlegung:
Wenn man z. B. die Zahl mit der Primfaktorzerlegung $77 = 7 \cdot 11$ mit sich selbst multipliziert, dann enthält das Produkt jeden der Primfaktoren zweimal:
$77 \cdot 77 = 7 \cdot 11 \cdot 7 \cdot 11 = 7 \cdot 7 \cdot 11 \cdot 11$.
Multipliziert man jedoch 77 mit 7, so enthält das Produkt $77 \cdot 7 = 7 \cdot 11 \cdot 7 = 7 \cdot 7 \cdot 11$ zweimal den Primfaktor 7, aber nur einmal den Primfaktor 11. Daher ist dieses Produkt keine Quadratzahl.

a) Die Zahlenfolge beginnt mit $6 = 2 \cdot 3$. Beim Verdoppeln entstehen nacheinander die Folgeglieder
$12 = 2 \cdot 2 \cdot 3$,
$24 = 2 \cdot 2 \cdot 2 \cdot 3$,
$48 = 2 \cdot 2 \cdot 2 \cdot 2 \cdot 3$ usw.
Bei jedem Folgeglied kommt der Primfaktor 3 genau einmal vor. Kein Folgeglied kann daher eine Quadratzahl sein.

b) Bei dieser Zahlenfolge gilt:
$15 = 3 \cdot 5$,
$45 = 3 \cdot 3 \cdot 5$,
$135 = 3 \cdot 3 \cdot 3 \cdot 5$,
$405 = 3 \cdot 3 \cdot 3 \cdot 3 \cdot 5$.
Bei jedem Folgeglied kommt der Primfaktor 5 genau einmal vor. Kein Folgeglied kann daher eine Quadratzahl sein.

4 (3 + 2 + 2 + 1 VP)

a) Um $65 \cdot 65$ zu erhalten, schreibt Susanne zunächst 25 auf, also die Zehner- und die Einerziffer des Ergebnisses. Nun verwendet sie die Zehnerziffer eines Faktors 65, also 6, und multipliziert diese mit der um 1 größeren Zahl, also 7. Da $6 \cdot 7 = 42$ gilt, schreibt sie 42 vor die bereits notierte Zahl 25 und erhält 4225.

b) Mit diesem Trick erhält man
$75 \cdot 75 = 5625$, da $7 \cdot 8 = 56$,
$85 \cdot 85 = 7225$, da $8 \cdot 9 = 72$,
$95 \cdot 95 = 9025$, da $9 \cdot 10 = 90$.

c) Wenn man den Trick auf $135 \cdot 135$ anwendet, erhält man 18 225, da $13 \cdot 14 = 182$.
Rechnet man per Hand, so gilt:

```
135 · 135
---------
 135
  405
   675
---------
 18225
```

Da beide Ergebnisse übereinstimmen, funktioniert der Trick auch in diesem Fall.

d) Der Trick erfordert die Berechnung von $271 \cdot 272$. Dieses Produkt ist in der Aufgabenstellung gegeben:
$271 \cdot 272 = 73712$.
Daher ergibt sich $2715 \cdot 2715 = 7371225$.

5 (2 + 1 + 1 VP)

a) Max hat sich verrechnet.
Die Einerziffer des Ergebnisses wird durch Addition der Einerziffern der Summanden bestimmt:
$9 + 1 + 2 + 3 = 15$.
Daher muss in der Summe die Einerziffer 5 stehen.

b) Moritz hat sich auch verrechnet.
Eine Überschlagsrechnung ergibt:
$100\,000\,000 + 200\,000\,000 + 300\,000\,000 + 500\,000\,000 = 1\,100\,000\,000$.
Die Summe ist also mit Sicherheit kleiner als 2 000 000 000. Mindestens die am weitesten links stehende Ziffer 2 ist daher falsch.

c) Jeder der vier Summanden hat die Quersumme 45. Da diese Quersumme durch 3 teilbar ist, ist jeder Summand durch 3 teilbar.
Eine Summe von vier Summanden, die alle durch 3 teilbar sind, ist ebenfalls durch 3 teilbar.
Das angegebene Ergebnis 1 160 592 715 hat die Quersumme 37. Da die Quersumme nicht durch 3 teilbar ist, kann die Zahl 1 160 592 715 nicht durch 3 teilbar sein.
Dieses Ergebnis muss also falsch sein.

Pinboard – Multiplikation und Division

Multiplizieren von Bruchzahlen

Das Produkt zweier Bruchzahlen ist wieder eine Bruchzahl.
Man erhält den Zähler dieses Produkts, indem man die Zähler der Faktoren multipliziert und den Nenner, indem man deren Nenner multipliziert.
Haben beide Bruchzahlen gleiche Vorzeichen, so ist das Ergebnis positiv. Haben beide Faktoren verschiedene Vorzeichen, so ist das Ergebnis negativ.
Vor dem Ausmultiplizieren im Zähler bzw. Nenner empfiehlt es sich zu kürzen.

Beispiele

$\frac{2}{3} \cdot \frac{5}{7} = \frac{2 \cdot 5}{3 \cdot 7} = \frac{10}{21}$

$8 \cdot \frac{2}{9} = \frac{8}{1} \cdot \frac{2}{9} = \frac{8 \cdot 2}{1 \cdot 9} = \frac{16}{9}$

$\frac{7}{4} \cdot \frac{8}{7} = \frac{7 \cdot 8}{4 \cdot 7} = \frac{56}{28} = \frac{2}{1} = 2$

$\left(-\frac{3}{4}\right) \cdot \left(-\frac{1}{5}\right) = +\frac{3 \cdot 1}{4 \cdot 5} = \frac{3}{20}$

$(-4) \cdot \left(-\frac{2}{9}\right) = \left(-\frac{4}{1}\right) \cdot \left(-\frac{2}{9}\right) = +\frac{4 \cdot 2}{1 \cdot 9} = \frac{8}{9}$

$\frac{2}{5} \cdot \left(-\frac{3}{11}\right) = -\frac{2 \cdot 3}{5 \cdot 11} = -\frac{6}{55}$

$\left(\frac{5}{-3}\right) \cdot \frac{7}{2} = \left(-\frac{5}{3}\right) \cdot \frac{7}{2} = -\frac{5 \cdot 7}{3 \cdot 2} = -\frac{35}{6}$

$\frac{4}{9} \cdot \frac{3}{8} = \frac{4 \cdot 3}{9 \cdot 8} = \frac{1 \cdot 3}{9 \cdot 2} = \frac{1 \cdot 1}{3 \cdot 2} = \frac{1}{6}$

$\frac{7}{15} \cdot \left(-\frac{5}{7}\right) = -\frac{7 \cdot 5}{15 \cdot 7} = -\frac{1 \cdot 5}{15 \cdot 1} = -\frac{1 \cdot 1}{3 \cdot 1} = -\frac{1}{3}$

Dividieren von Bruchzahlen

Der Quotient zweier Bruchzahlen ist wieder eine Bruchzahl.
Man dividiert zwei Bruchzahlen, indem man die erste Bruchzahl mit der Kehrzahl der zweiten multipliziert.
Man erhält die Kehrzahl einer Bruchzahl, indem man Zähler und Nenner der Bruchzahl vertauscht.

Beispiele

$\frac{2}{3} : \frac{8}{5} = \frac{2}{3} \cdot \frac{5}{8} = \frac{2 \cdot 5}{3 \cdot 8} = \frac{1 \cdot 5}{3 \cdot 4} = \frac{5}{12}$

$\left(-\frac{4}{9}\right) : \frac{1}{3} = \left(-\frac{4}{9}\right) \cdot \frac{3}{1} = -\frac{4 \cdot 3}{9 \cdot 1} = -\frac{4 \cdot 1}{3 \cdot 1} = -\frac{4}{3}$

$\frac{8}{7} : 4 = \frac{8}{7} : \frac{4}{1} = \frac{8}{7} \cdot \frac{1}{4} = \frac{8 \cdot 1}{7 \cdot 4} = \frac{2 \cdot 1}{7 \cdot 1} = \frac{2}{7}$

$\left(-\frac{3}{8}\right) : \left(-\frac{8}{3}\right) = \left(-\frac{3}{8}\right) \cdot \left(-\frac{3}{8}\right) = +\frac{3 \cdot 3}{8 \cdot 8} = \frac{9}{64}$

$\left(-\frac{8}{9}\right) : \frac{2}{9} = \left(-\frac{8}{9}\right) \cdot \frac{9}{2} = -\frac{8 \cdot 9}{9 \cdot 2} = -\frac{8 \cdot 1}{1 \cdot 2} = -4$

Multiplizieren von Dezimalzahlen

Man multipliziert zwei Dezimalzahlen zunächst ohne Rücksicht auf das Komma. Dann setzt man im Produkt das Komma so, dass es genau so viele Stellen nach dem Komma hat, wie die einzelnen Faktoren nach dem Komma zusammen haben.

Beispiele

$4{,}29 \cdot 3{,}7 = 15{,}873$

Der erste Faktor hat zwei Stellen nach dem Komma, der zweite Faktor eine. Das Ergebnis hat somit drei Stellen nach dem Komma.

```
4,29 · 3,7
 1287
  3003
 15,873
```

$0{,}98 \cdot 0{,}0056 = 0{,}005488$

Der erste Faktor hat zwei Stellen nach dem Komma, der zweite Faktor vier. Das Ergebnis hat somit sechs Stellen nach dem Komma.

```
0,98 · 0,0056
         490
          588
    0,005488
```

Dividieren von Dezimalzahlen

Man verschiebt bei Dividend und Divisor das Komma um so viele Stellen nach rechts, bis der Divisor eine natürliche Zahl ist. Dann führt man die Division aus und setzt beim Überschreiten des Kommas auch im Ergebnis ein Komma.

Beispiel

```
18,17 : 2,3 = 7,9
181,7 : 23 = 7,9
161
  207
  207
    0
```

Das Komma wird bei Dividend und Divisor um eine Stelle nach rechts verschoben. Dies entspricht einer Multiplikation beider Zahlen mit 10. Dadurch ändert sich der Wert des Quotienten nicht.
Beim Herunterholen der 7 wird das Komma überschritten. Daher wird jetzt auch im Ergebnis das Komma gesetzt.

Rechnen mit rationalen Zahlen

Wenn in Rechnungen nur Bruchzahlen vorkommen, ist es im Allgemeinen bequem, die vollständige Rechnung mit Bruchzahlen durchzuführen.
Kommen in einer Rechnung nur Dezimalzahlen vor, so wird man diese Rechnung vollständig in Dezimalzahlen durchführen.
Wenn in einer Summe oder Differenz Bruchzahlen und zugleich Dezimalzahlen vorkommen, so ist zu prüfen, ob in den Nennern der Bruchzahlen außer 2 und 5 weitere Primfaktoren enthalten sind. Wenn dies der Fall ist, so muss man die Rechnung mit Bruchzahlen durchführen (da man sonst bei der Umwandlung periodische Dezimalzahlen erhalten würde). Ist dies nicht der Fall, so kann man die Rechnung mit Dezimalzahlen durchführen.

$\frac{3}{4} - \frac{5}{3} = \frac{9}{12} - \frac{20}{12} = -\frac{11}{12}$

$\frac{2}{9} \cdot \left(1 - \frac{4}{3}\right) = \frac{2}{9} \cdot \left(-\frac{1}{3}\right) = -\frac{2}{27}$

$\frac{4}{5} : \left(\frac{1}{2} - \frac{1}{3}\right) = \frac{4}{5} : \left(\frac{3}{6} - \frac{2}{6}\right) = \frac{4}{5} : \frac{1}{6} = \frac{4}{5} \cdot \frac{6}{1} = \frac{24}{5}$

$7{,}5 - 3{,}64 + 0{,}2 = 7{,}7 - 3{,}64 = 4{,}06$

$(2{,}8 - 0{,}95) \cdot 1{,}3 = 1{,}85 \cdot 1{,}3 =$
$2{,}405$

$4{,}8 : 1{,}2 - 6{,}5 = 4 - 6{,}5 = -2{,}5$

$4{,}5 - \frac{5}{6} = \frac{9}{2} - \frac{5}{6} = \frac{27}{6} - \frac{5}{6} = \frac{22}{6} = \frac{11}{3}$

Im Nenner 6 kommt neben dem Primfaktor 2 auch der Primfaktor 3 vor.

$3{,}24 + \frac{7}{20} - \frac{3}{4} = 3{,}24 + 0{,}35 - 0{,}75$
$= 3{,}59 - 0{,}75$
$= 2{,}84$

Im Nenner des ersten Bruchs kommen nur die Primfaktoren 2 und 5, im Nenner des zweiten Bruchs kommt nur der Primfaktor 2 vor.

Rechnen mit Zehnerpotenzen

Wenn man eine Zahl mit 10, 100, 1000 usw. multipliziert, dann verschiebt sich das Komma in dieser Zahl um eine, zwei, drei usw. Stellen nach rechts.

Beispiele

$29{,}3075 \cdot 1000 = 29307{,}5$

$7{,}3295 \cdot 10^2 = 7{,}3295 \cdot 100 = 732{,}95$

$0{,}309748 \cdot 10^4 = 0{,}309748 \cdot 10\,000 = 3097{,}48$

$0{,}007 \cdot 10^5 = 0{,}007 \cdot 100\,000 = 700$

Wenn man eine Zahl durch 10, 100, 1000 usw. dividiert, dann verschiebt sich das Komma in dieser Zahl um eine, zwei, drei usw. Stellen nach links.

Beispiele

$1397 : 100 = 13{,}97$

$25{,}3 : 1000 = 0{,}0253$

$0{,}096 : 10^3 = 0{,}096 : 1000 = 0{,}000096$

$58 : 10^4 = 58 : 10\,000 = 0{,}0058$

Rechengesetze

Rechengesetze	Beispiele
Die Anwendung der Rechengesetze erleichtert oft das Rechnen, da sich Rechenvorteile ergeben können.	Erkennst du diese Rechenvorteile beim jeweils zweiten oder dritten Beispiel?
Kommutativgesetz der Addition	
Beim Addieren darf man die Summanden vertauschen: $a + b = b + a$.	$5 + 3 = 3 + 5$ $\frac{3}{4} + 2 + \frac{1}{4} = \frac{3}{4} + \frac{1}{4} + 2$
Kommutativgesetz der Multiplikation	
Beim Multiplizieren darf man die Faktoren vertauschen: $a \cdot b = b \cdot a$.	$4 \cdot 3 = 3 \cdot 4$ $4 \cdot 17 \cdot 25 = 4 \cdot 25 \cdot 17$
Assoziativgesetz der Addition	
Beim Addieren mehrerer Zahlen darf man die Klammern beliebig versetzen oder auch weglassen: $(a + b) + c = a + (b + c)$.	$(4 + 2) + 3 = 4 + (2 + 3)$ $(137 + 96) + 14 = 137 + (96 + 14)$ $(22 - 84) + 124 = (22 + (-84)) + 124$ $= 22 + ((-84) + 124)$
Assoziativgesetz der Multiplikation	
Beim Multiplizieren mehrerer Zahlen darf man die Klammern beliebig versetzen oder auch weglassen: $(a \cdot b) \cdot c = a \cdot (b \cdot c)$.	$(2 \cdot 3) \cdot 4 = 2 \cdot (3 \cdot 4)$ $(7{,}1 \cdot 0{,}5) \cdot 2 = 7{,}1 \cdot (0{,}5 \cdot 2)$ $\left(\frac{3}{4} \cdot \frac{7}{8}\right) \cdot 16 = \frac{3}{4} \cdot \left(\frac{7}{8} \cdot 16\right)$
Distributivgesetz	
Eine Summe kann mit einer Zahl multipliziert werden, indem man jeden Summanden mit dieser Zahl multipliziert und die Produkte addiert: $(a + b) \cdot c = a \cdot c + b \cdot c$.	$(3 + 2) \cdot 4 = 3 \cdot 4 + 2 \cdot 4$ $\left(\frac{3}{4} + \frac{7}{9}\right) \cdot 36 = \frac{3}{4} \cdot 36 + \frac{7}{9} \cdot 36$ $= 27 + 28$

Halbe Pferde

Eine Anekdote erzählt von einem Poſtmeiſter, den jemand fragte, wie viel Pferde der „Alte Fritz" auf der Poſtſtation beſtellt hatte. Er ſagte: „Mit der Hälfte der beſtellten Pferde und einem halben fährt der König ſelbſt. Mit der Hälfte deſ Reſteſ und einem halben fährt der Miniſter, mit der Hälfte deſ bleibenden Reſteſ und einem halben Pferde fahren die Diener. Daſ Übrigbleibende Pferd benutzt der Vorreiter."

Wie viele Pferde waren beſtellt?

1 : 0 ?

$1:0{,}1 = 10$
$1:0{,}01 = 100$
$1:0{,}001 = 1000$
$1:0{,}0001 = 10000$
$1:0{,}00001 = 100000$

Maßstab

Wenn man die Länge einer Strecke in einer Zeichnung oder in einem Modell durch die Länge der entsprechenden Strecke in der Wirklichkeit dividiert, dann nennt man diesen Quotienten den Maßstab.
Wenn der Maßstab kleiner ist als 1, so liegt eine Verkleinerung vor.
Ist der Maßstab größer als 1, so handelt es sich um eine Vergrößerung.

Beispiele
Länge in einer Zeichnung: 1 cm Länge in Wirklichkeit: 2000 cm Maßstab: 1 : 2000
Länge einer Modellbahnlok: 10 cm Länge in Wirklichkeit: 8,70 m Maßstab: 10 cm : 870 cm = 1 : 87
Länge des Bildes an der Wand: 1,40 m Länge des Diabildes: 4 cm Maßstab: 140 cm : 4 cm = 35 : 1

Bist du sicher?

1 Berechne ohne Taschenrechner.
a) $\frac{4}{3} \cdot (-6)$ b) $\frac{3}{5} \cdot \frac{7}{9}$ c) $\frac{19}{8} \cdot \frac{17}{24}$
d) $-3 : \left(-\frac{5}{12}\right)$ e) $\left(-\frac{5}{6}\right)^3$ f) $32 : \left(\frac{4}{5}\right)^3$

2 Berechne im Kopf.
a) $0{,}4 \cdot (-0{,}3)$ b) $-0{,}05 \cdot 1{,}8$ c) $1{,}47 \cdot 10^4$
d) $12{,}4 : 4$ e) $2{,}57 : 0{,}0257$ f) $0{,}39 : (-1{,}3)$

3 Berechne schriftlich.
a) $21{,}4 \cdot 0{,}35$ b) $0{,}0075 \cdot (-4{,}4)$ c) $-12 \cdot 0{,}0024$
d) $14{,}7 : 0{,}7$ e) $-0{,}01008 : 0{,}63$ f) $240 : 0{,}032$

4 Setze jeweils zwei Kommas so, dass die Rechnung richtig wird.
a) $293 \cdot 158 = 46{,}294$ b) $0{,}765 \cdot 8893 = 6\,803\,145$
c) $10{,}4832 : 364 = 288$ d) $1000 : 1250 = 8$

5 a) Die Variablen a und b stehen für von Null verschiedene natürliche Zahlen. Es gilt: Wenn $a < b$, dann $\frac{1}{a} > \frac{1}{b}$.
Zeige dies an zwei Beispielen.
b) Untersuche, ob diese Aussage auch dann noch gilt, wenn a und b für negative ganze Zahlen stehen.

6 Ein Gartenteich fasst 13,2 m³ Wasser. Die Wasserleitung liefert 0,4 l Wasser je Sekunde.
Wie lange dauert das Füllen des leeren Teichs?

7 Maria verwendet für ihre Wanderung eine Wanderkarte im Maßstab 1 : 25000.
a) Wie lang ist eine Wanderstrecke in Wirklichkeit, die in der Karte 6,2 cm misst?
b) Wie lang ist eine Wanderstrecke von 12,4 km auf dieser Karte?

Lösungen

1 a) −8 b) $\frac{7}{15}$ c) $\frac{57}{17}$ d) $\frac{36}{5}$ e) $-\frac{125}{216}$ f) $\frac{125}{2}$ **2** a) −0,12 b) −0,09 c) 14700 d) 3,1 e) 10000 f) 0,3 **3** a) 7,49 b) −0,033 c) −0,0288 d) 21 e) −0,016 f) 7500 **4** a) $2{,}93 \cdot 15{,}8 = 46{,}294$ oder $29{,}3 \cdot 1{,}58 = 46{,}294$ b) $0{,}765 \cdot 8{,}893 = 6{,}803145$ oder $0{,}765 \cdot 88{,}93 = 68{,}03145$ oder $0{,}765 \cdot 889{,}3 = 680{,}3145$ c) $10{,}4832 : 3{,}64 = 2{,}88$ d) $10{,}00 : 1{,}250 = 8$ oder $100{,}0 : 12{,}50 = 8$ **5** a) Z. B. a = 2, b = 3: $\frac{1}{2} > \frac{1}{3}$ oder a = 1, b = 4: $\frac{1}{1} = 1 > \frac{1}{4}$.
b) Z. B. a = −3, b = −2: $\frac{1}{-3} = -\frac{1}{3}$, $\frac{1}{-2} = -\frac{1}{2}$, $-\frac{1}{3} > -\frac{1}{2}$ oder a = −5, b = −1: $\frac{1}{-5} = -\frac{1}{5}$, $\frac{1}{-1} = -1$, $-\frac{1}{5} > -1$. Die beiden Beispiele zeigen, dass auch in diesen Fällen die Aussage wahr ist. (Bemerkung: Kannst du begründen, dass die Aussage in allen Fällen wahr ist?) **6** 33 000 s = 550 min = 9 h 10 min **7** a) 1550 m b) 49,6 cm

Anfangszeit: ____________________ + 45 Minuten → Abgabe: ____________________

1 (1 + 1 + 1 + 1 VP)
Schreibe als Dezimalzahl.
a) $\frac{11}{4}$ b) $-\frac{3}{80}$ c) $4\frac{3}{5}$ d) $\frac{21}{12}$

2 (1 + 1 + 1 + 1 VP)
Schreibe als gekürzten Bruch.
a) 0,04 b) −1,96 c) 0,625 d) 2,85

3 (1 + 1 + 1 + 1 VP)
Berechne.
a) $\frac{7}{3}\cdot\left(-\frac{9}{28}\right)$ b) $\frac{5}{12}:\frac{7}{8}$ c) $(-2{,}25)\cdot\frac{4}{3}$ d) $2{,}5:\left(-\frac{2}{5}\right)$

4 (1 + 1 + 1 + 1 VP)
Berechne.
a) $9{,}081\cdot 10\,000$ b) $0{,}72:10^3$ c) $3{,}05\cdot(-4{,}7)$ d) $(-1{,}2):0{,}0048$

5 (2 + 1 VP)
a) Fünf Achtel der Mitglieder eines Sportvereins spielen Fußball. Ein Drittel der Fußballspieler, das sind 20 Personen, spielen auch Volleyball.
Wie viele Mitglieder hat der Verein?
b) Die Hälfte der Mitglieder spielt Volleyball.
Welcher Anteil der Mitglieder spielt Volleyball, aber nicht Fußball?

6 (3 + 2 VP)
Herr Peters hat eine Wohnung mit einer Wohnfläche von $108{,}50\,m^2$ gemietet. Der Vermieter berechnet 5,20 € Miete je Quadratmeter Wohnfläche. Er rechnet mit durchschnittlichen Nebenkosten für Wasser, Strom, Heizung usw. von 30 % der Wohnungsmiete. Diese Kosten werden monatlich zusätzlich zur Miete gezahlt und am Jahresende nach Verbrauch abgerechnet. Die Garage kostet weitere 420,00 € jährlich.
a) Was muss Herr Peters für die Wohnung einschließlich Nebenkosten und Garage im Monat an den Vermieter überweisen?
b) Am Jahresende stellt sich heraus, dass die Vorauszahlung für die Nebenkosten zu hoch angesetzt war. Herr Peters erhält daher vom Vermieter eine Rückzahlung von 336,12 €.
Wie hoch waren die durchschnittlichen monatlichen Nebenkosten tatsächlich?

Lerntipps

zu Aufgabe 4
Arbeite mit Kommaverschiebung.
zu Aufgabe 5
Manchmal hilft ein Bild wie etwa das nebenstehende, um Informationen des Aufgabentextes anschaulich zu machen.
zu Aufgabe 6
Unterscheide jährliche und monatliche Zahlungen!

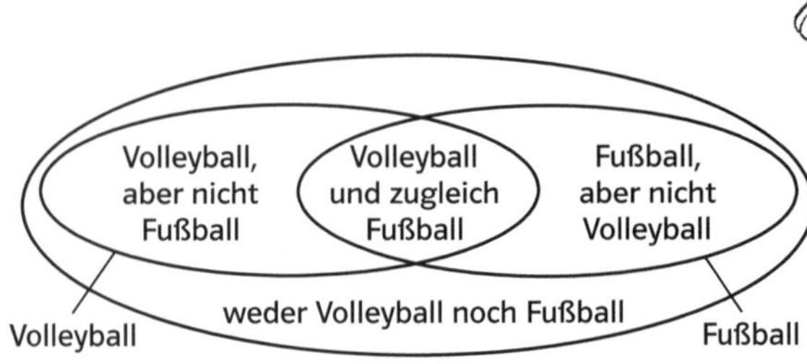

Klassenarbeit 5.2

Anfangszeit: ____________________ + 45 Minuten → Abgabe: ____________________

1 (1 + 1 + 1 + 1 VP)
Schreibe als gekürzten Bruch.
a) −0,45 b) 0,375 c) 2,4 d) 0,0048

2 (1 + 1 + 1 + 1 VP)
Berechne.
a) $\frac{3}{4}\cdot\left(-\frac{8}{9}\right)$ b) $\left(-\frac{5}{8}\right):\frac{3}{5}$ c) $2{,}12\cdot 3{,}9$ d) $16{,}092:2{,}7$

3 (1 + 1 + 1 + 1 VP)
Berechne.
a) $1{,}2\cdot\frac{7}{12}$ b) $(-6{,}5)\cdot\frac{8}{13}$ c) $\frac{5}{7}:1{,}4$ d) $(-1{,}9):\left(-\frac{4}{3}\right)$

4 (1 + 1 + 1 + 1 VP)
a) $\frac{5}{4}-\frac{1}{4}\cdot 3$
b) $6{,}2-2\cdot(4{,}3-0{,}7)$
c) $\frac{3}{7}\cdot\left(\frac{7}{5}+\frac{7}{6}\right)$
d) $0{,}6\cdot 3{,}5-0{,}6\cdot 1{,}4+2{,}1\cdot 0{,}6$

5 (2 + 1 + 1 VP)
In einer Schulklasse sind $\frac{2}{5}$ aller Schüler 12 Jahre alt, $\frac{1}{3}$ der Schüler sind 13 Jahre alt und 8 Schüler sind älter als 13 Jahre.
a) Wie viele Schüler hat die Klasse?
b) Wie viele Schüler sind mindestens 13 Jahre alt?
c) Ein 14-jähriger Schüler verlässt die Klasse, ein 13-jähriger tritt in die Klasse neu ein.
Wie groß ist jetzt der Anteil der 13-jährigen Schüler?

6 (2 + 2 VP)
Knobelix: „Es ist gleichgültig, ob ich $\left(\frac{2}{3}\cdot\frac{9}{8}\right)\cdot\frac{4}{7}$ oder $\frac{2}{3}\cdot\left(\frac{9}{8}\cdot\frac{4}{7}\right)$ rechne. Das Ergebnis ist dasselbe!"
Knobelinchen: „Das darfst du aber nicht erwarten, wenn du anstelle der Malpunkte jedes Mal den Divisionsdoppelpunkt schreibst."
Prüfe die Behauptung von Knobelix nach.
Hat Knobelinchen Recht?

Lerntipps

zu Aufgabe 3
Du kannst nicht mit Dezimalzahlen rechnen!
zu Aufgabe 5
Auch hier können Bilder zur Veranschaulichung dienen:

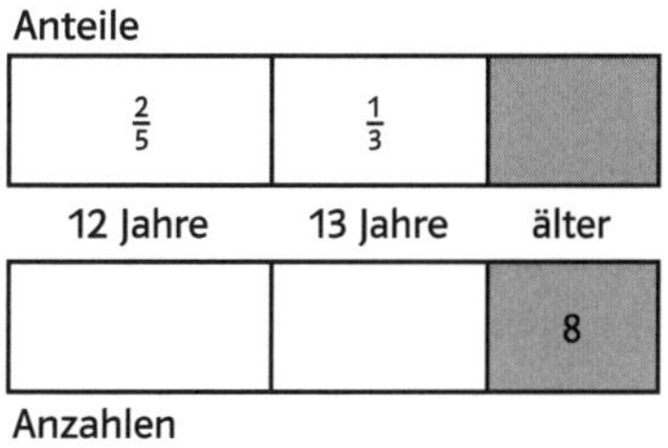

zu Aufgabe 6
Manche Behauptungen kann man einfach durch Nachrechnen entscheiden.

Klassenarbeit 5.3

Anfangszeit: ______________ + 45 Minuten → Abgabe: ______________

1 (1 + 1 + 1 + 1 VP)
Einige der folgenden Rechnungen sind falsch. Korrigiere diese.

a) $\frac{3}{5}\cdot\frac{9}{5} = \frac{27}{5}$ b) $8:\left(-\frac{5}{7}\right) = -\frac{56}{5}$ c) $4\frac{1}{2}:2\frac{1}{2} = 2$ d) $3\frac{1}{3}\cdot4\frac{1}{4} = 12\frac{1}{12}$

2 (1 + 1 + 1 + 1 VP)
Welche Zahl musst du anstelle von x einsetzen?

a) $\frac{5}{7}\cdot x = \frac{1}{2}$ b) $x:\frac{3}{8} = -\frac{2}{9}$ c) $0{,}072\cdot x = -0{,}00072$ d) $28{,}4:x = 28\,400$

3 (1 + 1 + 1 VP)

a) Wie viel ist die Hälfte von 0,25 kg?
b) Wie viel ist das Vierfache des zwölften Teils einer Stunde?
c) Wie viel ist das Fünffache des vierten Teils von 0,5 Metern?

4 (1 + 1,5 + 1,5 VP)
Aus Silberbarren von 1,000 kg Masse werden Gedenkmünzen geprägt.
a) Wie viele Münzen kann man aus einem Silberbarren prägen, wenn jede Münze 31,1 g wiegt?
b) Beim Prägen einer anderen Münzsorte erhält man 49 Münzen, hat aber von einem Barren noch 5,3 g Silber übrig.
Was wiegt jede dieser Münzen?
c) Von einer dritten Münzsorte kann man 37 Münzen aus einem Silberbarren prägen, aber nicht mehr.
Was wiegt jede dieser 37 Münzen mindestens, was höchstens?

5 (1,5 + 1,5 VP)

a) Gib zwei Bruchzahlen zwischen 0 und 1 an, deren Produkt $\frac{1}{2}$ ergibt.
b) Gib zwei Bruchzahlen zwischen 0 und 1 an, deren Quotient $\frac{3}{4}$ ergibt.

6 (1 + 1 VP)
Berechne.

a) $\dfrac{\frac{1}{2}}{\frac{3}{4}}$ b) $\frac{1}{2}\cdot\frac{2}{3}\cdot\frac{3}{4}\cdot\ldots\cdot\frac{8}{9}\cdot\frac{9}{10}$

7 (2 + 2 VP)
Für welche positiven Bruchzahlen gilt das Folgende?

a) Wenn man sie mit 3 multipliziert, ist das Produkt kleiner als 1.
b) Wenn man sie mit −3 multipliziert, ist das Produkt kleiner als 1.

Klassenarbeit 5.4

Anfangszeit: ______________ + 45 Minuten → Abgabe: ______________

1 (1 + 1 + 1 + 1 VP)
Welche Zahl musst du anstelle von x einsetzen?

a) $x \cdot \left(-\frac{2}{3}\right) = 6$

b) $\frac{x}{7} = -\frac{2}{5}$

c) $2{,}9 \cdot x = 841$

d) $32 : x = -0{,}4$

2 (2 + 2 VP)

a) Subtrahiere das Doppelte der Differenz von 6,8 und 5,3 vom Produkt aus $\frac{3}{2}$ und −4.

b) Dividiere die Summe der Zahlen $\frac{1}{2}$ und $\frac{2}{3}$ durch die Differenz dieser Zahlen.

3 (1 + 1 + 2 VP)

a) Ein Weinhändler füllt aus einem 1250-l-Fass Rotwein in 0,7-l-Flaschen ab.
Wie viele Flaschen erhält er?

b) Aus einem anderen Fass füllt er Eiswein in 0,375-l-Flaschen ab. Er erhält 280 Flaschen.
Welchen Inhalt hat das Fass mindestens?

c) Aus einem beschädigten Fass sind unbemerkt 20 % des Inhalts ausgelaufen. Die im Fass verbleibende Menge ergibt noch 320 Flaschen zu je 0,7 l Inhalt.
Wie viel Wein war ursprünglich im Fass?

4 (1 + 1 + 1 VP)
Welche Zahl ist größer?

a) $\frac{4}{5}$ von $\left(-\frac{3}{7}\right)$ oder $\left(-\frac{4}{7}\right)$ von $\frac{3}{5}$

b) $-\frac{4}{5}$ von 3 oder $-\frac{4}{5}$ von 7

c) $-\frac{4}{5}$ von $\frac{3}{7}$ oder $-\frac{5}{4}$ von $\frac{7}{3}$

5 (2 + 1 + 1 + 1 VP)
Die Abbildung zeigt die weltberühmte Christusstatue in Rio de Janeiro. Die Statue ist mit Sockel etwa 38 m hoch. Allein der 3,75 m hohe Kopf wiegt 30 Tonnen.

a) In welchem Maßstab ist die Statue hier abgebildet?

b) Wie weit sind wohl die Fingerspitzen der ausgestreckten Arme voneinander entfernt?

c) Für eine Modelleisenbahnanlage soll ein Modell der Statue im Maßstab 1:87 hergestellt werden.
Wie hoch ist dieses Modell?

d) Bei einem erwachsenen Menschen (80 kg) wiegt der Kopf etwa 4 kg.
Was wiegt dann wohl die ganze Statue (ohne Sockel)?

6 (2 + 2 VP)
Knobelix: „Bei manchen positiven Bruchzahlen erhalte ich nach der Division durch deren Kehrzahl ein Ergebnis größer als 1, bei anderen ein Ergebnis kleiner als 1."
Knobelinchen: „Kannst du mir sagen, für welche dieser Bruchzahlen das Ergebnis kleiner als 1 ist?"

a) Verdeutliche durch je ein Beispiel, was Knobelix meint.

b) Beantworte die Frage von Knobelinchen.

Klassenarbeit 5.1

1 (1 + 1 + 1 + 1 VP)
Erweitere zuerst so, dass der Nenner 10, 100, 1000 usw. heißt.

a) $\frac{11}{4} = \frac{11 \cdot 25}{4 \cdot 25} = \frac{275}{100} = 2{,}75$

b) $-\frac{3}{80} = -\frac{3 \cdot 125}{80 \cdot 125} = -\frac{375}{10\,000} = -0{,}0375$

c) $4\frac{3}{5} = 4\frac{3 \cdot 2}{5 \cdot 2} = 4\frac{6}{10} = 4{,}6$

d) $\frac{21}{12} = \frac{7 \cdot 3}{4 \cdot 3} = \frac{7}{4} = \frac{7 \cdot 25}{4 \cdot 25} = \frac{175}{100} = 1{,}75$

2 (1 + 1 + 1 + 1 VP)
Die erste Nachkommastelle gibt die Anzahl der Zehntel, die zweite die Anzahl der Hundertstel an.

a) $0{,}04 = \frac{4}{100} = \frac{1}{25}$

b) $-1{,}96 = -\frac{196}{100} = -\frac{49}{25}$

c) $0{,}625 = \frac{625}{1000} = \frac{5}{8}$

d) $2{,}85 = 2\frac{85}{100} = 2\frac{17}{20} \left(= \frac{57}{20}\right)$

3 (1 + 1 + 1 + 1 VP)
Denke zuerst an das Vorzeichen des Ergebnisses, dann an die Rechenregel und an das Kürzen!

a) $\frac{7}{3} \cdot \left(-\frac{9}{28}\right) = -\frac{7 \cdot 9}{3 \cdot 28} = -\frac{1 \cdot 3}{1 \cdot 4} = -\frac{3}{4}$

b) $\frac{5}{12} : \frac{7}{8} = \frac{5}{12} \cdot \frac{8}{7} = \frac{5 \cdot 8}{12 \cdot 7} = \frac{5 \cdot 2}{3 \cdot 7} = \frac{10}{21}$

c) $(-2{,}25) \cdot \frac{4}{3} = -\frac{9}{4} \cdot \frac{4}{3} = -\frac{9 \cdot 4}{4 \cdot 3} = -\frac{3 \cdot 1}{1 \cdot 1} = -3$

d) $2{,}5 : \left(-\frac{2}{5}\right) = \frac{5}{2} \cdot \left(-\frac{5}{2}\right) = -\frac{5 \cdot 5}{2 \cdot 2} = -\frac{25}{4}$

4 (1 + 1 + 1 + 1 VP)
Du kannst die Kommaverschiebung ausnutzen. Schreibe bei Nebenrechnungen die Stellen sauber untereinander.

a) $9{,}081 \cdot 10\,000 = 90\,810$

b) $-0{,}72 : 10^3 = -0{,}72 : 1000 = -0{,}00072$

c) $3{,}05 \cdot (-4{,}7) = -14{,}335$

Nebenrechnung:
```
305 · 47
1220
 2135
14335
```

d) $(-1{,}2) : 0{,}0048 = -12\,000 : 48 = -250$

Nebenrechnung:
```
12000 : 48 = 250
 96
 240
 240
   0
```

5 (2 + 1 VP)

a) *Bestimme zuerst die Anzahl der Fußballspieler.*
Da ein Drittel der Fußballspieler 20 Personen sind, spielen dreimal so viele, also 60 Vereinsmitglieder, Fußball.
60 Personen sind fünf Achtel aller Vereinsmitglieder. Daher sind 12 Personen ein Achtel aller Mitglieder und der Verein hat $8 \cdot 12 = 96$ Mitglieder.

b) *Du weißt, wie viele Mitglieder Volleyball spielen und wie viele sowohl Volleyball als auch Fußball spielen. Wie erhältst du daraus die Anzahl der Mitglieder, die Volleyball und nicht Fußball spielen?*
Da die Hälfte der Mitglieder Volleyball spielt, sind dies 48 Personen. Von diesen spielen 20 auch Fußball. Folglich spielen 28 Personen Volleyball, aber nicht Fußball. Dies sind 28 von 96 Mitgliedern. Ihr Anteil beträgt $\frac{28}{96} = \frac{7}{24}$.

6 (3 + 2 VP)
Unterscheide sorgfältig zwischen monatlichen und jährlichen Zahlungen.

a) Monatliche Miete:
108,50 · 5,20 € = 564,20 €
Monatliche Nebenkosten:
30 % von 564,20 €
= 0,3 · 564,20 €
= 169,26 €
Monatliche Garagenkosten:
420,00 € : 12 = 35,00 €
Voraussichtliche monatliche Kosten:
```
 564,20€
+169,26€
+ 35,00€
  1 1
 768,46€
```
Herr Peters muss monatlich 768,46 € an den Vermieter überweisen.

b) Nebenkostenrückzahlung im Jahr: 336,12 €
Nebenkostenrückzahlung je Monat:
336,12 € : 12 = 28,01 €
Nebenrechnung:
```
336,12 : 12 = 28,01
24
 96
 96
  012
   12
    0
```
Tatsächliche durchschnittliche monatliche Nebenkosten:
169,26 € − 28,01 € = 141,25 €

Klassenarbeit 5.2

1 (1 + 1 + 1 + 1 VP)

Schreibe zuerst mit Nenner 10, 100, 1000 usw.

a) $-0{,}45 = -\frac{45}{100} = -\frac{9}{20}$

b) $0{,}375 = \frac{375}{1000} = \frac{3}{8}$

c) $2{,}4 = 2\frac{4}{10} = 2\frac{2}{5} \left(= \frac{12}{5}\right)$

d) $0{,}0048 = \frac{48}{10\,000} = \frac{6}{1250} = \frac{3}{625}$

2 (1 + 1 + 1 + 1 VP)

a) $\frac{3}{4}\cdot\left(-\frac{8}{9}\right) = -\frac{3}{4}\cdot\frac{8}{9} = -\frac{3\cdot 8}{4\cdot 9} = -\frac{1\cdot 2}{1\cdot 3} = -\frac{2}{3}$

b) $\left(-\frac{5}{8}\right):\frac{3}{5} = -\frac{5}{8}\cdot\frac{5}{3} = -\frac{5\cdot 5}{8\cdot 3} = -\frac{25}{24}$

c) $2{,}12\cdot 3{,}9 = 8{,}268$

Nebenrechnung:

```
212·39
   636
  1908
   1
  8268
```

d) $16{,}092 : 2{,}7 = 160{,}92 : 27 = 5{,}96$

Nebenrechnung:

```
160,92 : 27 = 5,96
135
 259
 243
  162
  162
    0
```

3 (1 + 1 + 1 + 1 VP)

Entscheide, ob du mit Bruchzahlen oder Dezimalzahlen rechnen kannst.

a) $1{,}2\cdot\frac{7}{12} = \frac{12}{10}\cdot\frac{7}{12} = \frac{12\cdot 7}{10\cdot 12} = \frac{7}{10}$

b) $(-6{,}5)\cdot\frac{8}{13} = -\frac{65}{10}\cdot\frac{8}{13} = -\frac{65\cdot 8}{10\cdot 13} = -\frac{5\cdot 4}{5\cdot 1} = -4$

c) $\frac{5}{7}:1{,}4 = \frac{5}{7}:\frac{14}{10} = \frac{5}{7}\cdot\frac{10}{14} = \frac{5\cdot 10}{7\cdot 14} = \frac{5\cdot 5}{7\cdot 7} = \frac{25}{49}$

d) $(-1{,}9):\left(-\frac{4}{3}\right) = +\,1{,}9:\frac{4}{3} = \frac{19}{10}\cdot\frac{3}{4} = \frac{19\cdot 3}{10\cdot 4} = \frac{57}{40}$

4 (1 + 1 + 1 + 1 VP)

a) *Denke an „Punkt-vor-Strich"!*

$\frac{5}{4} - \frac{1}{4}\cdot 3 = \frac{5}{4} - \frac{3}{4} = \frac{2}{4} = \frac{1}{2}$

b) $6{,}2 - 2\cdot(4{,}3 - 0{,}7)$
$= 6{,}2 - 2\cdot 3{,}6$
$= 6{,}2 - 7{,}2$
$= -1$

c) *Wende zuerst das Distributivgesetz an:*

$\frac{3}{7}\cdot\left(\frac{7}{5} + \frac{7}{6}\right) = \frac{3}{7}\cdot\frac{7}{5} + \frac{3}{7}\cdot\frac{7}{6} = \frac{3}{5} + \frac{3}{6} = \frac{3}{5} + \frac{1}{2} = \frac{6}{10} + \frac{5}{10} = \frac{11}{10}$

d) $0{,}6\cdot 3{,}5 - 0{,}6\cdot 1{,}4 + 2{,}1\cdot 0{,}6$
$= 0{,}6\cdot(3{,}5 - 1{,}4 + 2{,}1)$
$= 0{,}6\cdot 4{,}2$
$= 2{,}52$

5 (2 + 1 + 1 VP)

a) *Welchen Anteil bilden die acht Schüler, die älter als 13 Jahre sind?*

Es gilt für den Anteil der 12- oder 13-jährigen Schüler:

$\frac{2}{5} + \frac{1}{3} = \frac{6}{15} + \frac{5}{15} = \frac{11}{15}$.

Daher sind $\frac{4}{15}$ aller Schüler älter als 13 Jahre. Dies sind acht Schüler.

$\frac{1}{15}$ aller Schüler sind daher zwei Schüler und die Klasse hat folglich 30 Schüler.

b) *Achte auf das Wort „mindestens"! Was bedeutet es?*

$\frac{1}{3}$ aller Schüler, das sind zehn Schüler, sind 13 Jahre alt, acht Schüler sind älter. Somit sind 18 Schüler mindestens 13 Jahre alt.

c) Nun sind elf Schüler von 30 Schülern 13 Jahre alt. Der Anteil der 13-jährigen Schüler beträgt daher $\frac{11}{30}$.

6 (2 + 2 VP)

Ausrechnen zeigt dir, wessen Behauptung richtig ist.

Behauptung von Knobelix:

$\left(\frac{2}{3}\cdot\frac{9}{8}\right)\cdot\frac{4}{7} = \frac{2}{3}\cdot\left(\frac{9}{8}\cdot\frac{4}{7}\right)$

Überprüfung:

$\left(\frac{2}{3}\cdot\frac{9}{8}\right)\cdot\frac{4}{7} = \left(\frac{2\cdot 9}{3\cdot 8}\right)\cdot\frac{4}{7} = \left(\frac{1\cdot 3}{1\cdot 4}\right)\cdot\frac{4}{7} = \frac{3}{4}\cdot\frac{4}{7} = \frac{3\cdot 4}{4\cdot 7} = \frac{3}{7}$

$\frac{2}{3}\cdot\left(\frac{9}{8}\cdot\frac{4}{7}\right) = \frac{2}{3}\cdot\left(\frac{9\cdot 4}{8\cdot 7}\right) = \frac{2}{3}\cdot\left(\frac{9\cdot 1}{2\cdot 7}\right) = \frac{2}{3}\cdot\frac{9}{14} = \frac{2\cdot 9}{3\cdot 14} = \frac{1\cdot 3}{1\cdot 7} = \frac{3}{7}$

Die Behauptung ist wahr.

Behauptung von Knobelinchen:

$\left(\frac{2}{3}:\frac{9}{8}\right):\frac{4}{7} \neq \frac{2}{3}:\left(\frac{9}{8}:\frac{4}{7}\right)$

Überprüfung:

$\left(\frac{2}{3}:\frac{9}{8}\right):\frac{4}{7} = \left(\frac{2}{3}\cdot\frac{8}{9}\right)\cdot\frac{7}{4} = \left(\frac{2\cdot 8}{3\cdot 9}\right)\cdot\frac{7}{4} = \frac{16}{27}\cdot\frac{7}{4} = \frac{4\cdot 7}{27\cdot 1} = \frac{28}{27}$

$\frac{2}{3}:\left(\frac{9}{8}:\frac{4}{7}\right) = \frac{2}{3}:\left(\frac{9}{8}\cdot\frac{7}{4}\right) = \frac{2}{3}:\left(\frac{9\cdot 7}{8\cdot 4}\right) = \frac{2}{3}:\frac{63}{32} = \frac{2}{3}\cdot\frac{32}{63} = \frac{64}{189}$

Die Behauptung ist wahr, denn die beiden Termwerte sind verschieden.

Knobelinchen hat Recht.

Klassenarbeit 5.3

1 (1 + 1 + 1 + 1 VP)

a) $\frac{3}{5}\cdot\frac{9}{5} = \frac{3\cdot9}{5\cdot5} = \frac{27}{25}$

Diese Rechnung ist falsch, da $\frac{27}{25} \neq \frac{27}{5}$.

b) $8:\left(-\frac{5}{7}\right) = -8:\frac{5}{7} = -8\cdot\frac{7}{5} = -\frac{56}{5}$

Diese Rechnung ist richtig.

c) $4\frac{1}{2}:2\frac{1}{2} = \frac{9}{2}:\frac{5}{2} = \frac{9}{2}\cdot\frac{2}{5} = \frac{9\cdot2}{2\cdot5} = \frac{9}{5}$

Diese Rechnung ist falsch, da $\frac{9}{5} \neq 2$.

d) $3\frac{1}{3}\cdot4\frac{1}{4} = \frac{10}{3}\cdot\frac{17}{4} = \frac{10\cdot17}{3\cdot4} = \frac{170}{12}$

Diese Rechnung ist falsch, denn $\frac{170}{12} \neq 12\frac{1}{12} = \frac{145}{12}$.

2 (1 + 1 + 1 + 1 VP)

a) $\frac{5}{7}\cdot x = \frac{1}{2}$

$x = \frac{1}{2}:\frac{5}{7}$

$x = \frac{1}{2}\cdot\frac{7}{5}$

$x = \frac{7}{10}$

b) $x:\frac{3}{8} = -\frac{2}{9}$

$x\cdot\frac{8}{3} = -\frac{2}{9}$

$x = -\frac{2}{9}:\frac{8}{3}$

$x = -\frac{2}{9}\cdot\frac{3}{8}$

$x = -\frac{2\cdot3}{9\cdot8}$

$x = -\frac{1\cdot1}{3\cdot4}$

$x = -\frac{1}{12}$

c) $0{,}072\cdot x = -0{,}00072$

$x = -0{,}00072:0{,}072$

$x = -\frac{72}{100\,000}:\frac{72}{1000}$

$x = -\frac{72}{100\,000}\cdot\frac{1000}{72}$

$x = -\frac{72\cdot1000}{100\,000\cdot72}$

$x = -\frac{1\cdot1}{100\cdot1}$

$x = -\frac{1}{100}$

oder:

$x = -0{,}00072:0{,}072$

$x = -72:7200$

$x = -\frac{72}{7200}$

$x = -\frac{1}{100}$

d) $28{,}4:x = 28\,400$

$1:x = 28\,400:28{,}4$

$1:x = 1000$

$x = \frac{1}{1000}$

3 (1 + 1 + 1 VP)

a) $\frac{1}{2}$ von 0,25 kg

$= \frac{1}{2}\cdot 0{,}25$ kg

$= 0{,}125$ kg (= 125 g)

b) $4\cdot\left(\frac{1}{12}\text{ von } 1\,\text{h}\right)$

$= 4\cdot\left(\frac{1}{12}\cdot 1\,\text{h}\right)$

$= 4\cdot\frac{1}{12}\,\text{h}$

$= \frac{1}{3}\,\text{h}$ (= 20 min)

c) $5\cdot\left(\frac{1}{4}\text{ von } 0{,}5\,\text{m}\right)$

$= 5\cdot\left(\frac{1}{4}\cdot 0{,}5\,\text{m}\right)$

$= 5\cdot 0{,}125$ m

$= 0{,}625$ m (= 625 mm)

4 (1 + 1,5 + 1,5 VP)

a) Anzahl der Münzen:

1000 g : 31,1 g = 32,15...

Nebenrechnung: 1000 : 31,1 = 10 000 : 311

```
1000 : 311 = 32,15...
 933
  670
  622
   480
   311
   1690
   1555
    135
    ...
```

Man kann 32 Münzen prägen.

b) Verbrauchte Silbermenge:

1000 g − 5,3 g = 994,7 g

Gewicht jeder Münze:

994,7 g : 49 = 20,3 g

Nebenrechnung:

```
9947 : 490 = 20,3
980
 1470
 1470
    0
```

c) Gewicht der Münzen:

1000 g : 37 = 27,027... g

Nebenrechnung:

```
1000 : 37 = 27,027...
 74
 260
 259
   100
    74
   260
   ...
```

1000 g : 38 = 26,315... g

Nebenrechnung: 1000 : 38 = 26,315...

```
1000:38=26,315...
 76
 240
 228
  120
  114
    60
    38
    220
    ...
```

Jede dieser Münzen darf höchstens 27,0 g und muss mindestens 26,4 g wiegen (jeweils auf Zehntelgramm gerundet).

5 (1,5 + 1,5 VP)

a) Beispiele

$\frac{2}{3} \cdot \frac{3}{4} = \frac{1}{2}$; $\frac{3}{5} \cdot \frac{5}{6} = \frac{1}{2}$; $\frac{4}{7} \cdot \frac{7}{8} = \frac{1}{2}$

b) Beispiele

$\frac{3}{8} : \frac{1}{2} = \frac{3}{8} \cdot \frac{2}{1} = \frac{3}{4}$; $\frac{7}{16} : \frac{7}{12} = \frac{7}{16} \cdot \frac{12}{7} = \frac{3}{4}$; $\frac{9}{20} : \frac{3}{5} = \frac{9}{20} \cdot \frac{5}{3} = \frac{3}{4}$

6 (1 + 1 VP)

a) $\frac{\frac{1}{2}}{\frac{3}{4}} = \frac{1}{2 : \frac{3}{4}} = \frac{1}{2 \cdot \frac{4}{3}} = \frac{1}{\frac{8}{3}} = 1 \cdot \frac{3}{8} = \frac{3}{8}$

b) $\frac{1}{2} \cdot \frac{2}{3} \cdot \frac{3}{4} \cdot \ldots \cdot \frac{8}{9} \cdot \frac{9}{10} = \frac{1 \cdot 2 \cdot 3 \cdot \ldots \cdot 8 \cdot 9}{2 \cdot 3 \cdot 4 \cdot \ldots \cdot 9 \cdot 10} = \frac{1}{10}$

7 (2 + 2 VP)

Eine solche positive Bruchzahl werde mit $\frac{a}{b}$ bezeichnet ($a \in \mathbb{N}^*$, $b \in \mathbb{N}^*$).

a) Hier soll gelten: $\frac{a}{b} \cdot 3 < 1$.

Dies ist gleichwertig zu: $\frac{a}{b} < \frac{1}{3}$.

Wenn die Bruchzahl positiv und kleiner als $\frac{1}{3}$ ist, ist das Produkt kleiner als 1.

b) Nun soll gelten: $\frac{a}{b} \cdot (-3) < 1$.

Dies ist für alle positiven Bruchzahlen zutreffend. Denn wenn man eine solche Zahl mit einer negativen Zahl multipliziert, dann ist das Produkt negativ, insbesondere also auch kleiner als 1.

Klassenarbeit 5.4

1 (1 + 1 + 1 + 1 VP)

a) $x\cdot\left(-\frac{2}{3}\right) = 6$

$x = 6:\left(-\frac{2}{3}\right)$

$x = 6\cdot\left(-\frac{3}{2}\right)$

$x = -6\cdot\frac{3}{2}$

$x = -\frac{6\cdot 3}{2}$

$x = -9$

b) $\frac{x}{7} = -\frac{2}{5}$

$x = -\frac{2}{5}\cdot 7$

$x = -\frac{2\cdot 7}{5}$

$x = -\frac{14}{5}$

c) $2{,}9\cdot x = 841$

$x = 841:2{,}9$

$x = 290$

Nebenrechnung: $841:2{,}9 = 8410:29$

```
8410:29=290
58
261
261
  0
```

d) $32:x = -0{,}4$

$1:x = -0{,}4:32$

$1:x = -\frac{4}{10}\cdot\frac{1}{32}$

$1:x = -\frac{4\cdot 1}{10\cdot 32}$

$1:x = -\frac{1\cdot 1}{10\cdot 8}$

$1:x = -\frac{1}{80}$

$x = -80$

2 (2 + 2 VP)

a) $\frac{3}{2}\cdot(-4) - 2\cdot(6{,}8 - 5{,}3)$

$= -\frac{3\cdot 4}{2} - 2\cdot 1{,}5$

$= -6 - 3$

$= -9$

b) $\left(\frac{1}{2}+\frac{2}{3}\right):\left(\frac{1}{2}-\frac{2}{3}\right)$

$= \left(\frac{3}{6}+\frac{4}{6}\right):\left(\frac{3}{6}-\frac{4}{6}\right)$

$= \frac{7}{6}:\left(-\frac{1}{6}\right)$

$= \frac{7}{6}\cdot\left(-\frac{6}{1}\right)$

$= -7$

3 (1 + 1 + 2 VP)

a) Anzahl der 0,7-l-Flaschen:

$1250:0{,}7 = 12\,500:7 = 1785{,}7\ldots$

Nebenrechnung:

```
12500:7=1785,7...
 7
 55
 49
  60
  56
   40
   35
    50
```

Der Weinhändler kann 1785 Flaschen füllen.

b) Inhalt des Fasses:

$280\cdot 0{,}375\,l = 105\,l$

Nebenrechnung:

```
 375·280
    750
   3000
      0
 ------
 105000
```

Das Fass hat mindestens 105 l Inhalt.

c) Im Fass noch vorhandene Weinmenge:

$320\cdot 0{,}7\,l = 224{,}0\,l$

Dies sind 80 % der ursprünglich im Fass befindlichen Menge V.

Es gilt:

80 % von V = 224 l

$\frac{80}{100}$ von V = 224 l

$\frac{8}{10}\cdot V = 224\,l$

$V = 224\,l:\frac{8}{10}$

$V = 224\,l\cdot\frac{10}{8}$

$V = 280\,l$

Ursprünglich waren 280 l Wein im Fass.

4 (1 + 1 + 1 VP)

a) $\frac{4}{5}$ von $\left(-\frac{3}{7}\right) = \frac{4}{5}\cdot\left(-\frac{3}{7}\right) = -\frac{4\cdot 3}{5\cdot 7} = -\frac{12}{35}$

$\left(-\frac{4}{7}\right)$ von $\frac{3}{5} = -\frac{4}{7}\cdot\frac{3}{5} = -\frac{4\cdot 3}{7\cdot 5} = -\frac{12}{35}$

Die beiden Zahlen sind gleich groß.

b) $-\frac{4}{5}$ von $3 = -\frac{4}{5}\cdot 3 = -\frac{12}{5}$

$-\frac{4}{5}$ von $7 = -\frac{4}{5}\cdot 7 = -\frac{28}{5}$

$-\frac{12}{5} > -\frac{28}{5}$

Daher ist $-\frac{4}{5}$ von 3 größer als $-\frac{4}{5}$ von 7.

c) $-\frac{4}{5}$ von $\frac{3}{7} = -\frac{4}{5}\cdot\frac{3}{7} = -\frac{4\cdot 3}{5\cdot 7} = -\frac{12}{35}$

$-\frac{5}{4}$ von $\frac{7}{3} = -\frac{5}{4}\cdot\frac{7}{3} = -\frac{5\cdot 7}{4\cdot 3} = -\frac{35}{12}$

$-\frac{12}{35} > -\frac{35}{12}$

Daher ist $-\frac{4}{5}$ von $\frac{3}{7}$ größer als $-\frac{5}{4}$ von $\frac{7}{3}$.

5 (2 + 1 + 1 + 1 VP)
a) Die Höhe der Statue mit Sockel beträgt im Bild etwa 10 cm. Die Originalgröße ist 38 m. Daher gilt für den Maßstab:
$10\,cm : 38\,m = 10\,cm : 3800\,cm = \frac{1}{380} = 1 : 380.$

b) Die Fingerspitzen im Bild haben den Abstand 8,0 cm. Im Original gilt daher für den Abstand der Fingerspitzen:
$8{,}0\,cm \cdot 380 = 3040\,cm = 30{,}4\,m.$

c) Wenn die Statue der Höhe 38 m im Maßstab 1 : 87 modelliert werden soll, dann muss dieses Modell die Höhe $38\,m : 87 = 0{,}436\ldots\,m \approx 0{,}44\,m$ haben.

d) Ein erwachsener Mensch wiegt (nach Aufgabenstellung) etwa 20-mal soviel wie der Kopf. Daher dürfte die gesamte Statue 20-mal so viel wiegen wie ihr Kopf. Ihr Gewicht beträgt dann etwa
$20 \cdot 30\,t = 600\,t.$

Bemerkungen
Wegen unvermeidlicher Messungenauigkeiten musst du nicht exakt die oben genannten Ergebnisse erhalten haben. In Teilaufgabe a) sind Ergebnisse zwischen 1 : 370 und 1 : 390 akzeptabel. Mit diesen Werten erhältst du in Teilaufgabe b) den Abstand der Fingerspitzen zwischen 29,2 m und 31,6 m.
Da man nichts über den inneren Aufbau der Statue weiß, kann das in Teilaufgabe d) berechnete Gesamtgewicht vom tatsächlichen Gewicht erheblich abweichen.

6 (2 + 2 VP)
a) Beispiele:
$\frac{2}{3}$ hat die Kehrzahl $\frac{3}{2}$.
$\frac{2}{3} : \frac{3}{2} = \frac{2}{3} \cdot \frac{2}{3} = \frac{4}{9} < 1$
$\frac{5}{4}$ hat die Kehrzahl $\frac{4}{5}$.
$\frac{5}{4} : \frac{4}{5} = \frac{5}{4} \cdot \frac{5}{4} = \frac{25}{16} > 1$

b) Für alle positiven Bruchzahlen kleiner als 1 entsteht ein Ergebnis kleiner als 1.
Begründung:
Wenn die positive Bruchzahl kleiner ist als 1, dann ist ihre Kehrzahl größer als 1. Will man die Zahl durch ihre Kehrzahl dividieren, so muss man mit der Kehrzahl dieser Kehrzahl multiplizieren. Die Kehrzahl zur Kehrzahl ist aber die Zahl selbst. Damit wird die positive Bruchzahl mit sich selbst multipliziert.
Das Ergebnis bleibt nur dann kleiner als 1, wenn die Bruchzahl selbst kleiner als 1 ist.

Pinboard – Daten erfassen, darstelle

Kreisdiagramme

Kreisdiagramm zeichnen

Bei einem Kreisdiagramm verwendet man Kreisausschnitte zur Darstellung von Anteilen.
Die Mittelpunktswinkel der Kreisausschnitte werden dazu entsprechend der Anteile berechnet.
Dabei entspricht der Mittelpunktswinkel mit der Weite 360° dem Ganzen, ein Mittelpunktswinkel von 3,6° einem Hundertstel (einem Prozent) des Ganzen. Kennt man also den Anteil, dann kann man den zugehörigen Mittelpunktswinkel berechnen und den Kreisausschnitt dazu zeichnen.

Beispiel

Landwirt Ehnle baut auf 60 ha Ackerland 15 ha Zuckerrüben, 18 ha Mais und 27 ha Weizen an. Veranschauliche die Nutzung durch ein Kreisdiagramm.

Lösung
60 ha Gesamtfläche entsprechen dem Mittelpunktswinkel der Weite 360°.
15 ha sind $\frac{15}{60} = \frac{1}{4}$ = 25 % der Gesamtfläche. Der zugehörige Mittelpunktswinkel hat daher die Weite $\frac{1}{4}$ von 360°. Dies sind 90°.
18 ha sind $\frac{18}{60} = \frac{3}{10}$ = 30 % der Gesamtfläche. Der zugehörige Mittelpunktswinkel hat daher die Weite $\frac{3}{10}$ von 360°. Dies sind 108°.
Der dritte Mittelpunktswinkel ergibt sich dann zu 162°.

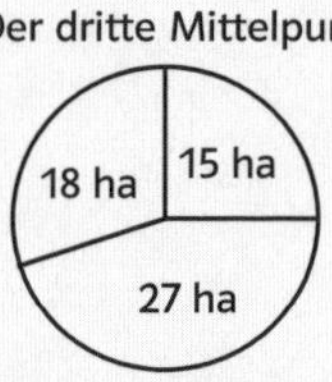

oder

Kreisdiagramm interpretieren

Aus einem Kreisdiagramm kann man die den Kreisausschnitten zugeordneten Anteile oft gut ablesen.
Kennt man den Mittelpunktswinkel eines Kreisausschnitts durch Messen oder Schätzen, so ergibt sich der zugehörige Anteil vom Ganzen, indem man die Weite dieses Winkels durch 360° dividiert. Damit lässt sich dann das Ganze errechnen.

Beispiel

Bei einer Befragung von 1200 Personen antwortet ein Teil der Befragten mit „Ja", ein anderer Teil mit „Nein" und der Rest mit „Weiß nicht". Dabei ergibt sich das abgebildete Kreisdiagramm.
Wie viele Personen antworteten mit „Ja", „Nein" oder „Weiß nicht"?

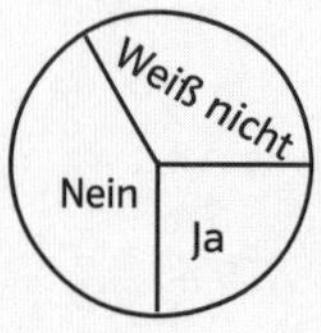

Lösung
Messen der Winkelweiten ergibt: Der Mittelpunktswinkel zu „Ja" hat die Weite 90°, der zu „Nein" die Weite 150° und der zu „Weiß nicht" die Weite 120°.
$\frac{90°}{360°} = \frac{1}{4}$, daher antwortet $\frac{1}{4}$ von 1200 Befragten mit „Ja".
Dies sind 300 Personen.
$\frac{150°}{360°} = \frac{5}{12}$, daher antworten $\frac{5}{12}$ der Befragten mit „Nein".
Dies sind 500 Personen.
Die restlichen 400 Personen antworten mit „Weiß nicht".

Absolute Häufigkeiten – Relative Häufigkeiten

Absolute Häufigkeit

Bei der Sammlung von Daten (Messwerten, Antworten bei einer Umfrage usw.) bezeichnet man die Gesamtzahl der Daten als Stichprobenumfang.
Die Anzahl der Daten mit dem gleichen Merkmal (gleicher Messwert, gleiche Antwort usw.) nennt man absolute Häufigkeit, mit der das entsprechende Merkmal auftritt.
Wenn man also die absoluten Häufigkeiten aller Merkmale addiert, ergibt sich die Gesamtzahl aller Daten, der Stichprobenumfang.

Beispiel

Bei einer Qualitätskontrolle werden Schraubendurchmesser von 1000 Schrauben überprüft.

Durchmesser	2,98 mm	2,99 mm	3,00 mm	3,01 mm	3,02 mm
Anzahl	18	45	850	62	25

Der Stichprobenumfang ist 1000.
Die absolute Häufigkeit für den Durchmesser 2,98 mm ist 18, die absolute Häufigkeit für den Durchmesser 2,99 mm ist 45 usw.

Relative Häufigkeit

Wenn man die absolute Häufigkeit eines Merkmals durch den Stichprobenumfang, also die Gesamtzahl der Daten, dividiert, so erhält man die relative Häufigkeit des Merkmals. Relative Häufigkeiten werden daher als Bruchzahlen, Dezimalzahlen oder Prozentsätze angegeben. Wenn man die relativen Häufigkeiten aller Merkmale addiert, ergibt sich 1 (bzw. 100 %).

Beispiel

Relative Häufigkeit für Durchmesser 2,98 mm: $\frac{18}{1000}$ = 0,018 = 1,8 %.
Relative Häufigkeit für Durchmesser 2,99 mm: $\frac{45}{1000}$ = 0,045 = 4,5 %.
Die weiteren relativen Häufigkeiten sind entsprechend $\frac{850}{1000}$ = 0,850 = 85 %, $\frac{62}{1000}$ = 0,062 = 6,2 % und $\frac{25}{1000}$ = 0,025 = 2,5 %.

Mittelwerte

Das arithmetische Mittel

Das arithmetische Mittel von Zahlen (Größen) berechnet man, indem man die Zahlen (Größen) addiert und die Summe durch die Anzahl der Zahlen (Größen) dividiert. Das arithmetische Mittel bezeichnet man oft kurz auch als Mittelwert oder Durchschnitt.

Beispiele

Das arithmetische Mittel der Zahlen 2, 3, 6, 10, 12, 21 ist 9, denn es gilt:
(2 + 3 + 6 + 10 + 12 + 21) : 6 = 54 : 6 = 9.
Das arithmetische Mittel der Zahlen –3,4, –1,5, 0,8, 3,1, 5,7 und 10,9 ist 2,6, denn es gilt: (–3,4 + (–1,5) + 0,8 + 3,1 + 5,7 + 10,9) : 6 = 15,6 : 6 = 2,6.
Das arithmetische Mittel der Längen 12 cm, 12,4 cm, 12,5 cm und 12,7 cm ist 12,4 cm, denn es gilt:
(12 cm + 12,4 cm + 12,5 cm + 12,7 cm) : 4 = 49,6 cm : 4 = 12,4 cm.

Der Median

Wenn man Zahlen (Größen) der Größe nach ordnet, dann heißt der mittlere Wert der Zahlen (Größen) der Median. Bei einer geraden Anzahl von Zahlen (Größen) nimmt man als Median das arithmetische Mittel der beiden mittleren Zahlen (Größen). Unterhalb und oberhalb des Medians liegen also gleich viele Zahlen (Größen).

Beispiele

Der Median von 2, 5, 8, 9 und 12 ist 8, denn 8 ist der mittlere der fünf der Größe nach geordneten Zahlen.
Der Median von 5, 6, 6, 6, 7, 7, 8 ist 6, denn 6 ist der mittlere der sieben der Größe nach geordneten Zahlen.
In diesen Fällen ist der Median eine der gegebenen Zahlen.
Der Median von -3,4, -1,5, 0,8, 3,1, 5,7 und 10,9 ist das arithmetische Mittel der beiden mittleren Zahlen 0,8 und 3,1, also 1,95.
In diesem Fall ist der Median keine der gegebenen Zahlen.

nd interpretieren

Boxplots

Boxplot

Der Boxplot ist eine grafische Darstellung von wesentlichen Informationen einer Liste von Zahlen. Für diese Darstellung benötigt man:

1. die größte der Zahlen (das Maximum)
2. die kleinste der Zahlen (das Minimum)
3. den Median der Zahlen
4. das obere Quartil (den Median der oberen Hälfte der Zahlenliste)
5. das untere Quartil (den Median der unteren Hälfte der Liste)

Die Box (das gezeichnete Rechteck) wird durch das obere Quartil und das untere Quartil begrenzt und durch den Median unterteilt. Von der Box aus weist die sogenannte obere Antenne zum markierten Maximum der Zahlen, die untere Antenne zum Minimum der Zahlen.

Beispiele

Zeichne zur Liste der Zahlen 1, 4, 4, 4, 6, 7, 9, 12, 13, 15, 17, 35 den Boxplot.

Lösung
Es gilt:
1. Maximum 35
2. Minimum 1
3. Median $(7 + 9) : 2 = 8$
   Da die Anzahl der Zahlen gerade ist, muss man als Median das arithmetische Mittel der mittleren beiden Zahlen nehmen.
4. Oberes Quartil $(13 + 15) : 2 = 14$
   Dies ist der Median der oberen sechs Zahlen. Daher muss man das arithmetische Mittel der beiden mittleren dieser sechs Zahlen nehmen.
5. Unteres Quartil $(4 + 4) : 2 = 4$

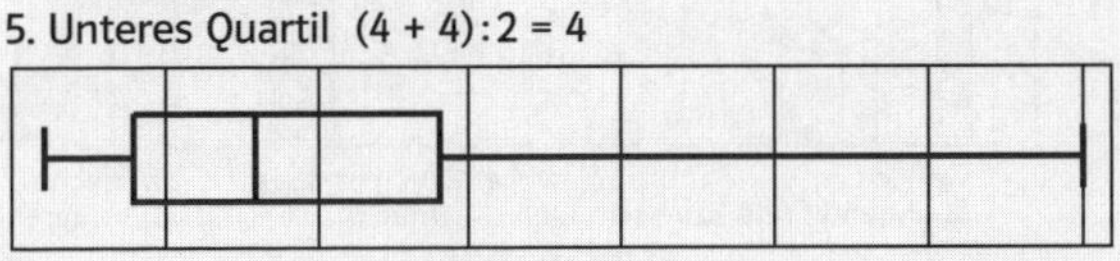

Gib zu folgendem Boxplot eine Liste von zehn Zahlen an.

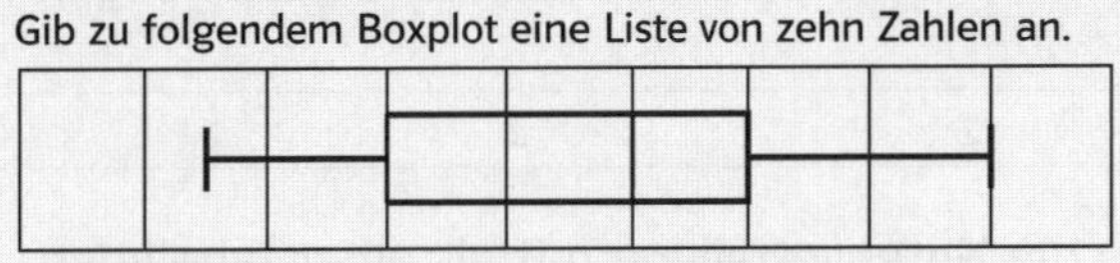

Lösung
Dem Boxplot entnimmt man:
1. Maximum 16
2. Minimum 3
3. Median 10
4. Oberes Quartil 12
5. Unteres Quartil 6

Daher gilt mit 1. und 2.:
3, …, …, …, …, …, …, …, …, **16**
Mit 3. folgt z. B.:
3, …, …, …, **9**, **11**, …, …, …, 16
Mit 4. und 5. ergibt sich z. B.:
3, …, **6**, …, 9, 11, …, **12**, …, 16
Die noch fehlenden Zahlen können nun beliebig zwischen den feststehenden Zahlen gewählt werden:
3, **4**, 6, 7, 9, 11, **11**, 12, **15**, 16

Kann das sein?

Wenn man jede von beliebig vielen Zahlen um 2 verkleinert, dann verkleinern sich das arithmetische Mittel und der Median ebenfalls um 2.

Wenn zwölf Würfe eines Würfels den Mittelwert 4 haben und weitere 18 Würfe den Mittelwert 3, welchen Mittelwert haben dann alle Würfe zusammen?

Bist du sicher?

1 Das Kreisdiagramm zeigt die Kostenanteile am Verkaufspreis eines T-Shirts.

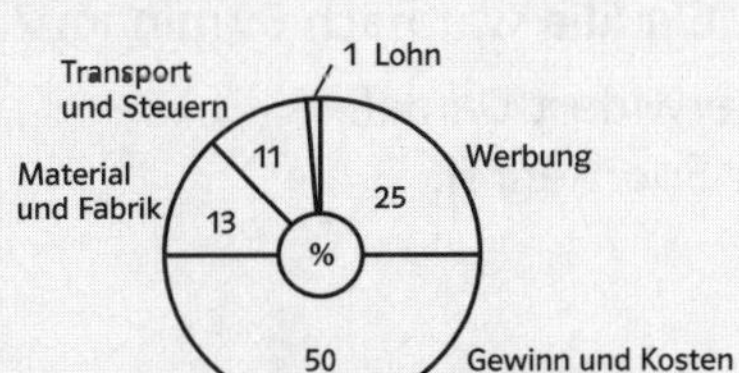

a) Wie weit müssen die Mittelpunktswinkel zu den Kreisausschnitten sein?
b) Wie hoch ist der Lohn beim Verkaufspreis von 9,95 €?
c) Wie viel kostet die Werbung?
d) Was müsste das T-Shirt kosten, wenn der Lohn 2 € betragen würde?

2 Die sechs Spieler einer Volleyballmannschaft sind 2,08 m, 1,96 m, 1,88 m, 2,01 m, 1,97 m und 2,04 m groß.
Berechne deren mittlere Körpergröße und gib den Median an.

3 In einer Klasse wird die Körpergröße aller Schüler gemessen.

Anzahl	1	2	2	8	4	1	3	7	1	1
Größe in m	1,48	1,49	1,50	1,51	1,52	1,53	1,54	1,55	1,56	1,57

a) Bestimme das arithmetische Mittel und den Median.
b) Wie groß ist die relative Häufigkeit der Körpergröße 1,54 m?
c) Gib das untere und das obere Quartil an und zeichne einen Boxplot.

4 Gib sieben verschiedene Zahlen an, deren
a) arithmetisches Mittel 4 ist. b) arithmetisches Mittel 0 ist.
c) arithmetisches Mittel −2 ist.

5 Gib sieben (acht) verschiedene Zahlen an, deren
a) Median 5 ist. b) Median 0 ist. c) Median −4 ist.

Lösungen

1 a) 3,6°, 39,6°, 46,8°, 90°, 180° b) 10 ct c) 2,49 € d) 200 € **2** 1,99 m; 1,99 m **3** a) 1,525 m; 1,52 m b) $\frac{3}{30} = \frac{1}{10} = 10\,\%$ c) 1,51 m; 1,55 m
4 a) z. B. 1; 2; 3; 4; 5; 6; 7 b) z. B. −3; −2; −1; 0; 1; 2; 3 c) z. B. −6; −5; −3; −2; −1; 1; 2 **5** a) z. B. 1; 2; 3; 5; 6; 9; 10 (z. B. 1; 2; 3; 4; 6; 7; 8; 9)
b) z. B. −5; −3; −1; 0; 2; 6; 12 (z. B. −5; −3; −2; −1; 1; 6; 7; 10) c) −12; −11; −10; −4; 0; 1; 4; 8 (z. B. −12; −11; −9; −7; −1; 3; 5; 8)

Anfangszeit: ______________ + 45 Minuten → Abgabe: ______________

1 (2 + 2 + 2 + 2 VP)

Der Mathematiklehrer stellt die Notenverteilung einer Klassenarbeit (28 Schüler) mit folgendem Diagramm dar:

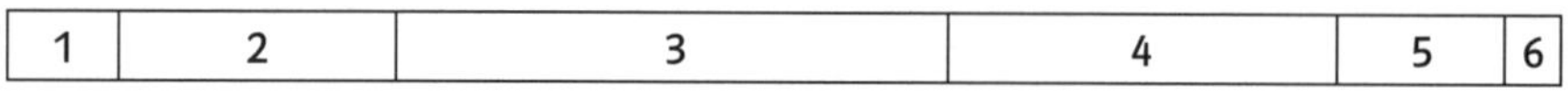

a) Gib die Notenverteilung mittels einer Tabelle an.
b) Wie groß ist die relative Häufigkeit der Note 2?
Wie groß ist die relative Häufigkeit der Bewertung „schlechter als 3"?
c) Berechne den Durchschnitt dieser Klassenarbeit und bestimme den Median.
d) Der Lehrer behauptet: „Wenn alle, die schlechter als Note 4 geschrieben haben, wenigstens Note 4 geschrieben hätten, dann hätte sich der Durchschnitt um mehr als 0,1 verbessert, der Median wäre aber unverändert geblieben." Beurteile diese Aussage.

2 (1 + 1 + 1 + 1 + 2 VP)

Jungen und Mädchen haben ein unterschiedliches Leseverhalten. Eine Befragung ergab nebenstehendes Diagramm.

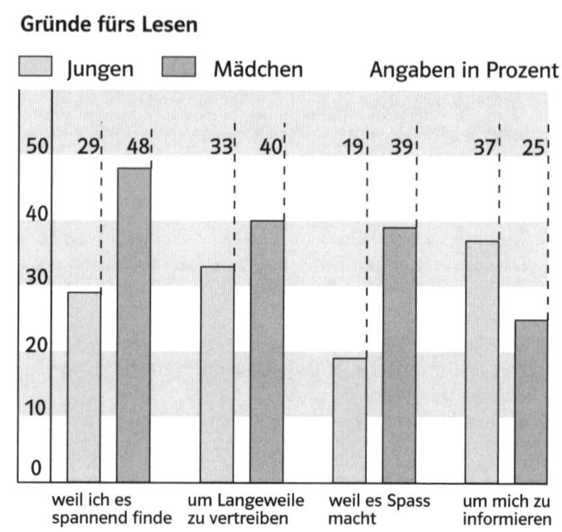

a) Welches ist der am häufigsten genannte Grund fürs Lesen? Woran erkennt man, dass die Befragten mehrere Gründe nennen konnten?
b) Wie viel Prozent der befragten Mädchen lesen, um sich zu informieren?
Wie hoch ist der Anteil der befragten Jungen, die lesen, um die Langeweile zu vertreiben?
c) Trifft es zu, dass der Anteil der Kinder, die Lesen, weil es Spaß macht, bei den Mädchen mehr als doppelt so groß ist wie bei den Jungen?
d) Ist es wahr, dass für Mädchen das Lesen als Möglichkeit der Informationsbeschaffung weniger Bedeutung hat als für Jungen?
e) In einer Schule mit 1000 Schülern sind je etwa zur Hälfte Jungen bzw. Mädchen. Mit all diesen Schülern wird die entsprechende Befragung durchgeführt.
Wie oft wirst du wohl von Jungen und Mädchen die Antwort erhalten, „um Langeweile zu vertreiben"?

3 (5 VP)

„Na, wie lang habt ihr für die 20 km Radfahren gebraucht?", fragt der Sportlehrer am nächsten Tag.
„Amelie hat es in 0,9 h geschafft, Bernd brauchte nur $\frac{11}{12}$ h, Claudia war nach 59 min im Ziel. Ich selbst war so schnell, dass unsere Durchschnittszeit bei nur 0,95 h lag", erwidert Daniel.
„Jetzt weiß ich, dass du der Langsamste warst", meint der Sportlehrer.
Wie lange brauchte Daniel?

4 (2 + 3 VP)

Zwei Spielwürfel werden je 100-mal geworfen. Es ergeben sich die folgenden Häufigkeitsverteilungen.

Würfel 1

Augenzahl	1	2	3	4	5	6
Absolute Häufigkeit	19	21	16	15	19	

Würfel 2

Augenzahl	1	2	3	4	5	6
Relative Häufigkeit	12 %	18 %	$\frac{3}{20}$	$\frac{7}{25}$	8 %	

a) Berechne das arithmetische Mittel der Wurfergebnisse für den ersten Würfel.
b) Berechne das arithmetische Mittel der Wurfergebnisse des zweiten Würfels.

Klassenarbeit 6.2

Anfangszeit: ____________ + 45 Minuten → Abgabe: ____________

1 (2 + 5 VP)
In Deutschland leben etwa 82,4 Millionen Menschen.

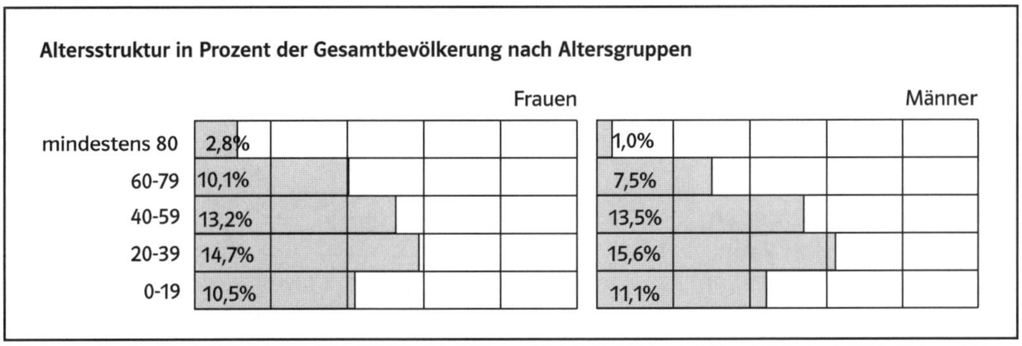

a) Wie viel Prozent der Gesamtbevölkerung sind Frauen zwischen 60 und 79 Jahren? Welcher Prozentsatz der Bevölkerung ist jünger als 40 Jahre?
b) Beurteile folgende Behauptungen:
1. Fast ein Drittel der Bevölkerung ist mindestens 60 Jahre alt.
2. In Deutschland leben mehr Frauen als Männer.
3. Frauen werden älter als Männer.
4. Etwa drei von zehn Deutschen sind zwischen 20 und 39 Jahre alt.
5. Mehr als 15 Millionen Menschen sind weniger als 20 Jahre alt.

2 (2 + 2 + 2 + 3 VP)
Der Lehrer hat die Notenverteilung einer Klassenarbeit in einer Klasse von 30 Schülern als Kreisdiagramm dargestellt.
a) Wie viele Schüler erhielten die Note 2?
Wie viele Schüler hatten eine Note schlechter als 4?
b) Wie viel Prozent der Schüler erhielten die Note 1?
Wie viel Prozent der Schüler erhielten die Note 3 oder besser?
c) Berechne das arithmetische Mittel bei dieser Klassenarbeit und den Median.
d) Zeichne einen Boxplot zu dieser Notenverteilung.

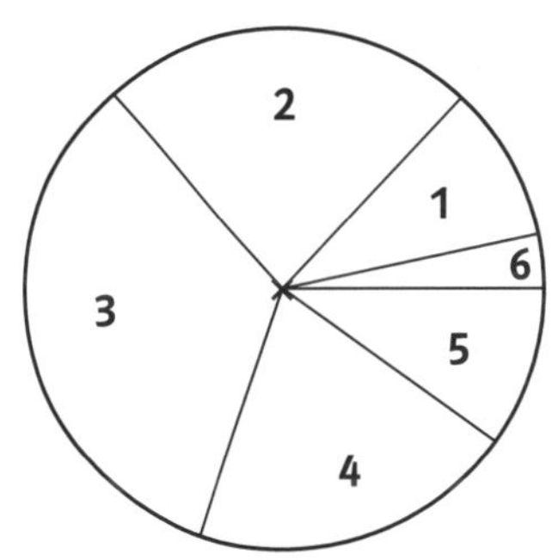

3 (3 + 3 VP)
Ein gewöhnlicher Spielwürfel wird geworfen. Dabei erhält man die folgende Häufigkeitstabelle, in der die absolute Häufigkeit für die Augenzahl 6 fehlt.

Augenzahl	1	2	3	4	5	6
Absolute Häufigkeit	7	6	8	11	10	

Das arithmetische Mittel aller Würfe (einschließlich der Würfe mit der Augenzahl 6) beträgt etwa 3,6.
a) Wie oft wurde der Würfel geworfen?
b) Ist es möglich, mit zwei weiteren Würfen das arithmetische Mittel aller Würfe auf 3,5 zu verändern? Kann das arithmetische Mittel dabei auch größer als 3,7 werden?

4 (2 VP)
Max Schlaumaier behauptet:
„Ich kann eine Liste von zehn verschiedenen natürlichen Zahlen aufschreiben, bei der das arithmetische Mittel und der Median 8 sind."
Hat Max Recht? Begründe deine Antwort.

Anfangszeit: ______________________ + 45 Minuten → Abgabe: ______________________

1 (2 + 3 VP)
Bei einer Haushaltsbefragung werden 25 Haushalte nach dem Gesamteinkommen des letzten Jahres gefragt.

Anzahl der Haushalte	1	2	4	7	6	2	3
Gesamteinkommen	120 000 €	70 000 €	50 000 €	40 000 €	30 000 €	20 000 €	10 000 €

a) Berechne das Durchschnittseinkommen (arithmetisches Mittel) der befragten Haushalte.
b) Zeichne ein Säulendiagramm, bei dem für jeden Haushalt das Einkommen abgelesen werden kann. Trage in diesem Diagramm eine Linie für den Durchschnittswert ein.

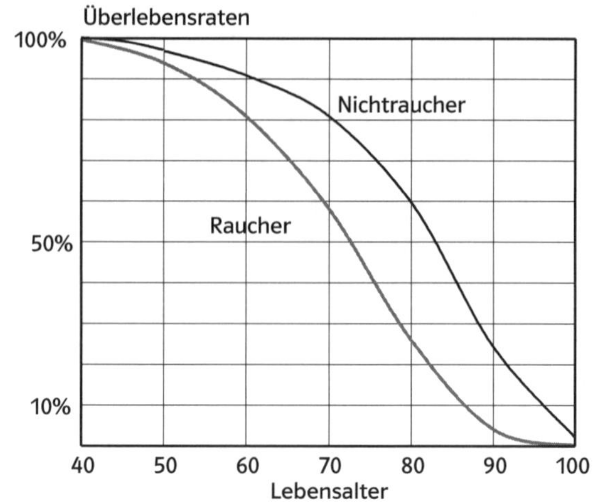

2 (6 VP)
Die Abbildung rechts zeigt die Überlebensraten von Rauchern und Nichtrauchern.
Welche der folgenden Aussagen werden durch die Abbildung bestätigt, welche nicht?
Kreuze entsprechend ja oder nein an.

Aussagen	ja	nein
1. Raucher sterben früher als Nichtraucher.		
2. Mindestens 90 % aller Nichtraucher werden wenigstens 60 Jahre alt.		
3. Etwa drei Viertel aller Raucher sterben vor Erreichen des 80. Lebensjahres.		
4. Etwa 40 % der Nichtraucher werden nicht 80 Jahre alt.		
5. Die Chance, als Nichtraucher 90 Jahre alt zu werden, ist mindestens fünfmal so hoch wie als Raucher.		
6. Zwischen 60 und 70 Jahren sterben etwa 20 % aller Raucher.		
7. 60 % aller Nichtraucher sind 80 Jahre alt.		
8. Nur etwa jeder zweite Raucher erreicht ein Alter von 70 Jahren.		
9. Wer täglich eine Packung Zigaretten raucht, verraucht in zehn Jahren etwa 20 000 €.		

3 (2 + 1 + 4 VP)
Eine Liste von 20 verschiedenen natürlichen Zahlen wird als Boxplot dargestellt.

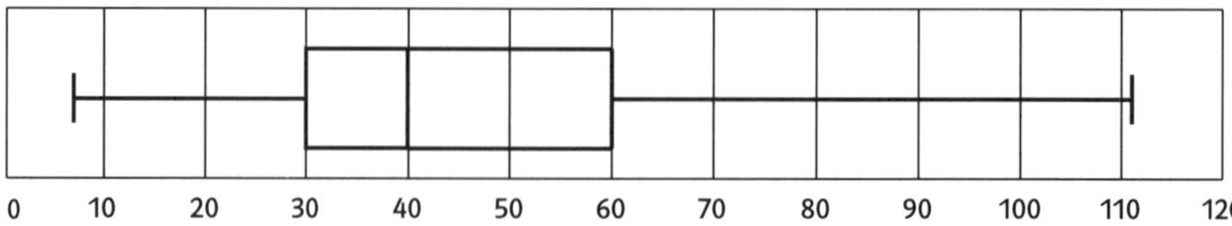

a) Wie heißt die kleinste, wie die größte Zahl der Liste, wie der Median?
b) Wie viele Zahlen der Liste sind höchstens 40?
c) Gib eine mögliche Liste zu diesem Boxplot an.

4 (3 VP)
Gib eine Liste von elf verschiedenen Zahlen an, deren arithmetisches Mittel 5 und deren Median 4 beträgt.

5 (3 VP)
Max Schlaumaier behauptet:
„Wenn ich auf dem Hinweg zur Schule mit der Durchschnittsgeschwindigkeit $4\frac{m}{s}$ fahre und auf dem Rückweg mit $6\frac{m}{s}$, dann habe ich auf dem gesamten Weg die Durchschnittsgeschwindigkeit $5\frac{m}{s}$ erreicht."
Was meinst du dazu?
Tipp: Der Schulweg ist 1200 m lang.

Anfangszeit: ____________________ + 45 Minuten → Abgabe: ____________________

1 (3 + 2 VP)
Im vergangenen Jahr kamen etwa 18 Millionen Touristen aus dem Ausland nach Deutschland. Jeweils 6 % kamen aus Italien und der Schweiz, 10 % aus Großbritannien, 12 % aus den Niederlanden, 13 % aus den USA und der Rest aus allen anderen Ländern zusammen.
a) Veranschauliche die Anteile in einem Kreisdiagramm.
b) Wie viele Touristen kamen aus Großbritannien, wie viele aus den USA?

2 (2 + 1 + 2 + 2 VP)
Ulrike und Lukas lesen an einem Julitag während 24 Stunden nach jeder Stunde die Temperatur ab und erhalten folgende Messreihe.

Uhrzeit	6	7	8	9	10	11	12	13	14	15	16	17
Temperatur in °C	12	13	15	17	20	23	26	27	28	29	28	26
Uhrzeit	**18**	**19**	**20**	**21**	**22**	**23**	**24**	**1**	**2**	**3**	**4**	**5**
Temperatur in °C	24	21	19	18	17	16	15	14	13	12	12	11

a) Berechne die Durchschnittstemperatur (arithmetisches Mittel) für diesen Tag.
b) Wie würde sich die Durchschnittstemperatur verändern, wenn jeder einzelne Messwert um 1°C niedriger wäre?
c) Ein Meteorologe berechnet den Tagesmittelwert unter Verwendung der sogenannten „Mannheimer Stunden".
Welchen Wert erhält er für diesen Tag?
d) Wie hoch müsste die Temperatur um 14 Uhr und um 15 Uhr sein, damit der Meteorologe denselben Mittelwert wie Ulrike und Lukas erhält?

Traditionell berechnen Meteorologen seit dem Ende des 18. Jahrhunderts die Tagesmittelwerte der Temperatur aus den Messwerten zu den „Mannheimer Stunden" (7 Uhr, 14 Uhr und 21 Uhr MEZ). Dabei werden die Messwerte um 7 Uhr und um 14 Uhr einfach gezählt, der Messwert um 21 Uhr wird doppelt gezählt.

3 (4 + 2 VP)
Bei einer Lernstandserhebung mit 32 Fragen erreichten die Schüler einer Klasse mit 30 Schülern das folgende Ergebnis.

Schülernummer	1	2	3	4	5	6	7	8	9	10	11	12	13	14	15
Anzahl richtiger Antworten	19	10	18	20	14	16	22	13	11	15	15	15	14	14	15
Schülernummer	**16**	**17**	**18**	**19**	**20**	**21**	**22**	**23**	**24**	**25**	**26**	**27**	**28**	**29**	**30**
Anzahl richtiger Antworten	19	21	17	12	17	21	21	8	18	11	15	22	23	21	20

a) Berechne das arithmetische Mittel und den Median der Anzahl richtiger Antworten sowie das untere und das obere Quartil.
b) Zeichne einen Boxplot zu diesen Daten.

4 (2 + 1 + 2 + 1 VP)
Ergänze die folgende Liste von elf Zahlen durch eine weitere Zahl: −12; −10; −6; −3; 0; 3; 5; 8; 9; 11; 13.
Diese Zahl soll so gewählt werden, dass
a) das arithmetische Mittel 2 heißt,
b) der Median 4 heißt,
c) das arithmetische Mittel und der Median übereinstimmen,
d) das untere Quartil −5 heißt.

Klassenarbeit 6.1

1 (2 + 2 + 2 + 2 VP)

a) *Die Note eines jeden Schülers wird durch ein Rechteck gleicher Länge dargestellt.*
Der gesamte Streifen ist 112 mm lang.
Daher gilt: 112 mm : 28 = 4 mm.
Jeder Einzelnote entspricht daher ein Rechteck der Länge 4 mm.
Notenverteilung

Note	1	2	3	4	5	6
Rechteckslänge in mm	8	20	40	28	12	4
Anzahl	2	5	10	7	3	1

b) *Die relative Häufigkeit einer Note erhält man, indem man die Anzahl der Klassenarbeiten mit dieser Note durch die Gesamtzahl der Klassenarbeiten dividiert.*
Vier der 28 Noten sind Note 2.
Es gilt daher: $\frac{4}{28} = \frac{1}{7}$.
Die relative Häufigkeit der Note 2 ist $\frac{1}{7}$.
Eine Bewertung „schlechter als 3" heißt Note 4 oder Note 5 oder Note 6.
Es gibt 7 + 3 + 1 = 11 Noten 4 oder schlechter. Die relative Häufigkeit für eine dieser Noten ist daher $\frac{11}{28}$.

c) *Der Durchschnitt ist das arithmetische Mittel aller Einzelnoten. Man muss daher alle Einzelnoten addieren und durch deren Anzahl dividieren.*
Für den Mittelwert m gilt:
$m = (2 \cdot 1 + 5 \cdot 2 + 10 \cdot 3 + 7 \cdot 4 + 3 \cdot 5 + 1 \cdot 6) : 28$
$m = 91 : 28$
$m = 3{,}25$
Der Durchschnitt der Klassenarbeit ist 3,25.

Denkt man sich alle Noten der Größe nach geordnet, so ist bei ungerader Anzahl die mittlere Note der Median. Bei gerader Anzahl nimmt man das arithmetische Mittel der beiden in der Mitte stehenden Noten.
Die 28 Noten werden geordnet. Die vierzehnte und die fünfzehnte Note sind jeweils die Note 3. Das arithmetische Mittel dieser beiden Noten ist ebenfalls Note 3.
Der Median dieser Noten ist folglich 3.

d) Wenn alle mit schlechteren Noten als 4 wenigstens Note 4 geschrieben hätten, ergäbe sich die folgende Verteilung.

Note	1	2	3	4	5	6
Anzahl	2	5	10	11	0	0

Daraus folgt der Durchschnitt:
$m = (2 \cdot 1 + 5 \cdot 2 + 10 \cdot 3 + 11 \cdot 4 + 0 \cdot 5 + 0 \cdot 6) : 28$
$m \approx 3{,}07$
Der neue Durchschnitt liegt tatsächlich um mehr als 0,1 höher als 3,25. Am Median 3 hat sich nichts geändert. Daher hat der Lehrer mit seiner Aussage Recht.

2 (1 + 1 + 1 + 1 + 2 VP)

a) *Die Jungen und die Mädchen haben ein unterschiedliches Leseverhalten.*
Für die Jungen ist der am häufigsten genannte Grund der Wunsch nach Information. Mädchen geben am häufigsten an zu lesen, weil sie es spannend finden.
Sowohl bei den Jungen als auch bei den Mädchen ergibt die Addition der vier Prozentsätze mehr als 100%. Daher konnten bei der Befragung mehrere Gründe genannt werden.

b) 25 % der Mädchen lesen, um sich zu informieren, 33 % der Jungen lesen, um die Langeweile zu vertreiben.

c) 19 % der Jungen und 39 % der Mädchen lesen, weil es Spaß macht. Der Anteil der Mädchen ist daher mehr als doppelt so groß wie der der Jungen.

d) 37% der Jungen, aber nur 25 % der Mädchen lesen, um sich zu informieren. Die Aussage ist also wahr.

e) *Es sind etwa 500 Jungen und 500 Mädchen in dieser Schule.*
33% von 500 Jungen sind 165 Jungen.
40% von 500 Mädchen sind 200 Mädchen.
Man wird also wohl von 165 Jungen und 200 Mädchen die Antwort erhalten, dass sie aus Langeweile lesen.

3 (5 VP)

Zeiten:
Amelie: 0,9 h = 0,9 · 60 min = 54 min
Bernd: $\frac{11}{12}$ h = $\frac{11}{12}$ · 60 min = 55 min
Claudia: 59 min
Durchschnittszeit: 0,95 h = 0,95 · 60 min = 57 min
Wenn bei den vier Radfahrern die Durchschnittszeit 57 min beträgt, dann benötigen alle zusammen 4 · 57 min, also 228 min.
Amelie, Bernd und Claudia benötigen zusammen bereits 54 min + 55 min + 59 min. Dies sind 168 min.
Daher hat Daniel 228 min − 168 min gebraucht. Dies sind 60 min.

4 (2 + 3 VP)

a) *Bestimme zuerst die absolute Häufigkeit für das Werfen von sechs Augen.*

Wenn man die angegebenen absoluten Häufigkeiten addiert, ergibt sich:

$19 + 21 + 16 + 15 + 19 = 90.$

Da 100-mal geworfen wird, muss die Augenzahl 6 zehnmal vorkommen. Daraus folgt für das arithmetische Mittel:

$m = (19 \cdot 1 + 21 \cdot 2 + 16 \cdot 3 + 15 \cdot 4 + 19 \cdot 5 + 10 \cdot 6) : 100$

$m = 324 : 100$

$m = 3{,}24$

b) *Schreibe die Brüche durch Erweitern mit dem Nenner 100. Dann kannst du die Prozentsätze addieren und zu 100 % ergänzen.*

Es gilt:

$\frac{3}{20} = \frac{3 \cdot 5}{20 \cdot 5} = \frac{15}{100} = 15\,\%$

$\frac{7}{25} = \frac{7 \cdot 4}{25 \cdot 4} = \frac{28}{100} = 28\,\%$

Die Summe der relativen Häufigkeiten für das Werfen der Augenzahlen von 1 bis 5 ergibt:

$12\,\% + 18\,\% + 15\,\% + 28\,\% + 8\,\% = 81\,\%.$

Die Augenzahl 6 kommt daher mit der relativen Häufigkeit 19 % vor.

Da 100-mal geworfen wird, ergeben sich aus den relativen Häufigkeiten die absoluten Häufigkeiten.

Augenzahl	1	2	3	4	5	6
Relative Häufigkeit	12 %	18 %	15 %	28 %	8 %	19 %
Absolute Häufigkeit	12	18	15	28	8	19

Daraus folgt für das arithmetische Mittel:

$m = (12 \cdot 1 + 18 \cdot 2 + 15 \cdot 3 + 28 \cdot 4 + 8 \cdot 5 + 19 \cdot 6) : 100$

$m = 359 : 100$

$m = 3{,}59$

Klassenarbeit 6.2

1 (2 + 5 VP)

a) 10,1 % der Bevölkerung sind Frauen zwischen 60 und 79 Jahren.

25,2 % der Bevölkerung sind Frauen, die jünger sind als 40 Jahre.

26,7 % der Bevölkerung sind Männer, die jünger als 40 Jahre sind.

$25{,}2\,\% + 26{,}7\,\% = 51{,}9\,\%.$

Daher sind 51,9 % der Bevölkerung jünger als 40 Jahre.

b) 1. Behauptung:

Von den Frauen sind 10,1 % + 2,8 % = 12,9 % mindestens 60 Jahre alt. Von den Männern sind 7,5 % + 1,0 % = 8,5 % mindestens 60 Jahre alt. Daher sind 12,9 % + 8,5 % = 21,4 % der Bevölkerung mindestens 60 Jahre alt. Da ein Drittel der Bevölkerung einem Prozentsatz von $33\frac{1}{3}\,\%$ entspricht, ist die Behauptung falsch.

2. Behauptung:

Der Anteil der Frauen an der Bevölkerung beträgt

$2{,}8\,\% + 10{,}1\,\% + 13{,}2\,\% + 14{,}7\,\% + 10{,}5\,\% = 51{,}3\,\%.$

Dies sind mehr als 50 %.

Die Behauptung ist wahr.

3. Behauptung:

Der Anteil der 60- bis 79-jährigen Frauen ist größer als der Anteil der gleichaltrigen Männer. Entsprechendes gilt auch für die mindestens 80 Jahre alten Personen. Daher werden die Frauen älter als die Männer.

Die Behauptung ist wahr.

4. Behauptung:

$14{,}7\,\% + 15{,}6\,\% = 30{,}3\,\%.$

30,3 % sind ungefähr 30 % oder drei Zehntel. Daher sind 3 von 10 Deutschen zwischen 20 und 39 Jahre alt.

Die Behauptung ist wahr.

5. Behauptung:

Insgesamt sind 10,5 % + 11,1 % = 21,6 % der Bevölkerung jünger als 20 Jahre.

21,6 % von 82 400 000

$= \frac{21{,}6}{100} \cdot 82\,400\,000$

$= 17\,798\,400$

Somit sind sogar mehr als 17 Millionen Menschen jünger als 20 Jahre.

Die Behauptung ist wahr.

2 (2 + 2 + 2 + 3 VP)

a) Da die 30 Noten in einem Kreisdiagramm eingetragen sind, muss jede Einzelnote einem Kreisausschnitt mit dem Mittelpunktswinkel $\frac{360°}{30} = 12°$ entsprechen.

Misst man die Mittelpunktswinkel, so ergibt sich die folgende Notenverteilung.

Note	1	2	3	4	5	6
Mittelpunktswinkel	36°	84°	120°	72°	36°	12°
Absolute Häufigkeit	3	7	10	6	3	1

Daher erhalten sieben Schüler die Note 2 und vier Schüler eine Note schlechter als 4.

b) Da drei Schüler die Note 1 erhalten, sind dies $\frac{3}{30} = \frac{1}{10} = 10\,\%$ aller Schüler.

Die Note 3 oder besser erhalten 20 Schüler. Dies sind $\frac{20}{30} = \frac{2}{3} \approx 66{,}7\,\%$ aller Schüler.

c) Für das arithmetische Mittel ergibt sich:
$m = (3 \cdot 1 + 7 \cdot 2 + 10 \cdot 3 + 6 \cdot 4 + 3 \cdot 5 + 1 \cdot 6):30$
$m = 92:30$
$m \approx 3{,}07$
Denkt man sich alle Noten der Größe nach mit Note 1 beginnend geordnet, so ist die 15. Note die Note 3 und die 16. Note ebenfalls.
Der Median ist das arithmetische Mittel dieser beiden mittleren Noten und daher $\tilde{m} = 3$.

d) Der Median der unteren Datenhälfte ist Note 2, der Median der oberen Datenhälfte ist Note 4.
Veranschaulichung:
1 1 1 2 2 2 2 [2] 2 2 3 3 3 3 3 | 3 3 3 3 3 4 4 [4] 4 4 4 5 5 5 6

unteres Quartil Median oberes Quartil
$\tilde{m} = 3$

Boxplot

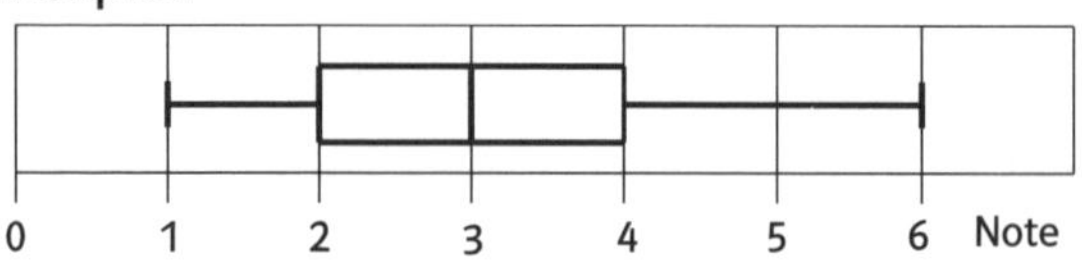

3 (3 + 3 VP)
a) Die unbekannte Anzahl der Würfe mit der Augenzahl 6 kann man durch systematisches Probieren herausfinden.
Für die Summe der Augenzahlen der 42 Würfe ohne die Augenzahl 6 erhält man:
$7 \cdot 1 + 6 \cdot 2 + 8 \cdot 3 + 11 \cdot 4 + 10 \cdot 5 = 137$.
Diese Würfe haben das arithmetische Mittel $\frac{137}{42} = 3{,}26\ldots$
Da der Durchschnitt etwa bei 3,6 liegt, müssen wohl einige Würfe mit der Augenzahl 6 vorkommen.
Angenommen, es wird fünfmal die Augenzahl 6 geworfen. Dann sind es insgesamt 47 Würfe mit der Augensumme $137 + 5 \cdot 6 = 167$. Das arithmetische Mittel ist in diesem Fall $\frac{167}{47} = 3{,}55\ldots$
Bei sechs Würfen mit der Augenzahl 6 ergibt sich entsprechend Augensumme $137 + 6 \cdot 6 = 173$ und das arithmetische Mittel $\frac{173}{48} = 3{,}6\ldots$
Es ist deshalb anzunehmen, dass der Würfel 6-mal die Augenzahl 6 zeigte und daher 48-mal gewürfelt wurde.

b) Wenn das arithmetische Mittel mit zwei weiteren Würfen, insgesamt also 50 Würfen, auf 3,5 verändert werden soll, dann muss die Summe aller Augenzahlen $50 \cdot 3{,}5 = 175$ sein.
Da bei 48 Würfen bereits Augensumme 173 erreicht ist, müssen die beiden zusätzlichen Würfe jeweils die Augenzahl 1 zeigen. Dann ist das arithmetische Mittel 3,5 erreicht.
Wenn das arithmetische Mittel mit zwei weiteren Würfen größer als 3,7 werden soll, dann muss die Summe aller Augenzahlen größer als $50 \cdot 3{,}7 = 185$ sein. Da bei 48 Würfen bereits Augensumme 173 erreicht ist, müssen die beiden zusätzlichen Würfe zusammen mehr als 12 Augen zeigen. Dies ist nicht möglich. Ein arithmetisches Mittel größer als 3,7 kann nicht erreicht werden.

4 (2 VP)
Max hat Recht.
Die Zahlen 3; 4; 5; 6; 7; 9; 10; 11; 12; 13 haben das arithmetische Mittel 8 und den Median 8.

Bemerkung
Hier gibt es viele weitere Lösungen:
1; 4; 5; 6; 7; 9; 10; 11; 12; 15
1; 2; 5; 6; 7; 9; 10; 11; 14; 15
Man findet solche Lösungen, indem man symmetrisch zum Median 8 zwei Zahlen mit dem arithmetischen Mittel 8 notiert. Dies wiederholt man noch viermal:

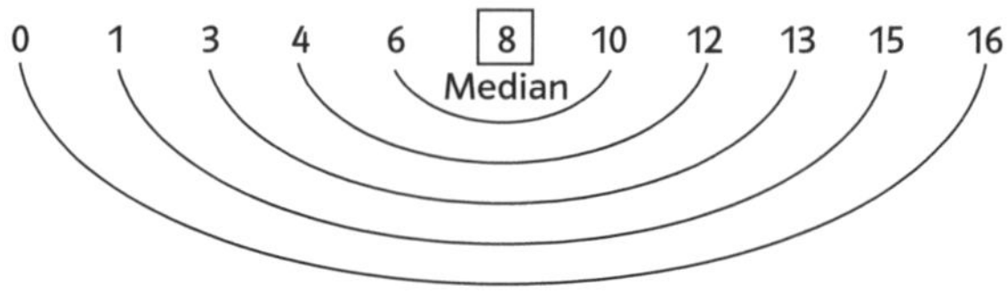

Klassenarbeit 6.3

1 (2 + 3 VP)
a) Durchschnittseinkommen
(1 · 120 000 € + 2 · 70 000 € + 4 · 50 000 € + 7 · 40 000 € + 6 · 30 000 € + 2 · 20 000 € + 3 · 10 000 €) : 25
= 990 000 € : 25
= 39 600 €

b) Säulendiagramm
Für jeden Haushalt wird das Gesamteinkommen angegeben. Die Haushalte sind nach steigendem Einkommen angeordnet.

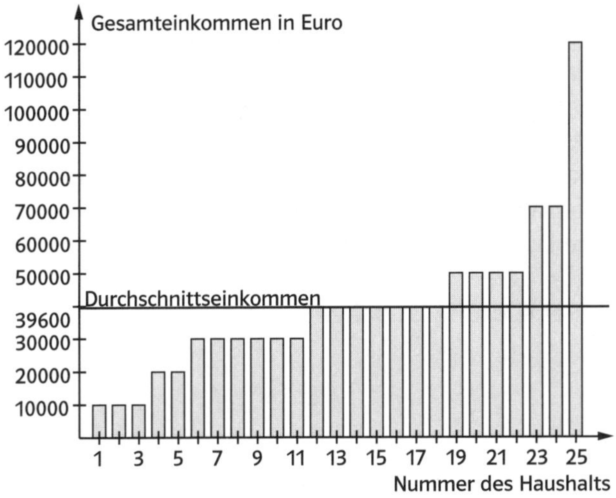

Alternative:
Man kann auch z.B. folgendes Diagramm angeben.

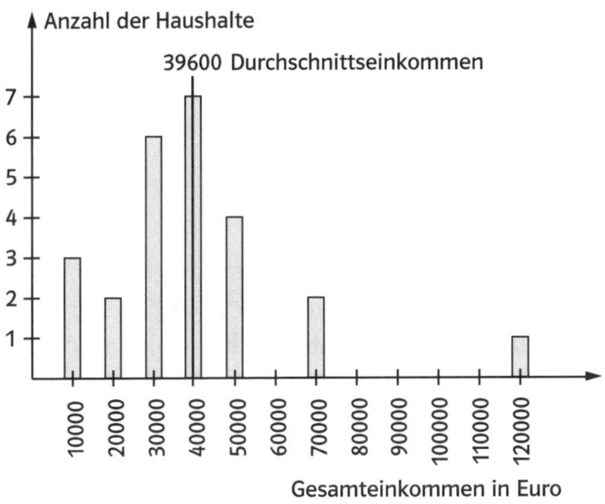

2 (6 VP)

Aussagen	ja	nein
1. Raucher sterben früher als Nichtraucher.	X	
2. Mindestens 90 % aller Nichtraucher werden wenigstens 60 Jahre alt.	X	
3. Etwa drei Viertel aller Raucher sterben vor Erreichen des 80. Lebensjahres.	X	
4. Etwa 40 % der Nichtraucher werden nicht 80 Jahre alt.	X	
5. Die Chance, als Nichtraucher 90 Jahre alt zu werden, ist mindestens fünfmal so hoch wie als Raucher.	X	
6. Zwischen 60 und 70 Jahren sterben etwa 20 % aller Raucher.		X
7. 60 % aller Nichtraucher sind 80 Jahre alt.		X
8. Nur etwa jeder zweite Raucher erreicht ein Alter von 70 Jahren.	X	
9. Wer täglich eine Packung Zigaretten raucht, verraucht in zehn Jahren etwa 20 000 €.		X

Begründungen:

1. *Für jedes Lebensalter ist die Überlebensrate der Nichtraucher größer als die für Raucher. Daher sterben Raucher früher als Nichtraucher. Die Aussage wird bestätigt.*
2. *Die Abbildung zeigt:*
   Mehr als 90 % der Nichtraucher werden 60 Jahre alt.
   Die Aussage wird bestätigt.
3. *Nur etwa 25 % der Raucher werden 80 Jahre alt. Das ist ein Viertel aller Raucher. Drei Viertel aller Raucher sterben also vor dem 80. Lebensjahr. Die Aussage wird bestätigt.*
4. *Etwa 60 % der Nichtraucher werden 80 Jahre alt. 40 % der Nichtraucher erreichen also dieses Alter nicht. Die Aussage wird bestätigt.*
5. *Etwa 24 % der Nichtraucher werden 90 Jahre alt. Dagegen werden nur etwa 4 % der Raucher 90 Jahre alt. Mindestens fünfmal so viele Nichtraucher wie Raucher werden daher 90 Jahre alt. Die Aussage wird bestätigt.*
6. *Etwa 80 % der Raucher werden 60 Jahre alt, etwa 58 % der Raucher werden 70 Jahre alt.*
   Mehr als ein Viertel der 60-jährigen Raucher werden also nicht 70 Jahre alt. Dies sind mehr als 25 %. Die Aussage wird nicht bestätigt.
7. *Die Abbildung sagt, dass von allen Nichtrauchern 60 % das Alter 80 Jahre erreichen, also nicht genau 80 Jahre alt sind. Die Aussage wird nicht bestätigt.*
8. *Etwa 58 % aller Raucher werden 70 Jahre alt. Dies ist etwa jeder zweite Raucher. Die Aussage wird bestätigt.*
9. *Die Aussage ist zwar wahr, kann aber nicht mit der Abbildung begründet werden.*

3 (2 + 1 + 4 VP)

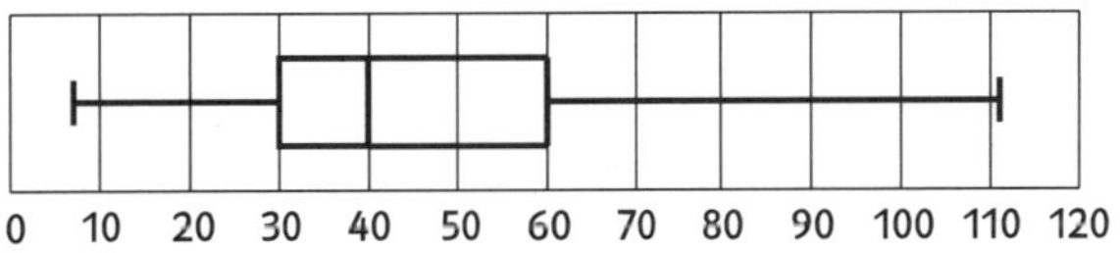

a) Die kleinste Zahl kann am Ende der linken Antenne abgelesen werden. Sie heißt 7.
Die größte Zahl kann am Ende der rechten Antenne abgelesen werden. Sie heißt 111.
Der Median wird durch die Markierung innerhalb der Box beschrieben. Der Median der Liste ist 40.

b) Der Median der Liste ist 40. Da es sich um eine gerade Anzahl von verschiedenen Zahlen handelt, kann der Median selbst keine dieser Zahlen sein. Da der Median die Liste in zwei gleich lange Listen aufteilt, sind höchstens zehn Zahlen höchstens 40 (sogar höchstens 39).

c) Die kleinste und die größte Zahl liegen fest. Unterhalb des Medians 40 liegen zehn Zahlen, oberhalb ebenfalls. Unterhalb des unteren Quartils und unterhalb des Medians liegen fünf Zahlen. Entsprechendes gilt für das obere Quartil.
Daher:

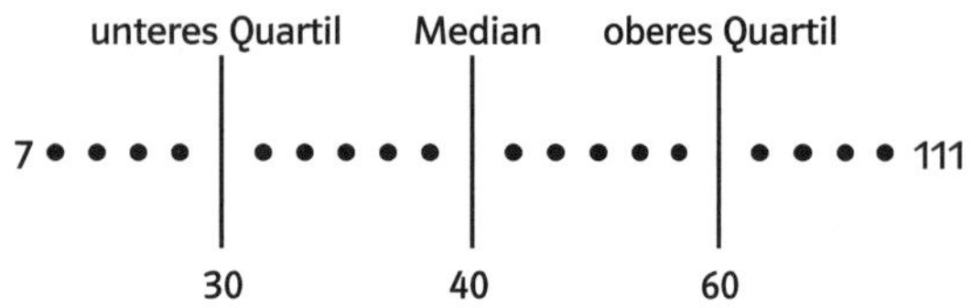

Da der Median das arithmetische Mittel der beiden benachbarten Zahlen ist, ergibt sich z. B.:

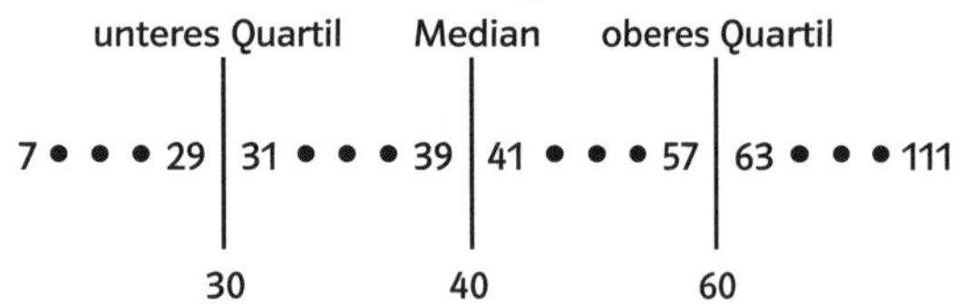

Es gibt daher sehr viele mögliche Lösungen, z. B.:
7, 11, 12, 21, 29 | 31, 36, 37, 38, 39 | 41, 40, 52, 54, 57 | 63, 94, 99, 108, 111

4 (3 VP)
Hier gibt es sehr viele Lösungen. Beginne mit der mittleren Zahl, dem Median 4. Dann kannst du z. B. paarweise um den Median Zahlen notieren, deren arithmetisches Mittel 5 ist. Beim letzten Paar musst du die zweite Zahl so anpassen, dass die elf Zahlen das arithmetische Mittel 5 haben. Die Summe aller Zahlen muss daher 55 sein.
Beispiele:

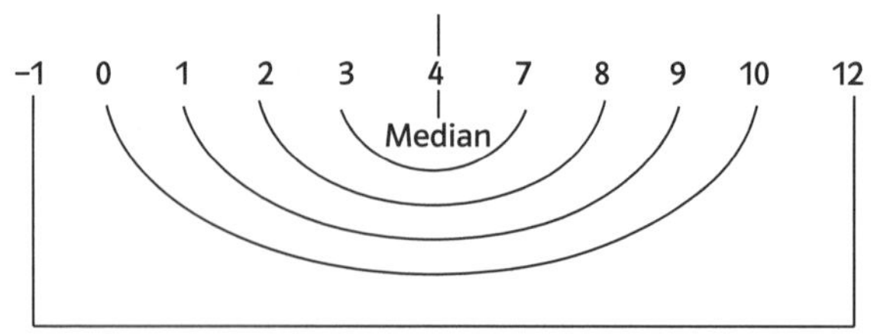

−8 −5 −4 0 3 4 7 10 14 15 19
Median

−6 −4 −2 0 2 4 8 10 12 14 17
Median

5 (3 VP)
Die Durchschnittsgeschwindigkeit wird berechnet, indem man den gesamten Weg durch die dazu benötigte Zeit dividiert.
Hinweg: Bei $4\frac{m}{s}$ braucht Max 300 s für 1200 m.
Rückweg: Bei $6\frac{m}{s}$ braucht Max 200 s für 1200 m.
Gesamtweg: Für 2400 m braucht Max 500 s.
Seine Durchschnittsgeschwindigkeit ist daher $\frac{2400}{500}\frac{m}{s} = 4{,}8\frac{m}{s}$.
Die Behauptung ist daher falsch.

Klassenarbeit 6.4

1 (3 + 2 VP)
a) Der Anteil 1 % entspricht im Kreisdiagramm einem Mittelpunktswinkel von 3,6°. Die Kreisausschnitte erhalten daher Mittelpunktswinkel nach folgender Tabelle.

Anteil	6 %	10 %	12 %	13 %
Winkelweite	6 · 3,6° = 21,6°	10 · 3,6° = 36°	12 · 3,6° = 43,2°	13 · 3,6° = 46,8°

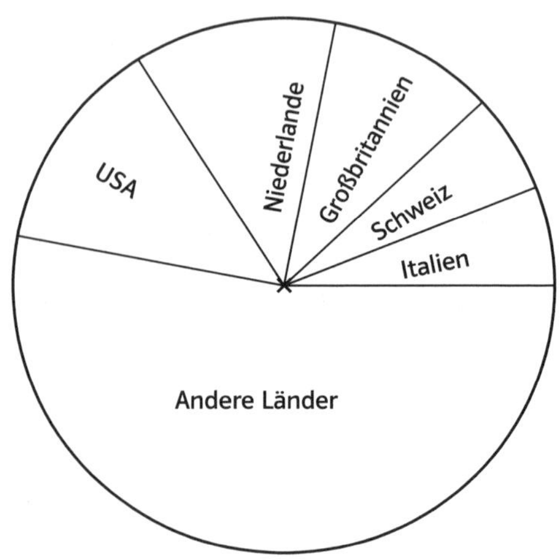

b) Der Anteil 1% von 18 Millionen Touristen sind $\frac{1}{100} \cdot 18\,000\,000 = 180\,000$ Personen.
Aus Großbritannien kommen daher
$10 \cdot 180\,000 = 1\,800\,000$,
aus den USA
$13 \cdot 180\,000 = 2\,340\,000$ Touristen.

2 (2 + 1 + 2 + 2 VP)

a) Die Durchschnittstemperatur ergibt sich durch Addition aller Temperaturwerte und Division durch 24:
$(12 + 13 + 15 + 17 + 20 + 23 + 26 + 27 + 28 + 29 + 28 + 26 + 24 + 21 + 19 + 18 + 17 + 16 + 15 + 14 + 13 + 12 + 12 + 11):24$
$= 456:24$
$= 19$
Die Durchschnittstemperatur beträgt 19 °C.

b) Wenn man jeden einzelnen Messwert um 1 °C erniedrigen würde, so würde sich die Summe der 24 Temperaturwerte um 24 erniedrigen.
Die Durchschnittstemperatur hätte sich daher um 1 °C auf 18 °C erniedrigt.

c) Berechnung nach „Mannheimer Stunden" ergibt:
(13 °C + 28 °C + 2 · 18 °C) : 4
= 77 °C : 4
= 19,25 °C
Man würde etwa 19,3 °C als Durchschnittstemperatur erhalten.

d) Wenn der Meteorologe ebenfalls 19 °C erhalten sollte, dann müsste die Temperatur um 14 Uhr nur 27 °C sein. Dann ergäbe sich:
(13 °C + 27 °C + 2 · 18 °C) : 4
= 76 °C : 4
= 19 °C
Damit sich nun aber das von Ulrike und Lukas errechnete arithmetische Mittel durch diese Erniedrigung um 1 °C nicht ändert, müsste die Temperatur um 15 Uhr um 1 °C höher sein, also 30 °C betragen.

3 (4 + 2 VP)

a) Das arithmetische Mittel ergibt sich durch Addition der Anzahlen richtiger Antworten und Division durch 30.
$(19 + 10 + 18 + 20 + 14 + 16 + 22 + 13 + 11 + 15 + 15 + 15 + 14 + 14 + 15 + 19 + 21 + 17 + 12 + 17 + 21 + 21 + 8 + 18 + 11 + 15 + 22 + 23 + 21 + 20):30$
$= 497:30$
$\approx 16{,}6$
Das arithmetische Mittel der Anzahl richtiger Antworten beträgt etwa 16,6.

Zur Bestimmung des Medians und des oberen und unteren Quartils ordnet man die Anzahlen zunächst der Größe nach. Da es sich um eine gerade Anzahl von Daten handelt, ist der Median das arithmetische Mittel der 15. und der 16. Zahl.

8; 10; 11; 11; 12; 13; 14; 14; 14; 15; 15; 15; 15; 15; 16 | 17;

unteres Quartil 14

Median (16 + 17) : 2 = 16,5

17; 18; 18; 19; 19; 20; 20; 21; 21; 21; 21; 22; 22; 23

oberes Quartil 20

Von der unteren Datenhälfte (15 Zahlen) ist die mittlere Zahl (die achte Zahl) das untere Quartil 14. Entsprechend erhält man das obere Quartil 20.

b) Mit den Ergebnissen der Teilaufgabe a) ergibt sich der Boxplot:

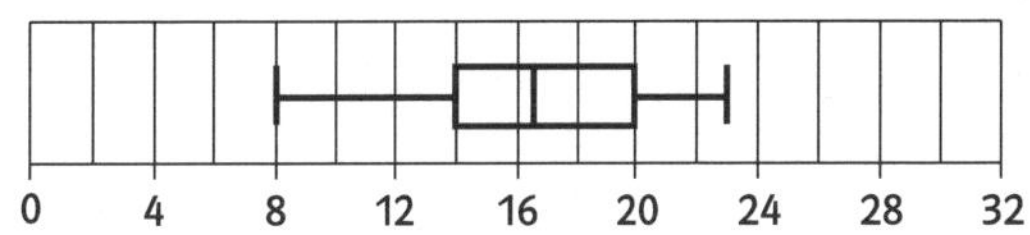

4 (2 + 1 + 2 + 1 VP)

a) Wenn zwölf Zahlen das arithmetische Mittel 2 haben, dann ist die Summe dieser Zahlen $12 \cdot 2 = 24$. Die in der Liste stehenden elf Zahlen haben die Summe:
$-12 - 10 - 6 - 3 + 0 + 3 + 5 + 8 + 9 + 11 + 13 = 18$.
Die zwölfte Zahl muss daher $24 - 18 = 6$ heißen.

b) Wenn man als zwölfte Zahl z. B. 14 anfügt, dann ist die sechste Zahl 3, die siebte Zahl 5. Der Median aller Zahlen ist demnach $(3 + 5):2 = 4$.

c) Wenn man die Liste mit einer zwölften Zahl größer als 13 ergänzt, so bleibt der Median 4 nach Teilaufgabe b). Diese zwölfte Zahl muss nun so gewählt werden, dass das arithmetische Mittel ebenfalls 4 ist. Da die in der Liste stehenden elf Zahlen die Summe 18 haben (Teilaufgabe a)), muss die zwölfte Zahl 30 heißen: $(18 + 30):12 = 4$.

d) Das untere Quartil liegt bei zwölf Zahlen zwischen der dritten und vierten Zahl. Schiebt man nach der dritten Zahl −6 die Zahl −4 ein, so ist das untere Quartil $(-6 + (-4)):2 = -5$. Die Liste heißt demnach:
−12; −10; −6; −4; −3; 0; 3; 5; 8; 9; 11; 13.

Pinboard – Beziehungen zwischen Za

Diagramme lesen

Beispiel

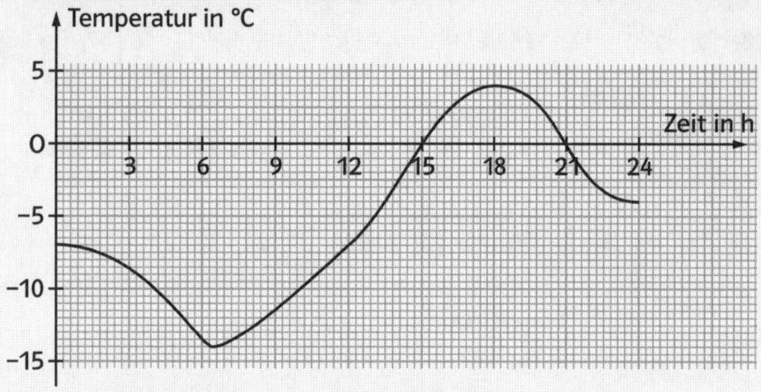

Vorgehensweise

- Achsenbeschriftungen und Maßeinheiten an Achsen ablesen, Abhängigkeiten erfassen, Kurvenverlauf beschreiben (steigen, fallen, gleichmäßig steigen, gleichmäßig fallen, konstant, Hochpunkt, Tiefpunkt)
- Wertepaare ablesen (Punkte, vom Rechtswert zum Hochwert, vom Hochwert zum Rechtswert, Punkte mit gleichem Hochwert)

Lösungsvorschlag

Auf der Rechtsachse ist die Zeit in Stunden, auf der Hochachse die Temperatur in °C angegeben. Das Schaubild zeigt also den Temperaturverlauf innerhalb eines Zeitraums von 24 h. Auf der Rechtsachse entspricht einer Zeit von drei Stunden eine Streckenlänge von einem Zentimeter. Auf der Hochachse entsprechen jeweils fünf Grad Celsius einer Streckenlänge von einem Zentimeter. Die Temperatur ist um 0 Uhr etwa –7 °C, beginnt ab etwa 1 Uhr zuerst langsam, dann gleichmäßig zu fallen, bis zwischen 6 Uhr und 7 Uhr mit –14 °C die tiefste Temperatur erreicht wird. Anschließend steigt die Temperatur bis etwa 18 Uhr recht gleichmäßig bis auf den Höchstwert von +4 °C an, ehe sie bis um Mitternacht wieder auf etwa –4 °C abfällt.
Um 12 Uhr ist es etwa so kalt wie um 0 Uhr, um 15 Uhr und kurz vor 21 Uhr ist es etwa 0 °C kalt. Die Temperatur –10 °C wird kurz vor 4 Uhr und um 10 Uhr erreicht.

Terme mit einer Variablen

Terme mit Variablen sind Rechenausdrücke, bei denen an einer oder mehreren Stellen für die Variable rationale Zahlen eingesetzt werden können.

Beispiele

$5 \cdot x - 3$
$\frac{3}{4} \cdot (2 \cdot x + 1)$
$4 \cdot x + 1 - 0{,}5 \cdot x$

Setzt man für die Variable in einem Term eine rationale Zahl ein, so kann man den Termwert für diese Einsetzzahl berechnen.
Für dieselbe Variable darf innerhalb eines Terms immer nur dieselbe Zahl eingesetzt werden.
Beim Produkt aus einer Zahl und einer Variablen werden Malpunkte häufig nicht geschrieben.
Statt $1 \cdot x$ schreibt man nur x.

Beispiele

Term $\frac{1}{4} \cdot x - 2$; Einsetzzahl $-\frac{4}{5}$
Termwert: $\frac{1}{4} \cdot \left(-\frac{4}{5}\right) - 2 = -\frac{1}{5} - 2 = -\frac{11}{5}$

Term $3x - 1 + 4x$; Einsetzzahl 2
Termwert:
$3 \cdot 2 - 1 + 4 \cdot 2 = 6 - 1 + 8 = 13$

3x bedeutet immer $3 \cdot x$. Der Termwert für die Einsetzzahl $\frac{1}{2}$ ist demnach $3 \cdot \frac{1}{2} = \frac{3}{2}$ und nicht $3\frac{1}{2} = \frac{7}{2}$.

Terme können unter Verwendung der bisherigen Rechengesetze vereinfacht werden: Kommutativgesetz, Assoziativgesetz und Distributivgesetz.

Beispiele

$2 \cdot x + 3 - 5 \cdot x = 2 \cdot x - 5 \cdot x + 3$
$= -3x + 3$
$(2x + 7) + 9 = 2x + (7 + 9)$
$= 2x + 16$
$5 \cdot x + 3 \cdot x = (5 + 3) \cdot x = 8 \cdot x$
$(x - 4) \cdot 7 = x \cdot 7 - 4 \cdot 7 = 7x - 28$

Drei Clowns

Wer hilft den drei Clowns? Sie wollen sich so nebeneinander aufstellen, dass die entstehende Zahl durch 7 teilbar ist. Es gibt eine Lösung!

Diagramme zeichnen

Beispiel

Im Tank des Fahrzeugs von Herrn Maurer sind noch etwa 8 Liter Benzin. Beim Tanken fließen in jeder Minute 9 Liter Benzin in den Tank. Nach dem Tanken von 54 Litern schaltet die Zapfsäule ab, da der Tank voll ist.
Zeichne ein Diagramm für den Tankvorgang.
Lösungsüberlegungen:
Die Füllung des Tanks dauert 6 Minuten. Daher markiert man auf der Rechtsachse für jede Minute eine Strecke von 0,5 cm Länge. Nach der Füllung sind 62 Liter Benzin im Tank. Man wählt für jeweils 10 Liter auf der Hochachse eine Strecke der Länge 1 cm.
Zum Zeitpunkt 0 Minuten sind 8 Liter im Tank. Daher kann man den Punkt A (8 mm oberhalb der Rechtsachse) markieren. Nach 1 Minute sind 17 Liter im Tank. Damit erhält man Punkt B. Da der Tankinhalt gleichmäßig zunimmt (in jeder Minute fließt die gleiche Menge Benzin hinein), ist das Diagramm geradlinig und kann bis zur Zeit 6 min ergänzt werden.
Die Zeichnung wird genauer, wenn man statt B den Punkt C 62 mm oberhalb der Rechtsachse verwendet.

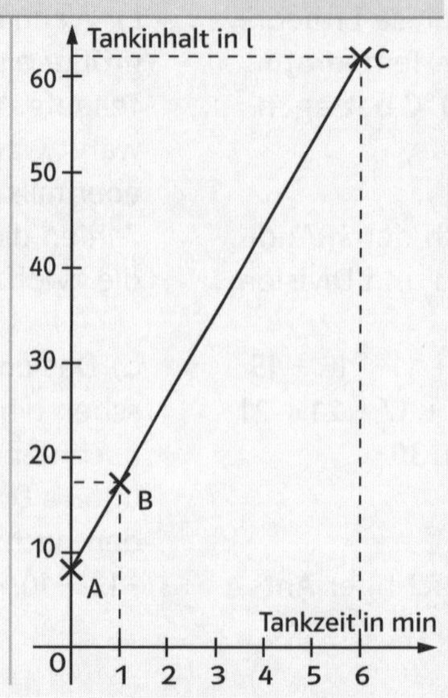

Der Dreisatz „Je mehr, desto mehr"

Wenn zum Doppelten (Dreifachen ...) einer Größe das Doppelte (Dreifache ...) einer anderen Größe gehört, dann ist der „Je-mehr-desto-mehr-Dreisatz" anwendbar.

Rechenschema

	Erste Größe	Zweite Größe	
1. Satz	Gegebene Größe	Gegebene Größe	
2. Satz Dividieren oder Multiplizieren *Schluss auf die Einheit*	Einheitsgröße	Zwischenergebnis für diese Größe	Dividieren oder Multiplizieren
3. Satz Multiplizieren oder Dividieren *Schluss auf die Vielfachheit*	Gegebene Größe	Gesuchte Größe	Multiplizieren oder Dividieren

Beispiel

Ein 1,2 m langer Eisenstab wiegt 4,8 kg. Was wiegt ein 2,8 m langer Stab aus diesem Material?
Ein doppelt so langer Stab wiegt doppelt so viel, ein dreimal so langer Stab wiegt dreimal so viel. Daher ist der „Je-mehr-desto-mehr-Dreisatz" anwendbar.

	Länge	Masse	
	1,2 m	4,8 kg	
: 1,2	1 m	4,8 kg : 1,2	: 1,2
· 2,8	2,8 m	(4,8 kg : 1,2) · 2,8 = 11,2 kg	· 2,8

Der Stab wiegt 11,2 kg.

Der Dreisatz „Je mehr, desto weniger"

Wenn zum Doppelten (Dreifachen ...) einer Größe die Hälfte (ein Drittel ...) einer anderen Größe gehört, dann ist der „Je-mehr-desto-weniger-Dreisatz" anwendbar.

Rechenschema

	Erste Größe	Zweite Größe	
1. Satz	Gegebene Größe	Gegebene Größe	
2. Satz Dividieren oder Multiplizieren *Schluss auf die Einheit*	Einheitsgröße	Zwischenergebnis für diese Größe	Multiplizieren oder Dividieren
3. Satz Multiplizieren oder Dividieren *Schluss auf die Vielfachheit*	Gegebene Größe	Gesuchte Größe	Dividieren oder Multiplizieren

Beispiel

Zwölf Personen benötigen zur Traubenlese in einem Weinberg drei Tage. Wie lange bräuchten wohl acht Personen?
Doppelt so viele Personen bräuchten die halbe Zeit, dreimal so viele Personen ein Drittel der Zeit. Daher ist der „Je-mehr-desto-weniger-Dreisatz" anwendbar.

	Personenzahl	Zeit	
	12	3 d	
: 12	1	3 d · 12	· 12
· 8	8	(3 d · 12) : 8 = 4,5 d	: 8

Acht Personen bräuchten 4,5 Tage.

Bist du sicher?

1 Setze die Zahlenfolgen um jeweils drei weitere Zahlen fort. Erläutere, nach welchen Regeln die Zahlenfolgen aufgebaut sind.
a) 1; 2; 4; 8; 16; 32; ...   b) −4; −2; 1; 5; 10; ...
c) 1; 0,5; 0,1; 0,05; 0,01; ...

2 Eine Zahlenfolge wird durch die folgende Vorschrift beschrieben: Verdreifache die Zahl und subtrahiere 4. Beginne mit der Zahl 1.
a) Schreibe die nächsten vier Zahlen der Zahlenfolge auf.
b) Kommt die Zahl 2010 in der Zahlenfolge vor?

3 Gib jeweils einen Term an, mit dem sich die Zahlen der angegebenen Zahlenfolgen berechnen lassen, und gib drei weitere Zahlen der Folge an.
a) 1; 11; 21; 31; 41; 51; ...   b) −27; −23; −19; −15; −11; ...

4 In einem Behälter sind 200 Liter Wasser. Eine Wasserleitung liefert in jeweils 5 Minuten weitere 30 Liter Wasser.
Wie viel Wasser ist nach 24 Minuten im Behälter?

5 Bei der Gurkenernte pflücken 24 Personen in 16 Stunden 12 t Gurken.
a) Welche Gurkenmenge wird in 12 Stunden von diesen Personen geerntet?
b) Wie lange dauert die Ernte von 60 t?
c) Wie lange brauchen 18 Erntehelfer, um 12 t Gurken zu pflücken?

6 In den USA werden Temperaturen immer noch in Grad Fahrenheit gemessen. Zur Umrechnung von Celsiusgraden in Fahrenheitgrade wird die Formel $F = \frac{9}{5}C + 32$ verwendet.
a) Berechne F für C = −10 und C für F = 95.
b) Welche Diagramme beschreiben diesen Zusammenhang korrekt?

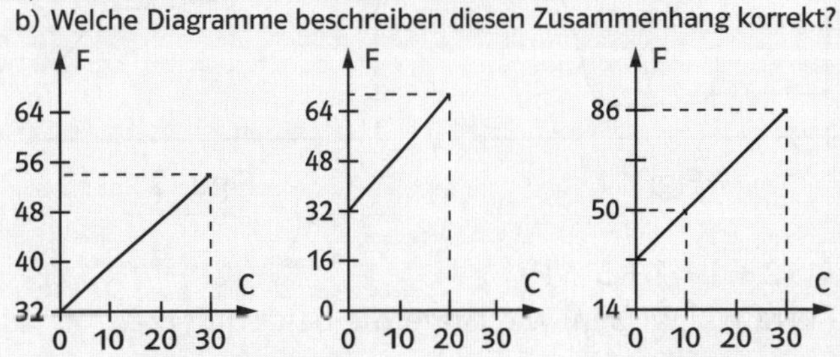

7 a) Gib einen Term für den Umfang der Figur an.
b) Wie muss man x wählen, damit der Umfang 30 cm wird?
c) Welcher Term beschreibt den Flächeninhalt der Figur?

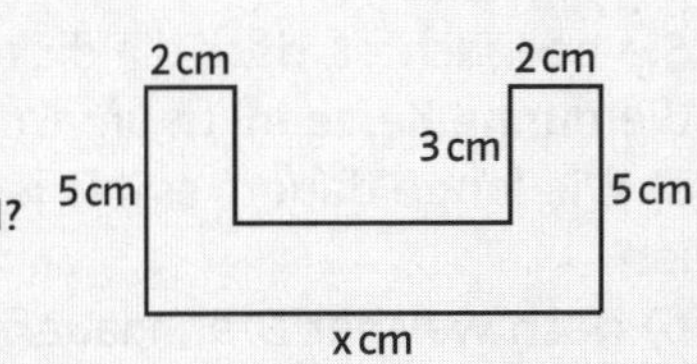

8 Belastet man eine Feder mit 300 g, so dehnt sie sich um 6,0 cm. Wie weit dehnt sie sich bei einer Belastung mit 240 g?

Lösungen

1 a) 64; 128; 256; jede Zahl entsteht durch Verdoppeln der vorhergehenden Zahl. b) 16; 23; 31; zu jeder Zahl wird immer 1 mehr addiert als zur vorhergehenden Zahl. c) 0,005; 0,001; 0,0005; die Zahlen werden abwechselnd durch 2 und durch 5 dividiert. **2** a) −1; −7; −25; −79 b) Das Dreifache der ersten Zahl, die ungerade ist, ist wieder ungerade. Subtrahiert man 4, ergibt sich wieder eine ungerade Zahl. Mit dieser Zahl fährt man entsprechend fort. In der Zahlenfolge kommen nur ungerade Zahlen vor. Die gerade Zahl 2010 kommt daher nicht vor. **3** a) Wenn n die Nummer der Zahl in der Zahlenfolge angibt, so gilt: 1 + 10 · (n − 1) oder 10 · n − 9. 61; 71; 81 b) Wenn n die Nummer der Zahl in der Zahlenfolge angibt, so gilt: −23 + 4 · (n − 1) oder −27 + 4 · n . −7; −3; +1. **4** 344 Liter **5** a) 9 t b) 80 h c) 21 h 20 min **6** a) F = 14, C = 35 b) Das zweite und das dritte Diagramm sind korrekt. **7** a) 16 cm + 2x cm b) x = 7 c) $2x\,cm^2 + 12\,cm^2$ **8** Verlängerung 4,8 cm

Anfangszeit: ______________________ + 45 Minuten → Abgabe: ______________________

1 (2 + 2 VP)

a) Ein Busunternehmer verlangt für die Fahrt ins Schullandheim 825,00 €. Die Buskosten werden gleichmäßig auf 55 Schüler zweier Schulklassen verteilt.
Wie ändert sich der Fahrpreis für jeden Schüler, wenn krankheitshalber drei Schüler zuhause bleiben?
b) Nach 90 min hat der Bus bereits 120 km zurückgelegt.
Wie lang wird er wohl für die nächsten 200 km brauchen?

2 (2 VP)

In jedem Feld der Zahlenmauer steht die Summe der beiden Zahlen in den darunterliegenden Feldern.
Schreibe in jedes Feld eine geeignete Zahl.

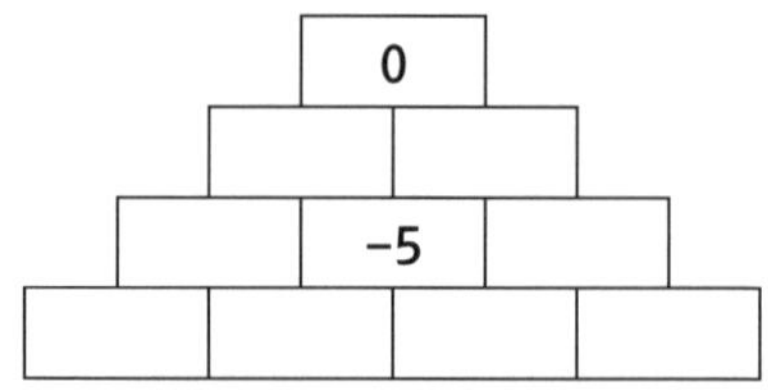

3 (6 VP)

Welches Diagramm passt zu welchem Text? Welche Größen müssen an den Achsen stehen? Kannst du für das Bild, zu dem kein Text gehört, einen Text erfinden?

Text 1:
Der Heizöltank war Anfang Dezember fast voll. Bis Mitte Februar nimmt der Ölvorrat auf weniger als die Hälfte ab. Dann merkt man, dass die Familie 14 Tage Urlaub gemacht hat!

Text 2:
Auf der Autobahn kam Familie Merz während der ersten Stunde recht flott voran. Dann ging es wegen eines Unfalls etwa 10 min recht langsam voran, ehe eine Umleitung über eine Bundesstraße nach 20 min wieder auf die Autobahn führte.

Text 3:
Nach dem Bewässern der Blumenbeete ist die anfangs gefüllte Regentonne fast leer. Ein Nieselregen am nächsten Morgen füllt sie gut zur Hälfte wieder auf.

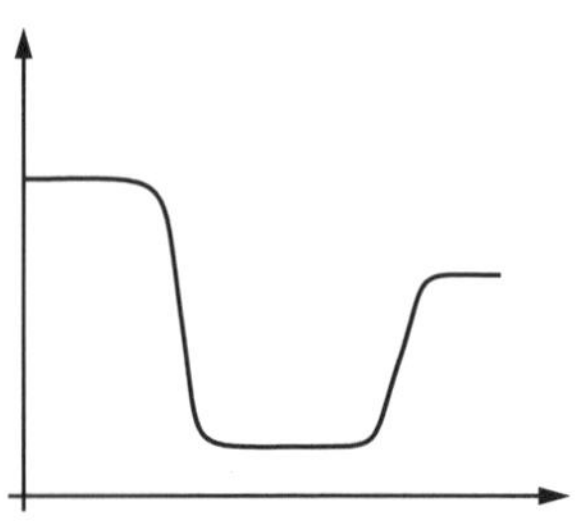
Figur 1

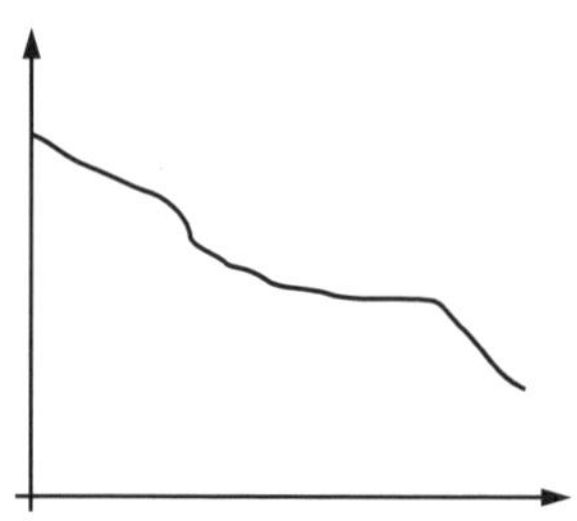
Figur 2

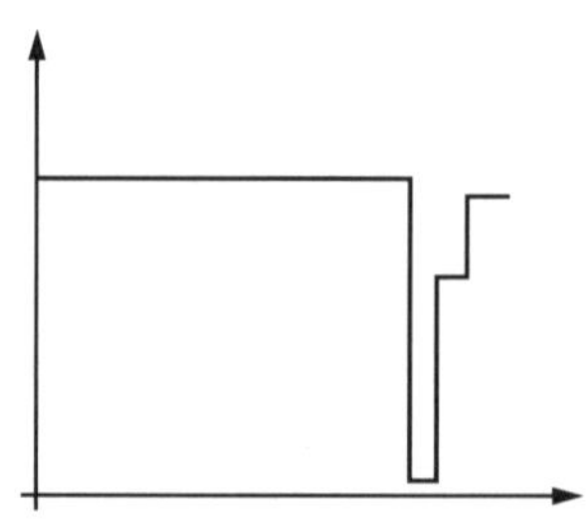
Figur 3

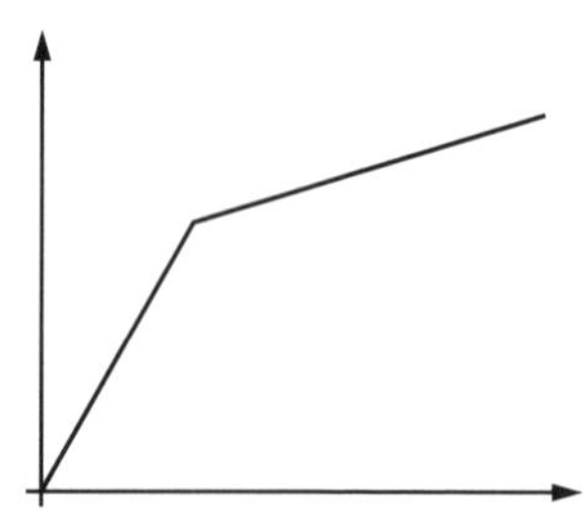
Figur 4

4 (2 + 1 + 1 + 3 VP)

Petra will wissen, wie lange die beiden Kerzen brennen können.
Sie beobachtet, dass die dicke Kerze in 2 h um 3 cm, die dünne Kerze in 1 h um 6 cm abbrennt.
a) Wie lange dauert es, bis jede Kerze abgebrannt ist?
b) Nach welcher Brenndauer ist die dicke Kerze noch 6 cm lang?
c) Wie lang ist die dünne Kerze nach 1 h 20 min?
d) Beide Kerzen werden gleichzeitig angezündet. Stelle in einem Diagramm die Kerzenlänge in Abhängigkeit von der Brenndauer für beide Kerzen dar.
Lies ab, nach welcher Brenndauer beide Kerzen gleich lang sind.

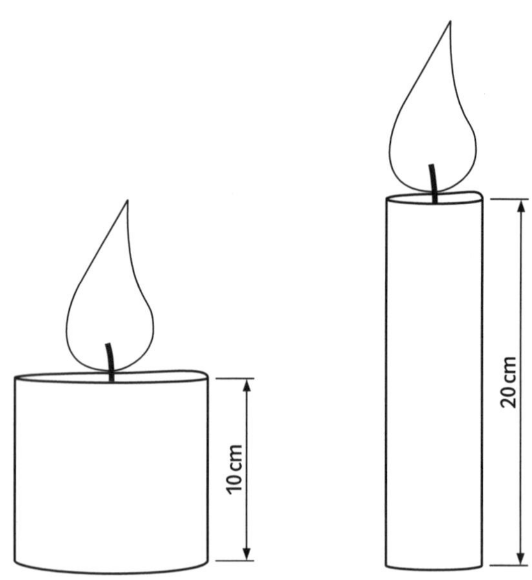

5 (2 + 2 + 1 VP)

Die Abbildung zeigt den Benzinverbrauch eines Autos in Abhängigkeit von der Geschwindigkeit.

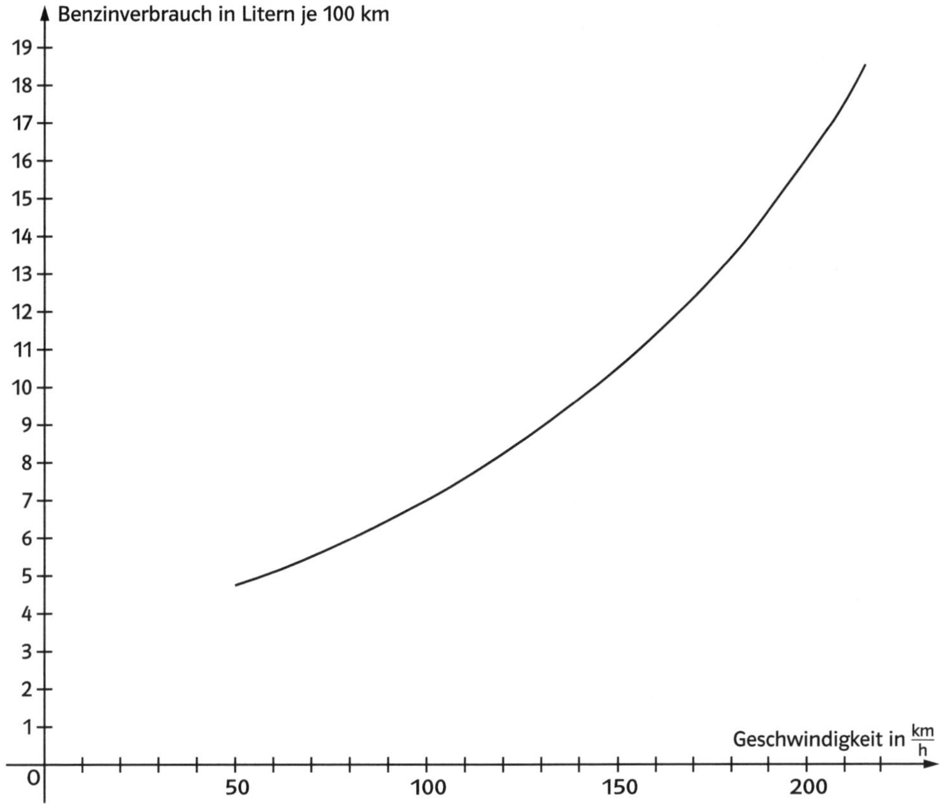

a) Wie groß ist der Verbrauch bei $50\,\frac{km}{h}$, bei $130\,\frac{km}{h}$ bzw. bei $200\,\frac{km}{h}$?
Bei welcher Geschwindigkeit liegt der Verbrauch bei 10 Liter je 100 km?
b) Wie stark erhöht sich der Verbrauch, wenn man $100\,\frac{km}{h}$ anstelle von $50\,\frac{km}{h}$, $200\,\frac{km}{h}$ anstelle von $150\,\frac{km}{h}$ fährt?
c) Die Verbrauchsanzeige im Auto gab während einer längeren Autobahnfahrt nur Verbrauchswerte zwischen 7 Liter und 9 Liter je 100 gefahrene Kilometer an.
Wie schnell wurde gefahren?

Lerntipps

zu Aufgabe 3
Achte auf Schlüsselworte im Text, wie z.B. „nimmt ab", „Urlaub", „es geht schnell, dann langsam voran", „anfangs gefüllt, dann fast leer" usw.

zu Aufgabe 4
a) Welcher Dreisatz ist anwendbar? Warum?
d) Woher weißt du, dass beide Diagramme geradlinig sein müssen? Das erleichtert dir das Zeichnen!

zu Aufgabe 5
a) Die Antworten erhältst du durch genaues Ablesen am Diagramm. Zeichne dazu geeignete waagrechte und senkrechte Hilfslinien (mit verschiedenen Farben für die Teilaufgaben) ein.

Anfangszeit: ____________________ + 45 Minuten → Abgabe: ____________________

1 (2 + 2 + 1 + 2 VP)

a) Berechne den Umfang und den Flächeninhalt der abgebildeten Figur für x = 6.

b) Gib je einen Term mit der Variablen x für den Umfang und den Flächeninhalt der Figur an.

c) Wie muss man x wählen, damit der Umfang 25 cm beträgt?

d) Wie verändern sich der Umfang und der Flächeninhalt, wenn man x um 1 vergrößert?

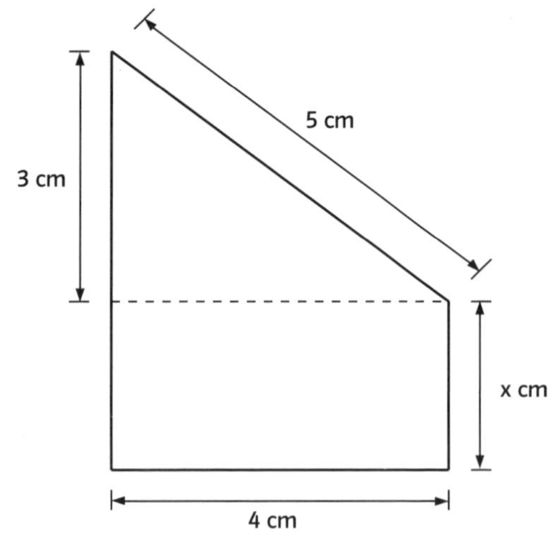

2 (4 VP)

Tina stellt fest, dass sie mit dem Gartenschlauch verschieden weit und verschieden hoch spritzen kann, wenn sie die Düse mehr oder weniger steil stellt.

Tom fotografiert mit der Digitalkamera verschiedene Wasserstrahlen und legt die Bilder übereinander.

Welche der folgenden Aussagen sind auf Grund des Bildes zutreffend, welche nicht?

Kreuze w für wahr, f für falsch an.

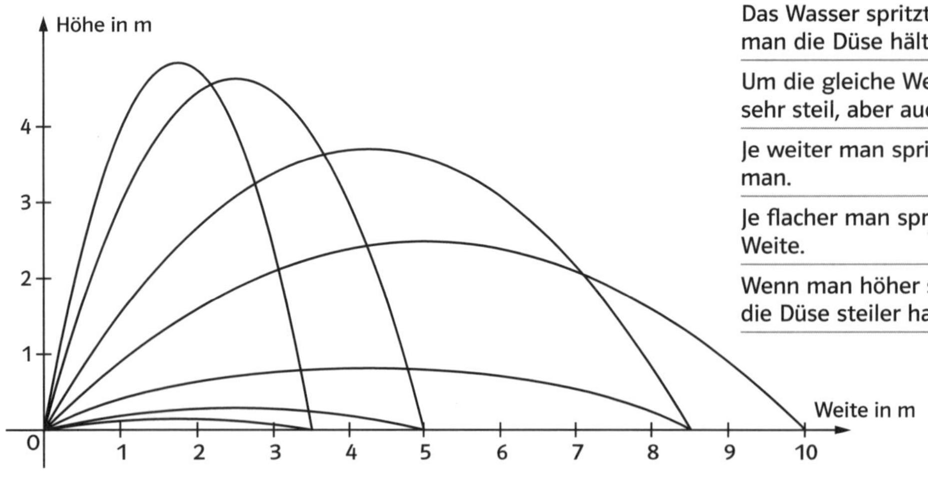

Aussage	w	f
Am weitesten kommt man bei einem Winkel von etwa 45°.		
Das Wasser spritzt um so höher, je steiler man die Düse hält.		
Um die gleiche Weite zu erzielen, kann man sehr steil, aber auch sehr flach spritzen.		
Je weiter man spritzt, desto höher kommt man.		
Je flacher man spritzt, desto kleiner ist die Weite.		
Wenn man höher spritzen will, muss man die Düse steiler halten.		

3 (2 + 2 + 2 VP)

Beim Abbruch eines Hochhauses fällt eine große Menge Beton und Stahl an. Wenn zwei Lastwagen zum Abtransport verwendet werden, muss jeder 48-mal fahren.

a) Wie oft muss jeder fahren, wenn 16 Lastwagen eingesetzt werden können?

b) Wie viele Lastwagen müsste man einsetzen, wenn jeder höchstens 24-mal fahren soll?

c) Nachdem die Hälfte des Schuttbergs abgetragen ist, werden vier der zwölf Lastwagen auf einer anderen Baustelle benötigt.

Wie oft müssen die verbleibenden Lastwagen jetzt noch fahren?

4 (2 + 2 VP)
a) Ein Rechteck hat den Umfang 16 cm.
Stelle eine Tabelle auf, aus der zu jeder Rechtecksbreite die zugehörige Rechteckslänge abgelesen werden kann.
b) Zeichne das zugehörige Diagramm.

5 (1 + 1 + 1 + 1 VP)
a) Ein rechteckiges Grundstück ist 12 m lang und 4 m breit. Dieses Grundstück soll eingezäunt werden, wobei an jeder Ecke ein Pfosten stehen soll und die Pfosten untereinander 1 m Abstand haben sollen.
Wie viele Pfosten benötigt man? Gib deine Überlegungen an.
b) Nun sei das Rechteck x m lang und 4 m breit, wobei x für eine natürliche Zahl steht. Die Pfosten sollen wie in Teilaufgabe a) gesetzt werden.
Gib einen Term an, der die Anzahl der Pfosten in Abhängigkeit von x beschreibt.
c) Um ein quadratisches Grundstück entsprechend einzuzäunen, benötigt man 80 Pfosten.
Welche Seitenlänge hat das quadratische Grundstück?
d) Gib die Maße eines Rechtecks an, das kein Quadrat ist, bei dem ebenfalls 80 Pfosten benötigt werden.

Lerntipps

zu Aufgabe 2
Denke dir den Anstellwinkel der Düse immer über den gesamten Winkelbereich von 0° bis 90° verändert.
zu Aufgabe 3
Überlege, ob und, wenn ja, welcher Dreisatz anwendbar ist.
zu Aufgabe 4
a) Du kannst „bequeme“ Rechtecksbreiten wählen und die zugehörigen Längen im Kopf berechnen.
b) Trage die Rechtecksbreite auf der Rechtsachse ab.
zu Aufgabe 5
Eine Zeichnung kann dir beim Abzählen helfen.

Anfangszeit: ______________ + 45 Minuten → Abgabe: ______________

1 (3 VP)

a) Petra kauft 1,88 kg Bananen ein.
Wie viel muss sie bezahlen?
b) Die Kundin vor ihr zahlt 3,53 € für ihre Bananen.
Wie viel hat sie eingekauft?

2 (4 VP)
Welches Diagramm passt zu welchem der drei Texte?
Welche Größen müssen an den Achsen stehen?
Kannst du für das Bild, zu dem kein Text gehört, einen Text erfinden?
Text 1:
Der 100-m-Läufer kommt innerhalb der ersten Sekunde auf seine Höchstgeschwindigkeit. Er kann dann sein Tempo bis kurz vor dem Ziel fast halten.
Text 2:
An einem Marktstand werden Äpfel lose, aber auch in 5-kg-Beuteln verkauft.
Ein 5-kg-Beutel kostet so viel wie 4 kg lose Äpfel.
Text 3:
Den ganzen Nachmittag über herrschte eine gleichmäßige angenehme Temperatur. Im Laufe der Nacht fällt die Temperatur bei klarem Himmel stark ab. Am nächsten Morgen herrscht toller Sonnenschein und die Temperatur steigt bis Mittag höher als am Vortag.

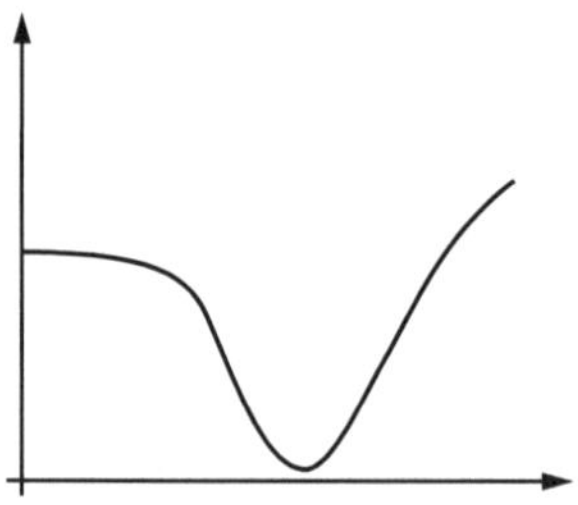
Figur 1

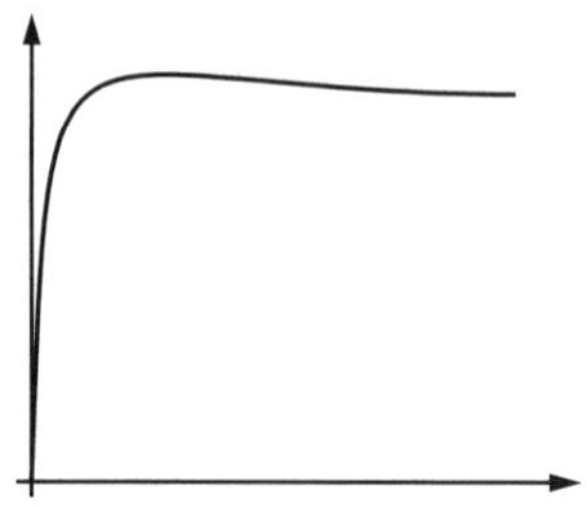
Figur 2

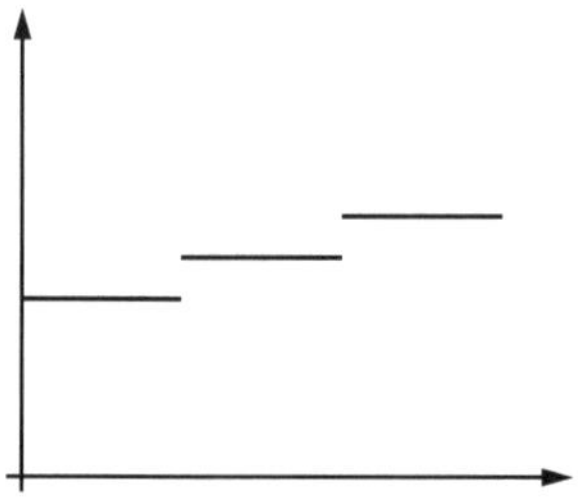
Figur 3

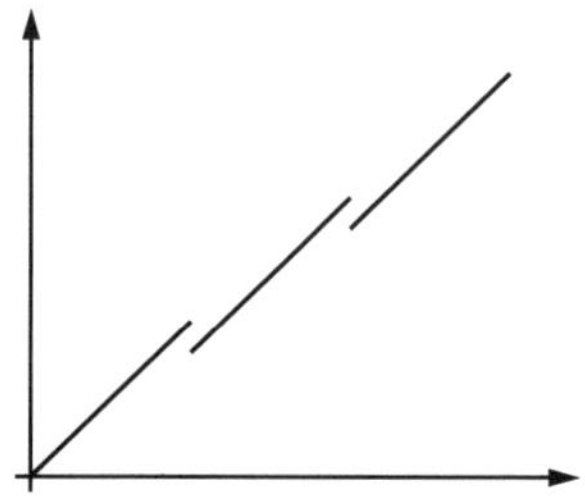
Figur 4

3 (1 + 1 + 1 + 1 + 2 VP)
Johannes legt Muster aus Streichhölzern.

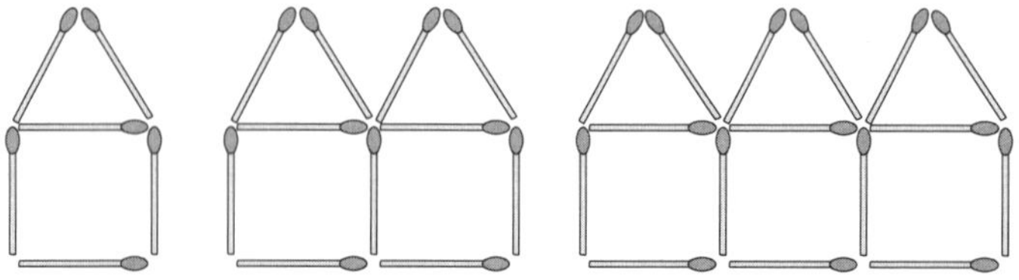
Muster 1 Muster 2 Muster 3

a) Wie viele Streichhölzer würde Johannes für Muster 10 benötigen?
b) Welche Nummer hat das Muster, für das er 69 Hölzer benötigen würde?
c) Gib einen Term für die Anzahl der Streichhölzer im Muster mit der Nummer n an.
d) Gibt es ein Muster, bei dem er 2010 Streichhölzer bräuchte?
e) Erfinde ein eigenes Beispiel, bei dem der Term $3 + 5 \cdot n$ die Anzahl der Hölzchen für das Muster mit der Nummer n beschreibt.

4 (1 + 1 + 3 VP)
Eine Gärtnerei verlangt für junge Tomatenpflanzen 60 ct je Stück. Ein Sechserpack kostet allerdings nur 2,70 €.
a) Was muss Frau Peters bezahlen, wenn sie 15 Pflanzen kauft?
b) Wie viele Pflanzen erhält sie höchstens für 5,00 €?
c) Zeichne ein Diagramm, in dem der Preis in Abhängigkeit von der gekauften Stückzahl (bis 14 Stück) ablesbar ist.

5 (1,5 + 1,5 + 2 + 1 VP)
Eine Zeitschrift vergleicht Handy-Tarife von drei verschiedenen Anbietern.
a) Herr Karle telefoniert beruflich im Monat etwa 400 min lang.
Was müsste er bei den drei verschiedenen Anbietern zahlen? Lies ab.
b) Sein Sohn Max kann sich nur für 15 € monatlich Gespräche leisten.
Wie lange könnte er bei den drei Anbietern telefonieren?
c) Max meint: „Wenn ich 20 € ausgeben könnte, würde ich einen Vertrag bei Firma A machen. Wenn ich mir aber 300 min Telefonieren leisten könnte, würde ich den Vertrag bei Firma B wählen".
Begründe.
d) Gib einen Term an, der für Firma C die monatlichen Gesamtkosten (in €) in Abhängigkeit von der Anzahl m der Minuten beschreibt.

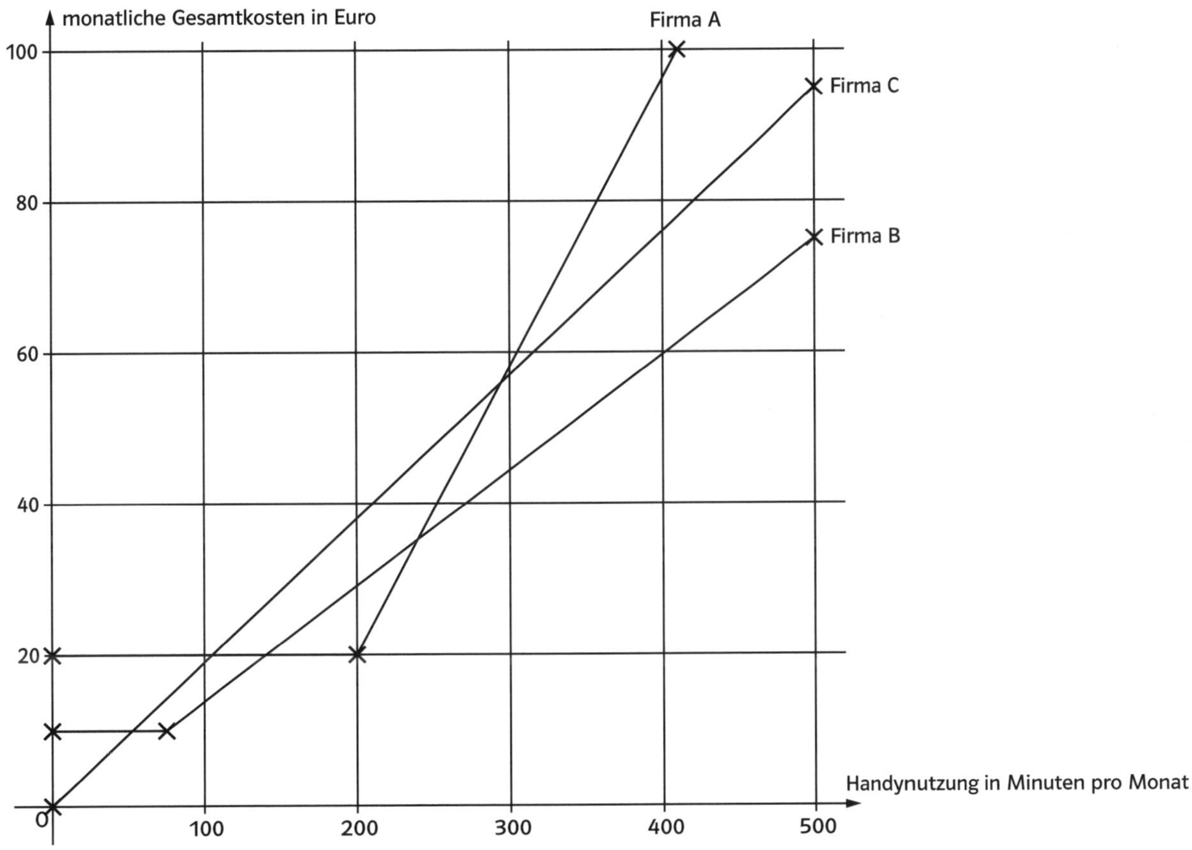

Lerntipps

zu Aufgabe 4
a) Darfst du einen Dreisatz anwenden?
c) Wähle die Maßstäbe auf den Koordinatenachsen geschickt. Die Punkte kannst du im Kopf ausrechnen. Darfst du die Punkte verbinden?
zu Aufgabe 5
a) Trage mit verschiedenen Farben geeignete Hilfslinien ein.

Anfangszeit: ____________ + 45 Minuten → Abgabe: ____________

1 (1 + 2 + 2 VP)

a) Eine Zahlenfolge beginnt mit 2 und jedes weitere Glied ist um 1 größer als das vorhergehende.
Gib einen Term mit der Variablen n an, der die Glieder dieser Folge beschreibt.
Wie heißt das hundertste Glied der Folge?

b) Eine Zahlenfolge beginnt mit den Folgegliedern 11; 8; 5; 2; −1; …
Gib einen Term mit der Variablen n an, der die Glieder dieser Folge beschreibt.
Gehört die Zahl −101 zur Folge?

c) Die Figur besteht aus zwei Spalten zu je vier Quadraten und n Spalten zu je zwei Quadraten.
Aus wie vielen Quadraten besteht die Figur?
Gibt es eine solche Figur, die aus 2011 Quadraten besteht?

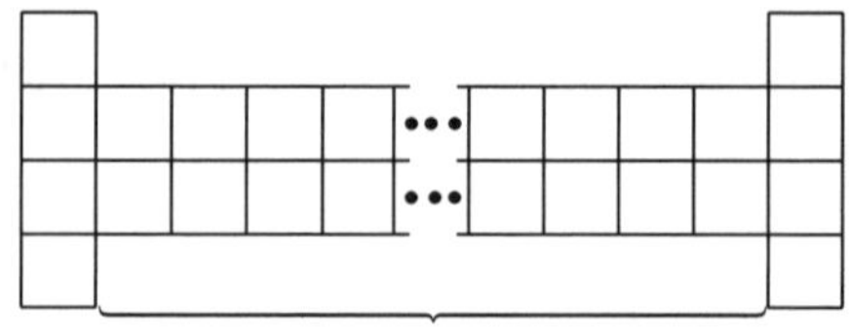

2 (1 + 2 + 2 VP)

Die natürlichen Zahlen sind von 1 an fortlaufend in ein Schema aus vier Zeilen eingetragen.

a) Wie heißt die 100. Zahl in der ersten Zeile?

b) Wie heißt die 101. Zahl in der zweiten Zeile?

c) In welcher Zeile steht 117?

1						7						13		
	2				6		8				12			
		3		5				9		11				…
			4						10					

3 (2 + 2 + 1 + 2 VP)

Das Zeit-Weg-Diagramm zeigt die Bewegung zweier Wanderer W_A und W_B, die bei A bzw. B ihre Wanderungen beginnen.

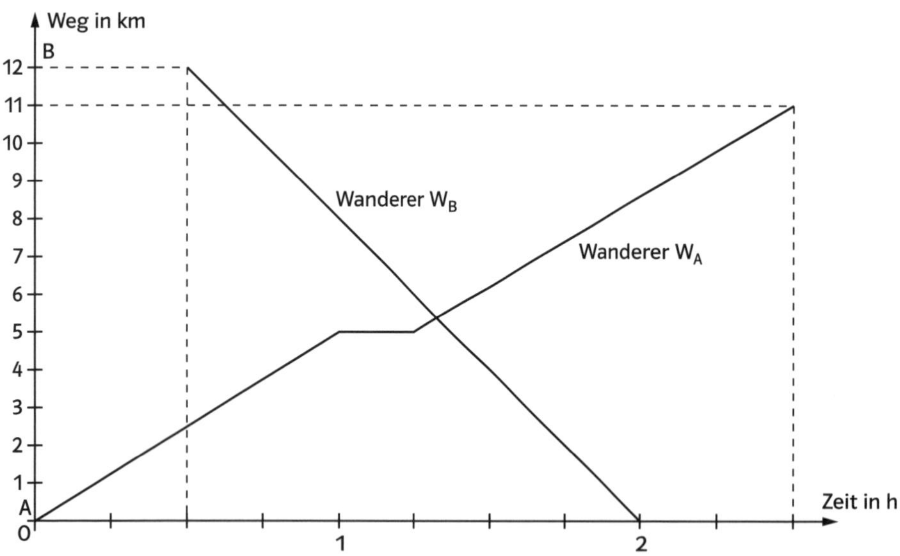

a) Wie lange braucht der Wanderer W_A für die ersten 5 km?
Welche Bedeutung hat die waagrechte Strecke im Schaubild dieses Wanderers?
Wie weit ist der Wanderer nach 2,5 h noch von B entfernt?

b) Wie weit kommt der Wanderer W_A im Zeitintervall von 1,25 h bis 2,5 h?
Welchen Weg legt der Wanderer W_B in einer Stunde zurück?

c) Wo und wann begegnen sich die beiden Wanderer? Lies am Diagramm ab.

d) Wanderer W_C beginnt 15 min vor W_B seine Wanderung nach A und braucht dafür 2 h.
Ergänze das Diagramm.
Wird er von Wanderer W_B überholt?

4 (1 + 1 VP)
In der Zahlenmauer steht in jedem Feld derjenige Term, der gleich der Summe der Terme in den beiden darunterliegenden Feldern ist.

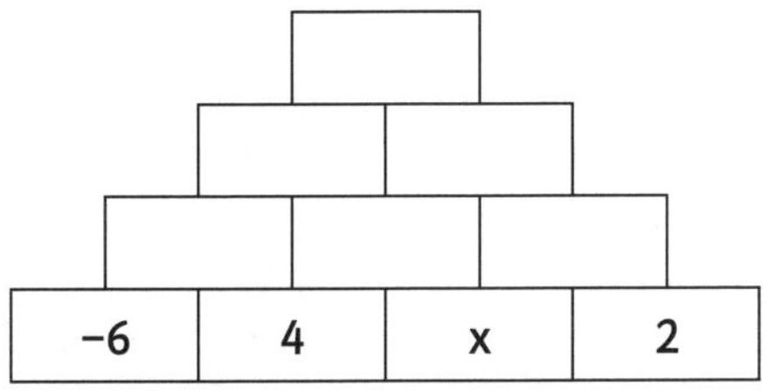

a) Fülle alle Felder mit den passenden Termen aus.
b) Kann bei geeigneter Einsetzzahl anstelle von x im obersten Feld die Zahl −13 stehen?

5 (3 + 2 VP)
In einem Kühlhaus muss die Temperatur möglichst konstant bei −36 °C gehalten werden. Sobald die Temperatur um 4 Grad ausgehend von dieser Solltemperatur steigt, muss die Kältemaschine wieder einschalten und für Abkühlung sorgen. Beim Erreichen von −40 °C schaltet die Kältemaschine wieder aus.
Bei normalem Betrieb springt die Kältemaschine nach jeweils 25 min für 5 min an und sorgt für eine gleichmäßige Abnahme der Temperatur. Im Augenblick herrscht im Kühlhaus die Temperatur −32 °C.
a) Wie kalt ist es nach 5 min bzw. nach 1 h?
b) Zeichne den Verlauf der Temperatur im Kühlhaus für einen Zeitraum von 1 h.

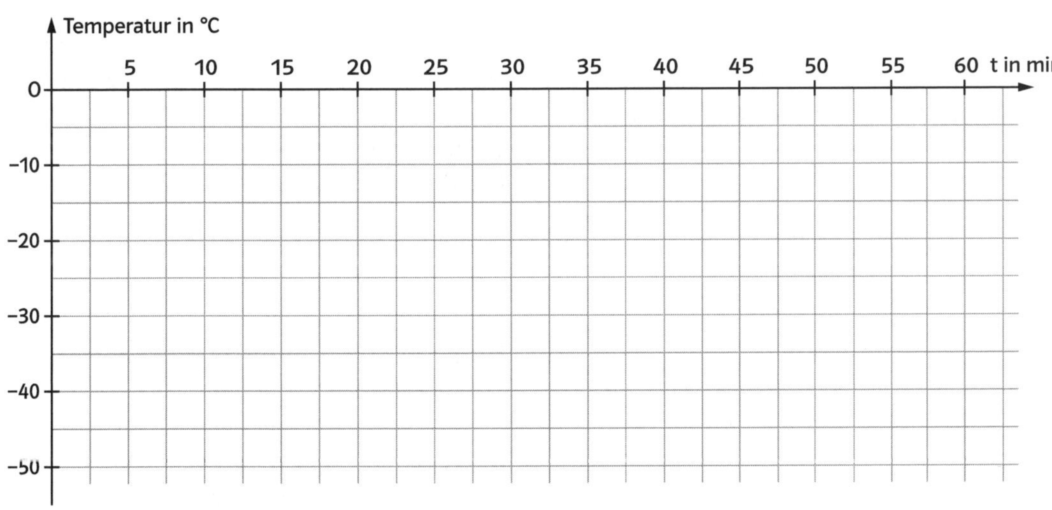

Klassenarbeit 7.1

1 (2 + 2 VP)

a) Fahrpreis je Schüler, wenn alle mitfahren:
825,00 € : 55 = 15 €;
Fahrpreis bei 52 mitfahrenden Schülern:
825 € : 52 = 15,865... €.
In diesem Fall zahlt jeder Teilnehmer 15,87 €, also 87 ct mehr.

b) *Wenn die Fahrstrecke zunimmt, nimmt auch die Fahrzeit zu. Bei doppelter (dreifacher) Fahrstrecke wird der Bus doppelt (dreimal) so lange für die Fahrt brauchen. Daher ist der „Je-mehr-desto-mehr-Dreisatz" anwendbar.*
120 km dauern 90 min.
1 km dauert 90 min : 120 = $\frac{3}{4}$ min.
200 km dauern $\frac{3}{4}$ min · 200 = 150 min.
Für die nächsten 200 km werden wohl 150 min Fahrzeit benötigt.
Alternative:
120 km dauern 90 min.
40 km dauern 90 min : 3 = 30 min.
200 km dauern 5 · 30 min = 150 min.

2 (2 VP)

Beginne mit den Zahlen in der zweiten Reihe von oben. Dann liegen die Zahlen in der dritten Reihe von oben fest. Wenn du dann eine Zahl in der unteren Reihe beliebig wählst, liegen die noch fehlenden Zahlen fest.
Beispiel:

0
2 | −2
7 | −5 | 3
8 | −1 | −4 | 7

3 (6 VP)

Achte bei den Texten auf Schlüsselwörter wie „nimmt ab", „nimmt zu", „schnell", „langsam", „voll", „leer" oder ihre Umschreibungen.
Text 1 gehört zu Figur 2.
An die Rechtsachse muss man „Zeit", an die Hochachse „Tankinhalt" schreiben.
Text 2 gehört zu Figur 3.
An die Rechtsachse muss man „Zeit" oder „Fahrzeit", an die Hochachse „Geschwindigkeit" schreiben.
Text 3 gehört zu Figur 1.
An die Rechtsachse muss man „Zeit", an die Hochachse „Wasservolumen" schreiben.
Ein Text zu Figur 4 könnte beispielsweise lauten:
Ein Jogger kommt in der ersten halben Stunde sehr zügig voran, muss dann aber wegen einer Verletzung den Rest der Strecke im Schritt gehen.
An der Rechtsachse muss in diesem Fall „Zeit", an der Hochachse „Weg" oder „zurückgelegte Wegstrecke" stehen.

4 (2 + 1 + 1 + 3 VP)

Je länger die Brenndauer ist, desto größer ist der abgebrannte Teil der Kerze. Bei doppelter (dreifacher) Brenndauer ist der abgebrannte Teil doppelt (dreimal) so lang. Daher kann der „Je-mehr-desto-mehr-Dreisatz" angewendet werden.

a) Dicke Kerze

Abbrand	Brenndauer
3 cm	2 h
1 cm	2 h : 3 = $\frac{2}{3}$ h
10 cm	$\frac{2}{3}$ h · 10 = $\frac{20}{3}$ h

Dünne Kerze

Abbrand	Brenndauer
6 cm	1 h
1 cm	1 h : 6 = $\frac{1}{6}$ h
20 cm	$\frac{1}{6}$ h · 20 = $\frac{20}{6}$ h

Die dicke Kerze ist nach $\frac{20}{3}$ h = 6 h 40 min, die dünne nach $\frac{20}{6}$ h = $\frac{10}{3}$ h = 3 h 20 min abgebrannt.

b) Wenn die dicke Kerze noch 6 cm lang ist, ist sie bereits 4 cm weit abgebrannt.

Abbrand	Brenndauer
1 cm	$\frac{2}{3}$ h
4 cm	$\frac{2}{3}$ h · 4 = $\frac{8}{3}$ h = $2\frac{2}{3}$ h = 2 h 40 min

Nach 2 h 40 min ist die dicke Kerze noch 6 cm lang.

c) *Lies die Frage genau!*
Die dünne Kerze brennt 1 h 20 min = $1\frac{1}{3}$ h = $\frac{4}{3}$ h lang.

Brenndauer	Abbrand
$\frac{1}{6}$ h	1 cm
$\frac{4}{3}$ h = $\frac{8}{6}$ h = $\frac{1}{6}$ h · 8	1 cm · 8 = 8 cm

Nach 1 h 20 min ist die dünne Kerze noch 20 cm − 8 cm = 12 cm lang.

d) *Wegen des gleichmäßigen Abbrennens beider Kerzen werden die Linienzüge auf Geraden liegen. Für den Linienzug jeder Kerze brauchst du daher nur zwei geeignete Punkte! Du kannst die Ergebnisse von Teilaufgabe a) verwenden.*
Verwende auf beiden Achsen zweckmäßige Maßstäbe. Beachte dazu die bisherigen Rechenergebnisse.

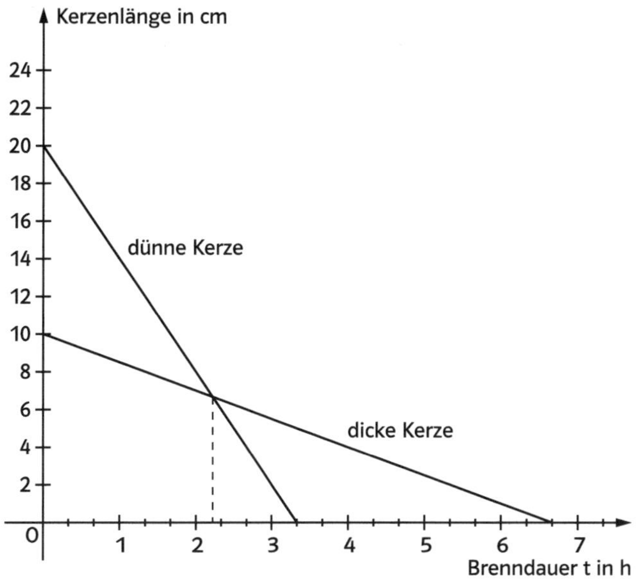

Die beiden Kerzen sind nach etwa 2,2 h gleich lang.

5 (2 + 2 + 1 VP)

a) *Zeichne die Parallele zur Hochachse durch die Markierung 50 $\frac{km}{h}$. Diese Parallele schneidet die Kurve. Durch diesen Schnittpunkt zeichnest du die Parallele zur Rechtsachse.*
Was kannst du am Schnittpunkt mit der Hochachse ablesen?
Bei 50 $\frac{km}{h}$ liegt der Verbrauch bei etwa 4,7 l je 100 km,

bei 130 $\frac{km}{h}$ etwa bei 9 l je 100 km,

bei 200 $\frac{km}{h}$ etwa bei 16 l je 100 km.
Der Verbrauch beträgt 10 l je 100 km bei der Geschwindigkeit von etwa 140 $\frac{km}{h}$.

b) *Für die Bestimmung der Verbrauchserhöhung brauchst du zwei Angaben.*
Bei Erhöhung der Geschwindigkeit von 50 $\frac{km}{h}$ auf 100 $\frac{km}{h}$ nimmt der Verbrauch um 7 l − 4,7 l, das sind 2,3 l je 100 km, zu.
Bei Erhöhung der Geschwindigkeit von 150 $\frac{km}{h}$ auf 200 $\frac{km}{h}$ nimmt der Verbrauch um 16 l − 11 l, das sind 5 l je 100 km, zu.

c) Wenn der Verbrauch nur zwischen 7 l und 9 l je 100 km schwankt, dann liegt die gefahrene Geschwindigkeit zwischen 100 $\frac{km}{h}$ und 130 $\frac{km}{h}$.

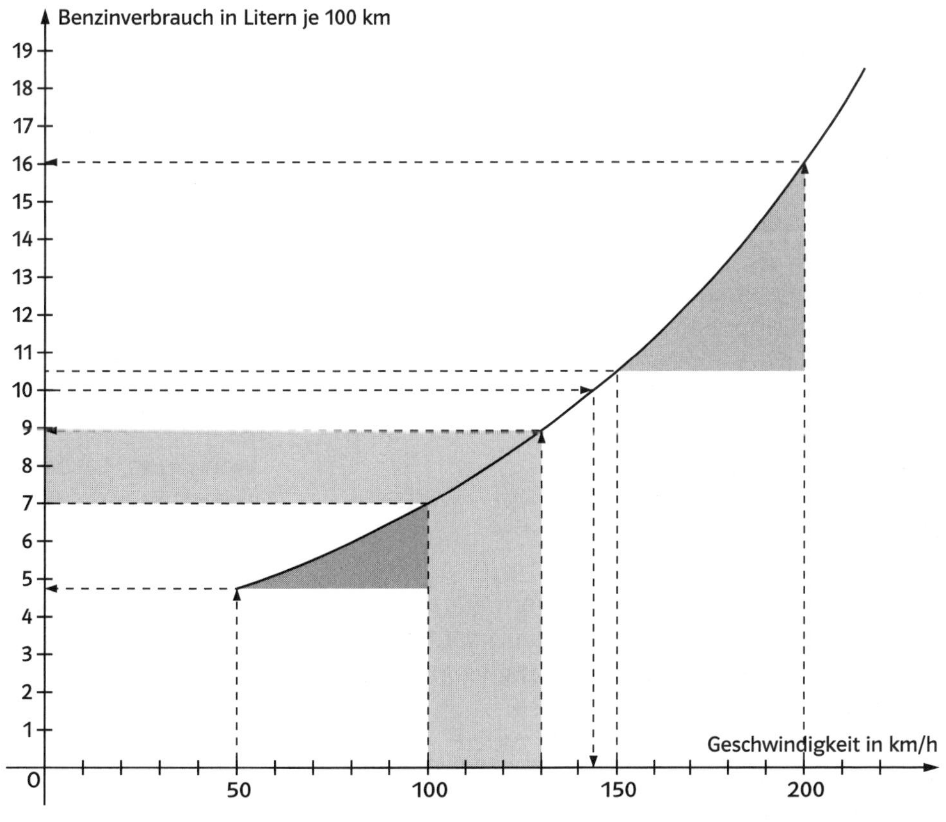

Klassenarbeit 7.2

1 (2 + 2 + 1 + 2 VP)

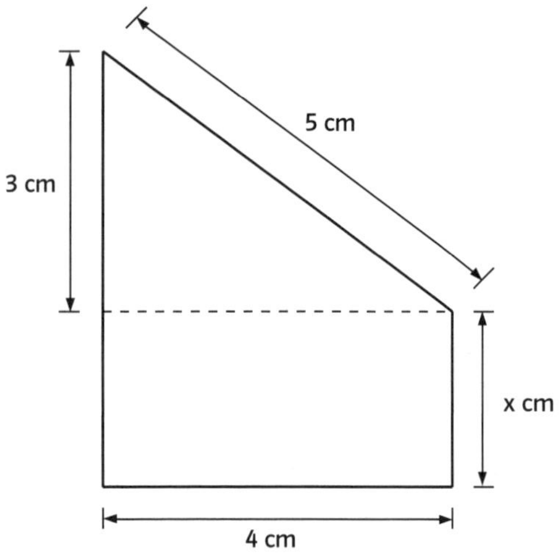

a) Der Umfang setzt sich aus je einer Strecke mit den Längen 3 cm, 4 cm und 5 cm sowie zwei Strecken mit den Längen 6 cm zusammen. Daher gilt: U = 24 cm.
Die Fläche setzt sich aus der Rechtecksfläche mit den Seitenlängen 4 cm und 6 cm und einem Dreieck mit der Grundseitenlänge 4 cm und der Höhe 3 cm zusammen. Daher gilt:
$A = 4\,cm \cdot 6\,cm + (4\,cm \cdot 3\,cm):2$
$A = 24\,cm^2 + 6\,cm^2 = 30\,cm^2$.

b) Der Umfang setzt sich aus je einer Strecke mit den Längen 3 cm, 4 cm und 5 cm sowie zwei Strecken mit den Längen x cm zusammen. Daher heißt der Term für den Umfang 12 cm + 2x cm.
Die Fläche setzt sich aus der Rechtecksfläche mit den Seitenlängen 4 cm und x cm und einem Dreieck mit der Grundseitenlänge 4 cm und der Höhe 3 cm zusammen. Daher heißt der Term für den Flächeninhalt $4x\,cm^2 + 6\,cm^2$.

c) Der Umfang soll 25 cm sein. Daher muss x so gewählt werden, dass gilt:
12 cm + 2x cm = 25 cm.
Dies ist für x = 6,5 der Fall.

d) Nach Teilaufgabe b) heißt der Term für den Umfang 12 cm + 2x cm. Wenn man x um 1 vergrößert, vergrößert sich 2x um 2. Der Umfang vergrößert sich also um 2 cm.
Der Term für den Flächeninhalt ist $4x\,cm^2 + 6\,cm^2$. Wenn man x um 1 vergrößert, vergrößert sich 4x um 4. der Flächeninhalt vergrößert sich daher um $4\,cm^2$.

2 (4 VP)
Überprüfe jede Aussage an der Abbildung! Versuche dir die Bewegung der Düse vorzustellen! Denke sie zunächst waagrecht gehalten und dann immer steiler bis in die Senkrechte und umgekehrt.

Aussage	w	f
Am weitesten kommt man bei einem Winkel von etwa 45°.	X	
Das Wasser spritzt um so höher, je steiler man die Düse hält.	X	
Um die gleiche Weite zu erzielen, kann man sehr steil, aber auch sehr flach spritzen.	X	
Je weiter man spritzt, desto höher kommt man.		X
Je flacher man spritzt, desto kleiner ist die Weite.		X
Wenn man höher spritzen will, muss man die Düse steiler halten.	X	

3 (2 + 2 + 2 VP)
a) *Je mehr Lastwagen fahren, desto weniger oft muss jeder fahren.*
Wenn doppelt (dreimal) so viele Lastwagen fahren, dann muss jeder halb (ein Drittel) so oft fahren.
Daher ist der „Je-mehr-desto-weniger-Dreisatz" anwendbar.

Anzahl der Lastwagen	Anzahl der Fahrten
2	48
1	$48 \cdot 2 = 96$
16	$96 : 16 = 6$

Jeder Lastwagen müsste 6-mal fahren.

b) *Wenn du erkennst, dass 24 ein Teiler von 96 ist, dann musst du nicht erst auf die Einheit schließen.*

Anzahl der Fahrten	Anzahl der Lastwagen
96	1
24	$1 : \frac{1}{4} = 1 \cdot \frac{4}{1} = 4$

Wenn jeder Lastwagen höchstens 24-mal fahren soll, muss man mindestens vier Lastwagen einsetzen.

c) *Für die Hälfte des Schuttbergs müsste ein einziger Lastwagen 48-mal fahren.*
Es sind acht Lastwagen verfügbar.

Anzahl der Lastwagen	Anzahl der Fahrten
1	48
8	$48 : 8 = 6$

Die verbleibenden acht Lastwagen müssen je 6-mal fahren.

4 (2 + 2 VP)

a) *Für den Umfang U eines Rechtecks mit den Seitenlängen a und b gilt: U = 2·(a + b).*

Hier weiß man:

16 cm = 2·(a + b)
8 cm = a + b
a = 8 cm − b

Breite b in cm	1	2	3	4	5	6	7
Länge a in cm	7	6	5	4	3	2	1

b) Diagramm:

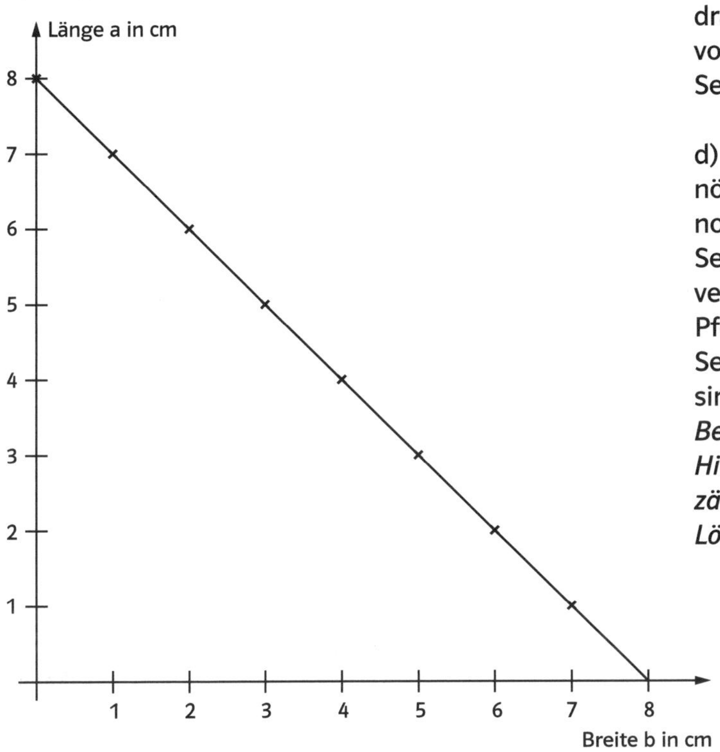

Bemerkung
Den letzten Term kann man mithilfe der Rechengesetze noch umformen:
2 · (x + 1) + 2 · 3
= 2 · x + 2 · 1 + 6
= 2x + 8

c) Vier der 80 Pfosten sind Eckpfosten. Dann bleiben noch 76 Pfosten auf die vier Quadratseiten zu verteilen. An jeder Quadratseite werden also 76 : 4 = 19 Pfosten zwischen die Eckpfosten gestellt. Einschließlich der Eckpfosten stehen an einer Quadratseite somit 21 Pfosten mit 20 Zwischenräumen von je einem Meter. Das Quadrat hat demnach die Seitenlänge 20 m.

d) Wieder werden vier Pfosten als Eckpfosten benötigt. Daher stehen für die Seiten des Rechtecks noch 76 Pfosten zur Verfügung. Da jeweils zwei Seiten gleich lang sind, müssen für die beiden verschieden langen Seiten zusammen 76 : 2 = 38 Pfosten verbraucht werden. Wählt man z. B. für eine Seite 20 Pfosten und für die andere 18 Pfosten, so sind die Rechtecksseiten 21 m bzw. 19 m lang.

Bemerkung
Hier gibt es viele Lösungen. Wenn du sorgfältig abzählst, kommst du auf 19 verschiedene Rechtecke als Lösung.

5 (1 + 1 + 1 + 1 VP)

a) An jeder Seite der Länge 12 m benötigt man 13 Pfosten einschließlich der beiden Eckpfosten. An jeder Breitseite der Länge 4 m braucht man ohne die bereits gezählten Eckpfosten noch drei Pfosten. Insgesamt sind daher 2 · 13 + 2 · 3 = 32 Pfosten erforderlich.

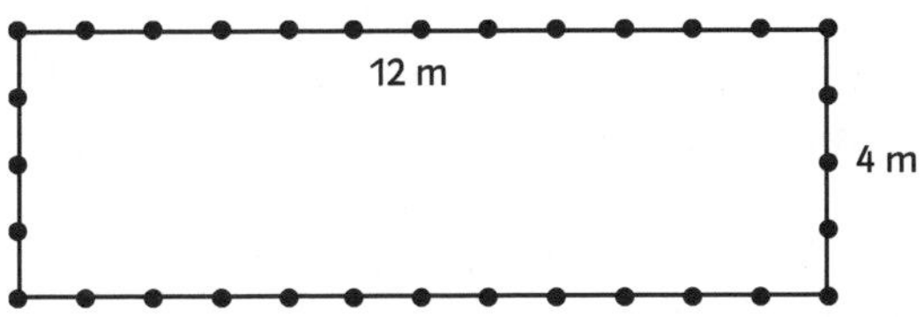

b) Entsprechend benötigt man jetzt an jeder Längsseite x + 1 Pfosten, an den Breitseiten wie vorher je drei Pfosten. Insgesamt sind daher 2 · (x + 1) + 2 · 3 Pfosten erforderlich.

Klassenarbeit 7.3

1 (3 VP)

a)

Bananenmenge	Preis
3 kg	2,79 €
1 kg	2,79 € : 3 = 0,93 €
1,88 kg	0,93 €·1,88 kg = 1,7484 €

Petra muss 1,75 € bezahlen.

b)

Preis	Bananenmenge
0,93 €	1 kg
0,01 €	1 kg : 93
3,53 €	(1 kg : 93)·353 = 3,7956... kg

Die Kundin hat 3,80 kg Bananen gekauft.

2 (4 VP)
Text 1 gehört zu Figur 2.
An der Rechtsachse muss „Zeit", an der Hochachse muss „Geschwindigkeit" stehen.
Text 2 gehört zu Figur 4.
An der Rechtsachse muss „Masse" bzw. „Gewicht", an der Hochachse muss „Preis" stehen.
Text 3 gehört zu Figur 1.
An der Rechtsachse muss „Zeit", an der Hochachse muss „Temperatur" stehen.
Möglicher Text zu Figur 3:
Die erste Stunde Parken im Parkhaus kostet 1,20 €, jede weitere Stunde kostet 0,30 € mehr.

3 (1 + 1 + 1 + 1 + 2 VP)
a) Beim ersten Muster werden fünf Hölzer benötigt. Bei jedem weiteren Muster kommen vier Hölzer hinzu. Daher kommen beim zehnten Muster 9-mal vier Hölzer hinzu. Demnach werden $5 + 9 \cdot 4 = 41$ Hölzer für das Muster 10 benötigt.

b) Von den 69 Hölzern werden fünf für den Anfang des Musters benötigt (das erste „Häuschen"), sodass für die verbleibenden Teile noch 64 Hölzer übrig sind. Da für jedes dieser Teile vier Hölzer erforderlich sind, kommen noch $64 : 4 = 16$ Teile dazu. Daher hat das Muster aus 69 Hölzern die Nummer 17.

c) Beim Muster mit der Nummer n werden nach dem ersten Muster aus fünf Hölzern noch $n - 1$ Teile aus jeweils vier Hölzern benötigt. Für das Muster mit der Nummer n sind daher $5 + (n - 1) \cdot 4$ Hölzer erforderlich.

d) Wenn man zu 5 ein beliebiges Vielfaches von 4 addiert, ergibt sich immer eine ungerade Zahl. Da aber 2010 gerade ist, gibt es kein Muster aus 2010 Streichhölzern.

e) Der Term $3 + 5 \cdot n$ lässt sich folgendermaßen deuten: Für $n = 1$ müssen acht Hölzchen verwendet und für jedes weitere Muster müssen fünf zusätzliche Hölzchen angelegt werden. Damit ergibt sich zum Beispiel:

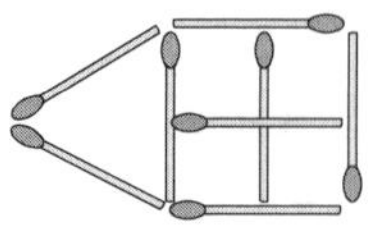
Muster 1

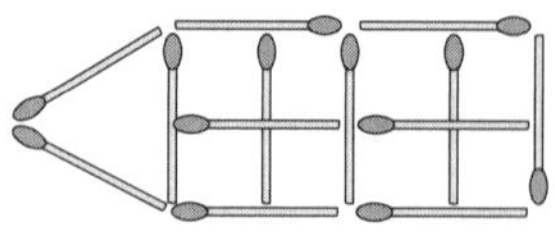
Muster 2

4 (1 + 1 + 3 VP)
a) Frau Peters wird zwei Sechserpacks und drei einzelne Pflanzen kaufen.
Kaufpreis für 15 Pflanzen:

$P = 2 \cdot 2{,}70\,€ + 3 \cdot 60\,ct$
$= 5{,}40\,€ + 1{,}80\,€$
$= 7{,}20\,€$
Frau Peters muss 7,20 € bezahlen.

b) Da Frau Peters günstig einkaufen will, wird sie möglichst viele Sechserpacks kaufen. Da zwei Sechserpacks bereits teurer als 5,00 € sind, nimmt sie einen Sechserpack.
Für die restlichen 2,30 € kann sie drei einzelne Pflanzen für 1,80 € kaufen (und hat 50 ct übrig). Frau Peters erhält für 5,00 € höchstens neun Pflanzen.

c)
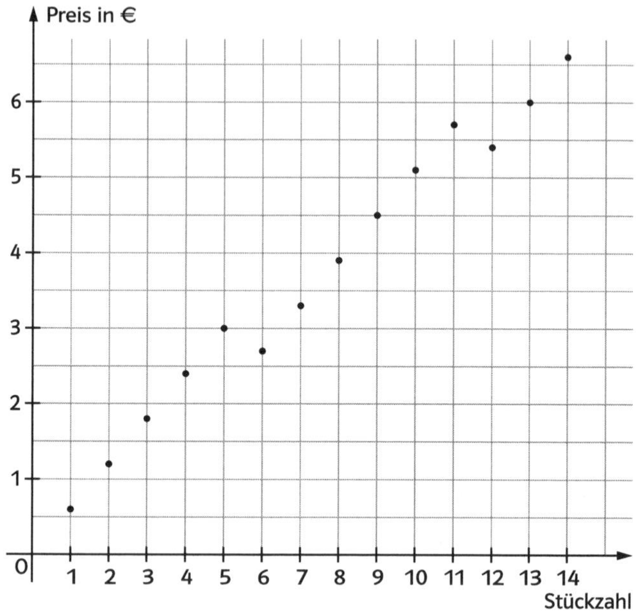

5 (1,5 + 1,5 + 2 + 1 VP)
a) Kosten für 400 min
Anbieter A: 96 €
Anbieter B: 60 €
Anbieter C: 76 €

b) Gesprächsdauer für 15 €
Anbieter A: nicht möglich
Anbieter B: bis etwa 70 min
Anbieter C: etwa 50 min

c) Für 20 € kann Max bei Firma A am längsten telefonieren, nämlich 200 min lang. (Bei Firma B könnte er etwa 140 min, bei Firma C 105 min telefonieren.)
300 Minuten Telefonieren ist bei der Firma B am günstigsten und kostet etwa 45 €. (Bei Firma A müsste er etwa 58 € bezahlen, bei Firma C etwa 57 €.)

d) Bei Firma C kosten 500 Minuten 95 €. Eine Minute kostet daher $\frac{95}{100}\,€ = 0{,}19\,€$.
Term: $0{,}19\,€ \cdot m,\ m \in \mathbb{N}$

Klassenarbeit 7.4

1 (1 + 2 + 2 VP)
a) Das erste Glied der Folge ist 2, das zweite ist 3, das dritte ist 4. Folglich heißt der Term für das n-te Folgeglied n − 1.
Das 100. Folgeglied ist somit 99.

b) Man erkennt, dass jedes Folgeglied um 3 kleiner ist als das vorhergehende. Das erste Glied ist 14 − 1 · 3, das zweite ist 14 − 2 · 3, das dritte ist 14 − 3 · 3 usw. Der Term für das n-te Folgeglied ist daher 14 − n · 3.
Wäre −101 ein Folgeglied, dann müsste es eine natürliche Zahl anstelle von n so geben, dass 14 − n · 3 = −101 gilt. Dann müsste aber n · 3 = −115 sein. Da 115 nicht durch 3 teilbar ist, gibt es keine solche Zahl. Damit gehört die Zahl −101 nicht zur Folge.

c) In den n Spalten sind insgesamt 2n Quadrate. Hinzu kommen noch die insgesamt 8 Quadrate in der ersten und der letzten Spalte. Die Figur besteht daher aus 2n + 8 Quadraten.
Für jede natürliche Zahl, die anstelle von n in den Term 2n eingesetzt wird, entsteht als Termwert eine gerade Zahl. Addiert man dazu noch 8, so entsteht wieder eine gerade Zahl. Es gibt also keine solche Figur mit einer ungeraden Zahl von Quadraten, insbesondere also keine Figur mit 2011 Quadraten.

2 (1 + 2 + 2 VP)
Die natürlichen Zahlen sind von 1 an fortlaufend in ein Schema aus vier Zeilen eingetragen.

1						7						13	
	2				6		8				12		
		3		5				9		11			…
			4						10				

a) Die Zahlen in der ersten Zeile werden immer um 6 größer. Die erste Zahl heißt 1 + 1 · 6, die zweite Zahl heißt 1 + 2 · 6, die dritte Zahl heißt 1 + 3 · 6 usw. Die 100. Zahl heißt folglich 1 + 99 · 6.

b) Die zweite Zahl in der zweiten Zeile heißt 6. Die vierte Zahl heißt 2 · 6, die sechste Zahl heißt 3 · 6 usw. Die 100. Zahl heißt demnach 50 · 6 und die 101. Zahl also 50 · 6 + 2 = 302.

c) Die Zahl 117 kann nur in der ersten oder dritten Zeile stehen, da in den anderen beiden Zeilen nur gerade Zahlen vorkommen.
Die Zahlen in der ersten Zeile sind alle um 1 größer als ein Vielfaches von 6. Nun gilt jedoch:
117 = 114 + 3 = 19 · 6 + 3. 117 ist also um 3 größer als ein Vielfaches von 6, kann daher nicht in der ersten Zeile stehen und muss folglich in der dritten Zeile stehen.

3 (2 + 2 + 1 + 2 VP)
Bemerkung:
Der besseren Übersicht wegen ist für jede Teilaufgabe ein eigenes Diagramm abgebildet. Achte auf die Pfeile an den punktierten Linien. Sie geben die Leserichtung an.

a) Für die ersten 5 km braucht der Wanderer W_A eine Stunde. Die waagrechte Strecke im Diagramm bedeutet, dass der Wanderer W_A nach einer Stunde Gehzeit eine Pause von einer Viertelstunde macht.
Nach 2,5 h ist der Wanderer 11 km von A, also noch 1 km von B entfernt (siehe Figur 1).

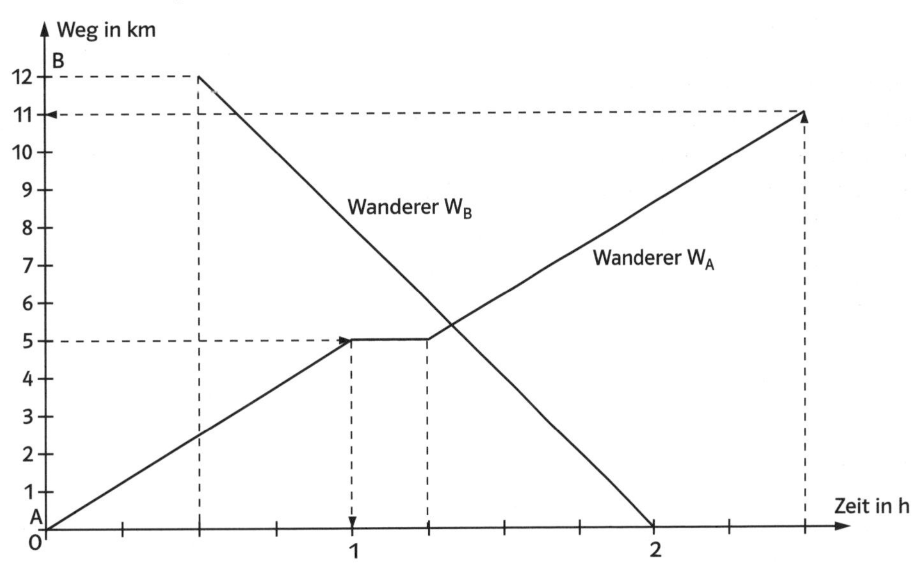

Figur 1

b) Im Zeitintervall von 1,25 h bis 2,5 h kommt der Wanderer W_A von der Wegmarke 5 km bis zu Wegmarke 11 km. Er legt einen Weg von 6 km zurück.
Der Wanderer W_B geht in der ersten Stunde den Weg von der Wegmarke 12 km bis zur Wegmarke 4 km. Er legt einen Weg von 8 km zurück (siehe Figur 2).

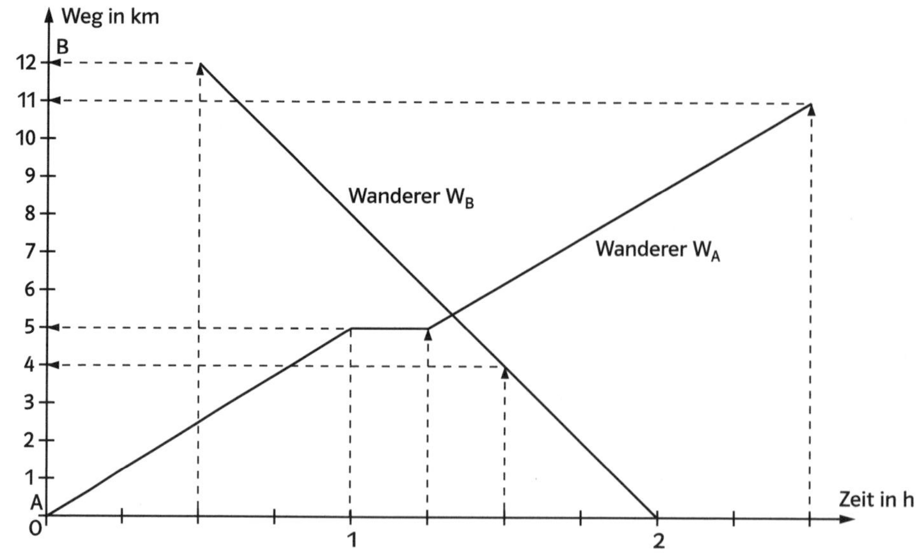

Figur 2

c) Die Wanderer begegnen sich nach etwa 1 h 20 min an der Wegmarke 5,4 km (siehe Figur 3).
„Begegnen" heißt aus verschiedenen Richtungen kommen und zur gleichen Zeit am gleichen Ort sein. Daher brauchst du die Koordinaten des Schnittpunkts der Linien.

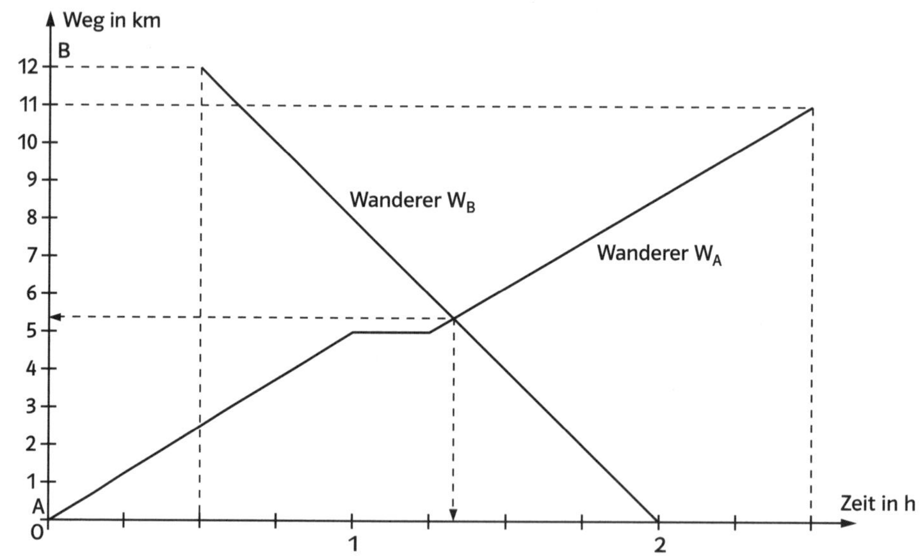

Figur 3

d) Der Wanderer W_B holt den Wanderer W_C etwa bei der Wegmarke 6 km ein und überholt ihn (siehe Figur 4).
„Überholen" heißt, aus der gleichen Richtung kommen und zur gleichen Zeit am gleichen Ort sein. Daher geben die Koordinaten des Schnittpunkts der Linien an, wann und wo das Überholen stattfindet.

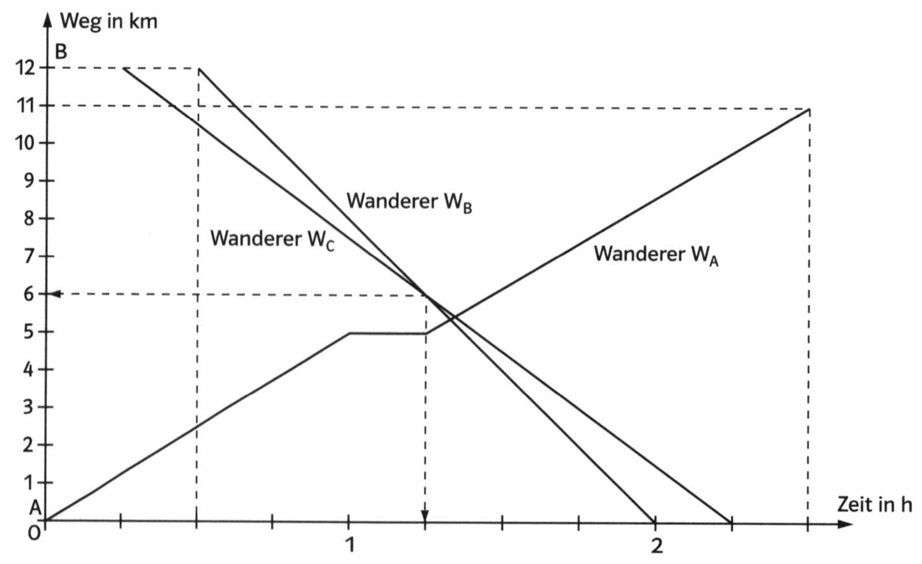

Figur 4

4 (1 + 1 VP)

a) Dies ist die ausgefüllte Zahlenmauer:

	$3x + 8$		
	$x + 2$	$2x + 6$	
-2	$x + 4$	$x + 2$	
-6	4	x	2

b) Wenn im oberen Feld −13 stehen soll, dann muss es eine Zahl anstelle von x so geben, dass gilt:
$3 \cdot x + 8 = -13$.
Dann muss das Dreifache dieser Zahl $-13 - 8 = -21$ gelten. Die Zahl muss daher ein Drittel von −21, also −7 sein.

5 (3 + 2 VP)

a) Die Temperatur ist jetzt −32 °C. Daher springt nun die Kältemaschine an. Da sie bei Normalbetrieb 5 min lang läuft, ist nach dieser Zeit die Solltemperatur von −40 °C erreicht und die Maschine schaltet aus.
Nun steigt die Temperatur im Kühlhaus in den nächsten 25 min gleichmäßig auf −32 °C an. Die Kältemaschine springt wieder an, um 5 min später beim Erreichen von −40 °C wieder abzuschalten.
Nach 1 h ist die Temperatur im Kühlhaus −32 °C.

b) Temperaturverlauf:

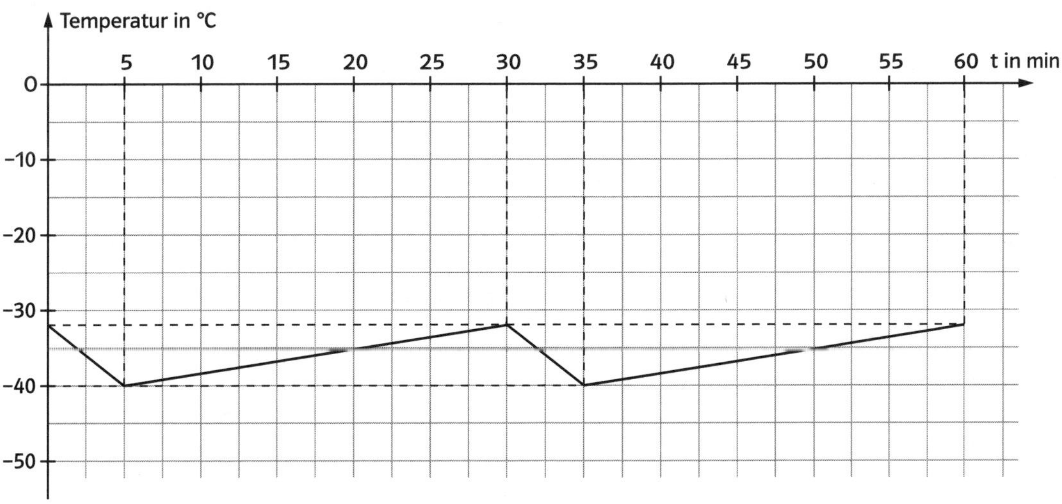

Maurer

Fritz Müller, Partenkirchen

So leicht vergesse ich die erste Mathematikstunde nicht. Der Professor kam hereingeschossen wie zu einem Sturmangriff. Aus einem verknitterten Gesicht sah ein böses Auge: „Ich weiß es", schrillte er, „Mathematik liebt man nicht. Ich seh's euch an, am liebsten tilget ihr sie aus dem Stundenplan. Weil sie unbequem ist. Weil sie alle anderen Fächer überragt. Was ist Deutscher Aufsatz? Phrasendrescherei. - Was ist Geschichte? Kaleidoskop für Kinder. - Was ist Geographie? Flüsse, welche heute so und morgen anders laufen. Bestand allein hat die Wissenschaft! Was sind Lehrer anderer Fächer? Maurer, bestenfalls Poliere. Der Mathematiker allein ist Architekt, in das Herz der Dinge sieht er, unerbittlich ist er - der erste in der ersten Bank: begreifst du das?"
„Nein", sagte der Hausmann.
„Hab' ich mir gedacht", höhnte der Schrillende, „der zweite in der dritten Bank: verstehst du es?"
„Ja", sagte der Schwegerl.
Der Schrille wurde milder: „Doch einer. Kinder, haltet fest: Wenn ihr heute vor den Richterstuhl des Höchsten trätet und er fragte euch: Was ist gewiss? - was gäbt ihr ihm zur Antwort, Hausmann?"
„N-nichts", sagte Hausmann.
„Hab' ich mir gedacht. Und was gäbst du zur Antwort, Schwegerl?"
„Die Mathematik."
„Schön - nun wollen wir ins Reich der Zahl eintreten, wo die Logik herrscht und jeder Irrtum ausgeschlossen ist. Alles lügt, nur wer lügt nicht, Hausmann?"
„I-ich."
„Unsinn!"
„Sie."
„Blödsinn! - Schwegerl, wer lügt nicht?"
„Die Zahl."
„Gut Schwegerl, lies die Regeldetriaufgabe auf Seite dreizehn."
„Dreihundert Maurer bauen einen Palast in 270 Tagen bei neunstündiger Arbeitszeit. Wie viel Maurer bauen den gleichen Palast in 30 Tagen bei zehnstündiger Arbeitszeit?"
„Hausmann, weißt du, wie man das herausbringt?"
„Man - man probiert's."
„Was probiert man?"
„Das Bauen."
„Rettungslos! - Schwegerl, an die Tafel, zeig's ihm."
Der Schwegerl zeigte es ihm an der Tafel mit hageldichten Kreideziffern: 2430 Maurer.
„Siehst du, Hausmann, so was braucht man nicht zu probieren, so was macht man aus dem Handgelenk und haargenau mit Zahlen, die -"
„- nicht lügen", ergänzte Hausmann gehorsam, aber mit einem heimlichen Zwinkern in den Augen.
„Darf ich noch was fragen, Herr Professor?"
„Frage"
„Muss das Resultat bei allen eingesetzten Zahlen stimmen?"
„Wie oft muss ich dir noch sagen: Zahlen irren nicht!"
„Und wenn man den Palast in - in einem Tag bauen wollte, Herr Professor?"
„So braucht man eben so viel Leute mehr. Einmal wirst du's doch begreifen - an die Tafel!"
Hausmann ging an die Tafel, rechnete und verkündete: "In einem Tag wird der Palast gebaut von zweiundsiebzigtausendneunhundert Maurern."
„Stimmt", sagte Schwegerl.
„Hm", sagte der Professor.
„Und in einer Stunde, Herr Professor, nein in einer halben?"
Schwegerls Kreide hagelte: „Eine Million vierhundertachtundfünzigtausend Maurer!", verkündete er.
„Darf ich noch was fragen, Herr Professor?" sagte der Hausmann scheinheilig.
„Wir kommen jetzt zu anderen Dingen", sagte der Professor eilig.
„Ob ich noch was fragen darf?" beharrte der Hausmann.
„Die ewige Fragerei! - also was noch?"
„In der Geschichte haben wir gehabt, dass an einer ägyptischen Pyramide oft viele Königsgeschlechter gebaut haben."
„Na, und?"
„Wenn an unserem Palast 450 Jahre gebaut worden wäre, kann man da auch die Maureranzahl - ?"
„Natürlich kann man - wir kommen jetzt zur Kettenrechnung, Kinder - "
„Können wir nicht vorher die 450 Jahre - ?"
„Ich hab's", schrie der Schwegerl, der's schon vorgerechnet hatte, „der Palast würde in 450 Jahren von - von -" Er stockte.
Hausmann sah ihm ins Heft und ergänzte ehern:
„- von Null Komma fünf Maurern gebaut werden."
Der Professor wurde nervös. Gut, dass es läutete.
Was der Hausmann und der Schwegerl in der Pause miteinander verhandelten, ist eine Geschichte für sich. Nur einen Traum in dieser Nacht muss ich noch erzählen. An einem Palast sah ich eine Million viermal hundertachtundfünzigtausend Maurer bauen. Sie wuhrlten durcheinander, untereinander, übereinander. Sie traten einander auf die Hühneraugen. Sie schrien und schwangen ihre Mörtelkellen. Ein furchtbarer Kampf drohte auszubrechen. Da erschien auf einmal ein einziger Maurer, nein, ein halber Maurer. Einer mit der oberen Hälfte, sonst hätte er nicht seine Stimme erheben können: „Friede sei mit euch. Ich komme euch zu künden, dass der Pharao seinen Sinn geändert hat. Ihr seid entlassen. Ich allein werde den Bau ausführen."
„Wie!", brüllten die anderthalb Millionen Maurer, „du - du allein?"
„Ja, ich kann in der mir bewilligten Bauzeit dasselbe leisten, wie ihr alle zusammen."
„Er ist verrückt - total verrückt!", rollte es durch die anderthalb Millionen.
„Ich bin nicht verrückt", sagte gemessen der halbe Maurer, „ein Mann aus dem Westen ist zum Pharao gekommen und hat es ihm berechnet." „Wo - wo ist die Rechnung?", rief es durcheinander.
Da hob der halbe Maurer ein Blatt Papier in die Höhe. Ich konnte es im Traum deutlich sehen. Unsere letzte Regeldetriaufgabe stand darauf. Und unterschrieben war sie mit: Theobald Kinzelmann, Professor und Obermaurer am Ludwigsgymnasium in München. Da ergriff die anderthalb Millionen Maurer ein fürchterlicher Zorn, und sie erhoben sich und - gut, dass die Mutter mich gerade weckte.

Vorbemerkung zu den Jahrgangsarbeiten

Eine Jahrgangsarbeit enthält Aufgaben zu den verschiedenen Themenbereichen, die du in diesem Schuljahr kennen gelernt hast. Damit erhältst du die Möglichkeit zu überprüfen, wie gut du den Stoff verstanden hast. Die Arbeitszeit beträgt 45 Minuten. Trage deine Lösungswege und Ergebnisse auf den Aufgabenblättern ein.
Zur Korrektur verwendest du die ausführlichen Lösungen. Beachte die Verrechnungspunktezahlen zu jeder Teilaufgabe. Mit der Umrechnungstabelle auf Seite 10 kannst du dir eine Note geben und damit deinen Leistungsstand einschätzen.

1 (1 + 1 + 1 + 1 + 1 + 1 VP)
Kreuze die richtige Lösung an.

a) $\frac{2}{3}:\frac{3}{4}-\frac{1}{4}$

☐ $\frac{1}{4}$ ☐ $\frac{4}{3}$ ☐ $\frac{23}{36}$ ☐ $\frac{7}{5}$

b) $2{,}7-\frac{1}{2}\cdot(-4)$

☐ −8,8 ☐ 0,7 ☐ 12,8 ☐ 4,7

c) $\frac{5}{6}+1{,}8:3$

☐ $\frac{79}{90}$ ☐ $\frac{43}{30}$ ☐ $6\frac{7}{30}$ ☐ Keine Angabe ist richtig.

d) $2{,}03\cdot5{,}4$

☐ 10,120 ☐ 10,812 ☐ 10,962 ☐ Keine Angabe ist richtig.

e) $61{,}25:(-4{,}9)$

☐ 12,5 ☐ −12,05 ☐ −12,5 ☐ Keine Angabe ist richtig.

f) $4{,}38:0{,}0001$

☐ 438 000 ☐ 43 800 ☐ 0,000438 ☐ 0,00438

2 (2 + 2 VP)

a) Schreibe die richtigen Zahlen an die Pfeile.

b) Zeichne einen geeigneten Ausschnitt aus der Zahlengeraden und markiere dort $-\frac{5}{6}$; −1,5; $\frac{1}{3}$ und −0,25.

3 (2 + 2 VP)

a) Zeichne ein Parallelogramm ABCD mit $\overline{AB}$ = 8,0 cm, $\overline{BC}$ = 6,0 cm und α = 60°.

b) Miss die Weiten der Winkel ∢CBA, ∢ADB und ∢BAC.
Unter welchem Winkel schneiden sich die Diagonalen?

4 (0,5 + 0,5 + 0,5 + 0,5 VP)
Fülle die Lücken aus.

a) Petra ist x Jahre alt. Ihre Mutter ist viermal so alt. Ihr Alter ist ________ Jahre.

b) Eine Flasche Mineralwasser kostet y Cent. Der Kasten mit 12 Flaschen kostet

___________ Cent, das sind 39 Cent weniger als die Einzelflaschen zusammen.

c) Eine ganze Zahl heißt z. Verringert man die Hälfte dieser Zahl um 3, so erhält

man ____________ .

d) Die Seitenlänge eines Quadrats ist a. Sein Flächeninhalt ist _______________ .

5 (2 + 1 + 1 VP)
Das Diagramm zeigt die (idealisierte) Bewegung eines Fahrzeugs.

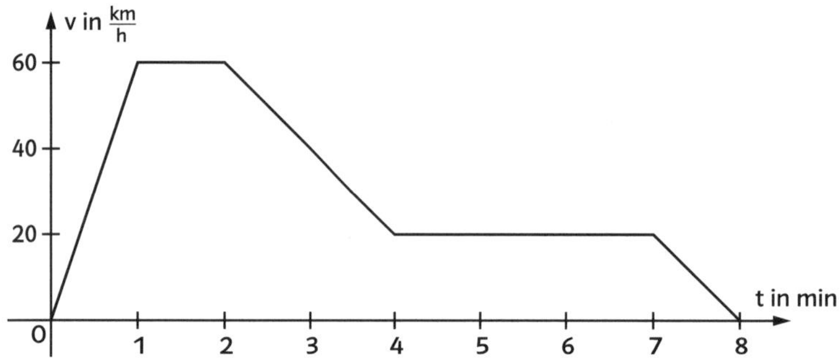

a) Beschreibe diese Bewegung.
b) Lies ab: Zu welchen Zeitpunkten ist die Geschwindigkeit 10 $\frac{km}{h}$?
Wie groß ist die Geschwindigkeit nach 3 min?
c) Welchen Weg hat das Fahrzeug zwischen der 4. und 7. Minute zurückgelegt?

6 (4 VP)
Die deutsche Post hat im Juni 2005 zu Werbezwecken im Hinblick auf die Fußballweltmeisterschaft 2006 den Rasen eines 105 m langen und 70 m breiten Stadions mit lauter gelben Fußbällen füllen lassen.

Fussball
Durchmesser: 21,5 – 22,5 cm;
Gewicht: 353 – 396 g.

Wie viele Bälle waren dazu wohl nötig? Begründe deine Überlegungen.

Viel Erfolg!

1 (0,5 + 0,5 + 0,5 + 0,5 VP)
Berechne.

a) 30 % von 213 €

b) 25% von 30 dm^2

c) 9 % von 5 kg

d) 15 % von 2 h

2 (2 + 2 VP)

a) Schreibe einen Rechenausdruck auf und berechne seinen Wert.
Multipliziere die Differenz von 3,5 und −4,9 mit dem Quotienten aus $\left(-\frac{3}{7}\right)$ und $\frac{6}{5}$.

b) Schreibe zum folgenden Rechenausdruck einen Text und berechne den Wert des Ausdrucks: $\left(-\frac{8}{5}\right) \cdot (-0{,}02) - 0{,}32$.

3 (2 + 2 VP)
a) Ein Rechteck mit dem Umfang U = 20 cm hat die Länge a.
Schreibe eine Wertetabelle auf, die jeder Seitenlänge a die zugehörige Seitenlänge b zuordnet.

b) Zeichne ein Diagramm.

4 (4 VP)
Welche der Zahlen sind teilbar? Kreuze an.

Zahl ist teilbar durch	2	3	4	5	6	9	10
424							
819							
1200							
2700							

5 (2 + 2 VP)
Ein kleiner Verlag vertreibt Gemeindeblätter, in denen auch Anzeigen veröffentlicht werden können. Der Verlag nennt die nebenstehenden Anzeigenpreise.
a) Was würde eine Anzeige im Format „90 mm breit × 100 mm hoch“ wohl kosten? Begründe deinen Rechenweg.

90 mm breit x 30 mm hoch = 16,20 €

90 mm breit x 40 mm hoch = 21,60 €

90 mm breit x 60 mm hoch = 32,40 €

90 mm breit x 80 mm hoch = 43,20 €

Alle Preise gelten für eine Anzeige je Ort und Woche.

Farbzuschlag:
30 % vom Anzeigenpreis, mindestens aber 98,00 €.

b) Der Verlag ist auch zu Sondermaßen bei gleichen Konditionen bereit.
Was würde eine Anzeige im Format „120 mm breit × 120 mm hoch“ kosten?

6 (1 + 2 + 1 + 2 VP)
Die folgende Liste von 25 Zahlen ist gegeben.

Zahl	5	6	7	8	9	10	11	12	13	14	15
Anzahl	1	1	5	2	3	2	3	3	1	1	3

a) Gib die absolute und die relative Häufigkeit der Zahl 8 an.

b) Berechne das arithmetische Mittel der Liste und gib den Median an.

c) Bestimme das untere und das obere Quartil.

d) Zeichne den Boxplot zu dieser Liste von Zahlen.

Viel Erfolg!

1 (1 + 1 + 1 + 1 VP)
Berechne.

a) $17{,}3 - (17{,}3 - 9) \cdot 2$

b) $\frac{7}{9} + \frac{1}{3} \cdot \left(2{,}1 - \frac{3}{5}\right)$

c) $0{,}075 : 25 + 0{,}01$

d) $(-0{,}2)^2 + (-0{,}2)^3 + (-0{,}2)^4$

2 (2 + 2 VP)
a) Schreibe die richtigen Zahlen an die Pfeile.

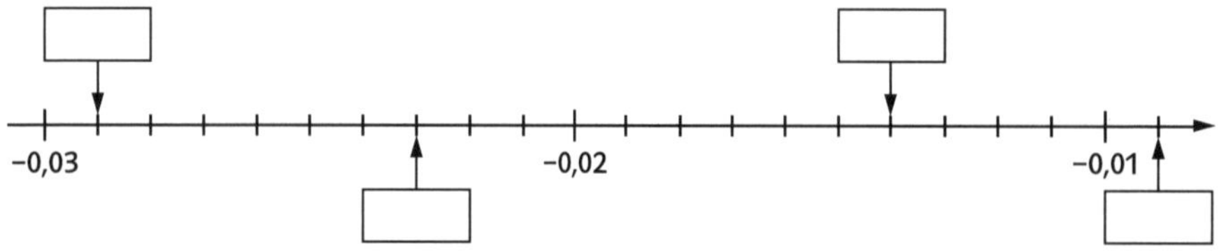

b) Zeichne einen geeigneten Ausschnitt aus der Zahlengeraden und markiere dort $\frac{5}{8}$, −0,375, −1 und 0,25.

3 (1 + 1 + 1 + 2 VP)
Durch das nebenstehende Säulendiagramm wird die Notenverteilung einer Klassenarbeit beschrieben.

a) Gib in der Tabelle die absoluten und die relativen Häufigkeiten aller Noten an.

Note	1	2	3	4	5	6
Absolute Häufigkeit						
Relative Häufigkeit						

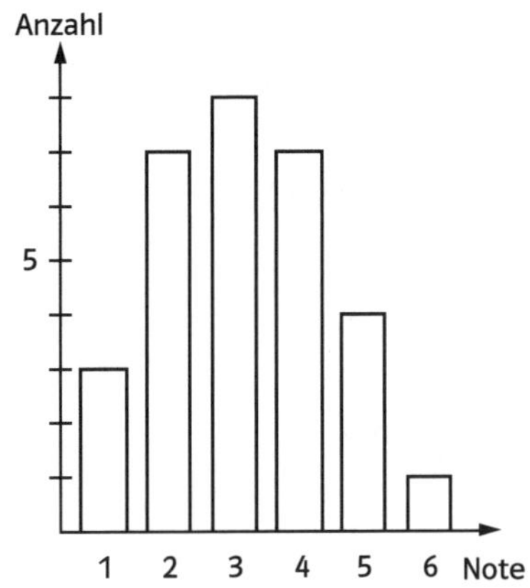

b) Berechne den Durchschnitt dieser Klassenarbeit.

c) Wie würde sich der Durchschnitt verändern, wenn keine Note unter 4 vorgekommen wäre?

d) Zeichne ein Kreisdiagramm zu dieser Notenverteilung. Erkläre.

4 (2 + 1 + 1 + 1 VP)
Im Rahmen der Vorsorgeuntersuchungen bei Babys und Kleinkindern werden Gewicht und Körpergröße gemessen und im sogenannten „Somatogramm“ durch Kreuze markiert.

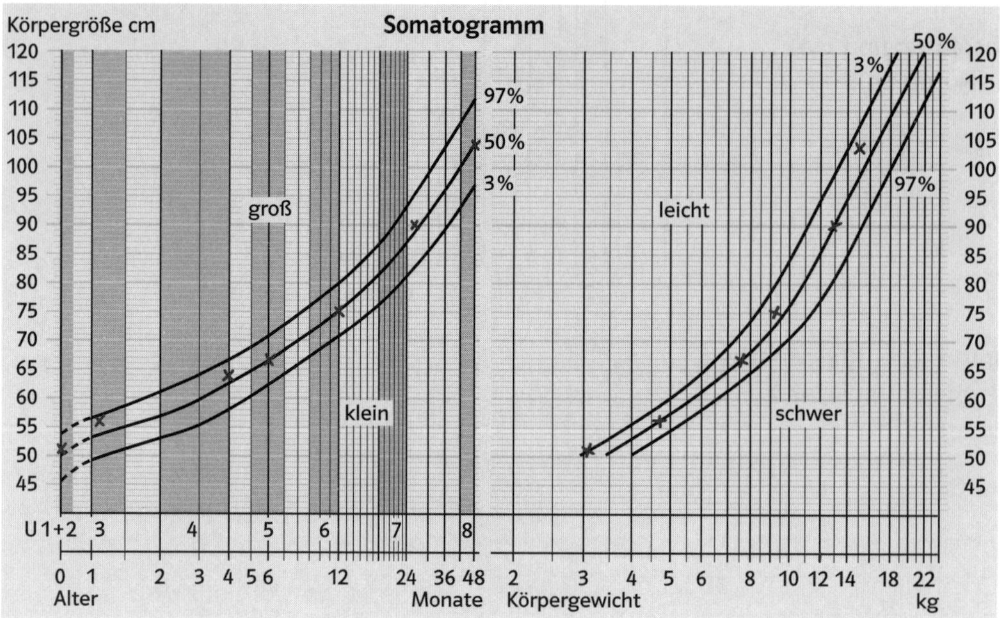

a) Die Abbildung zeigt das Somatogramm von Susanne. Wie groß und wie schwer war Susanne im Alter von sechs Monaten bzw. einem Jahr?

b) Monika war im Alter von zwei Jahren 95 cm groß und wog 18 kg.
War sie von Größe oder Gewicht auffällig?

c) Peter war im Alter von einem Jahr 85 cm groß.
Welche Körpergewichte wären für ihn im Normbereich?

d) Wie groß und wie schwer sind vierjährige Kinder, wenn sie im Normbereich liegen?

5 (2 VP)
In jedem Feld der Zahlenmauer steht ein Term, der gleich der Summe der beiden Terme in den darunterliegenden Feldern ist.
Ergänze die fehlenden Terme in der Zahlenmauer.

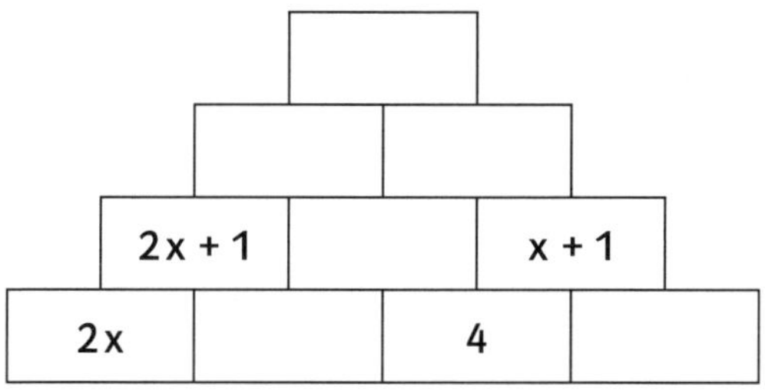

6 (1 + 1 + 1 + 1 VP)
Julia: „Schau mal, ich habe eine neue Rechenvorschrift erfunden!
Hier sind Beispielrechnungen:
$2 \otimes 3 = 1$; $\frac{2}{5} \otimes \frac{5}{2} = -\frac{19}{10}$."
Tommy: „Wie rechnest du denn dabei?"
Julia: „Ganz einfach: $a \otimes b$ soll bedeuten, dass ich vom Produkt der Zahlen ihre Summe subtrahiere."
a) Prüfe die Beispiele von Julia nach.

b) Berechne $6 \otimes (-1)$ und $\frac{1}{2} \otimes \frac{1}{2}$.

c) Findest du eine Zahl a so, dass a ⊗ 2 = 0 gilt?

d) Gilt bei dieser Rechenvorschrift für alle a, b ∈ ℚ das Kommutativgesetz?

Viel Erfolg!

1

Kreuze die richtige Lösung an.

VP:

a) $\frac{2}{3} : \frac{3}{4} - \frac{1}{4}$

☐ $\frac{1}{4}$ ☐ $\frac{4}{3}$ ☒ $\frac{23}{36}$ ☐ $\frac{7}{5}$ 1 ☐

b) $2{,}7 - \frac{1}{2} \cdot (-4)$

☐ −8,8 ☐ 0,7 ☐ 12,8 ☒ 4,7 1 ☐

c) $\frac{5}{6} + 1{,}8 : 3$

☐ $\frac{79}{90}$ ☒ $\frac{43}{30}$ ☐ $6\frac{7}{30}$ ☐ Keine Angabe ist richtig. 1 ☐

d) $2{,}03 \cdot 5{,}4$

☐ 10,120 ☐ 10,812 ☒ 10,962 ☐ Keine Angabe ist richtig. 1 ☐

e) $61{,}25 : (-4{,}9)$

☐ 12,5 ☐ −12,05 ☒ −12,5 ☐ Keine Angabe ist richtig. 1 ☐

f) $4{,}38 : 0{,}0001$

☐ 438 000 ☒ 43 800 ☐ 0,000438 ☐ 0,00438 1 ☐

a) $\frac{2}{3} : \frac{3}{4} - \frac{1}{4} = \frac{2}{3} \cdot \frac{4}{3} - \frac{1}{4} = \frac{8}{9} - \frac{1}{4} = \frac{32}{36} - \frac{9}{36} = \frac{23}{36}$

b) $2{,}7 - \frac{1}{2} \cdot (-4) = 2{,}7 + \frac{1}{2} \cdot 4 = 2{,}7 + 2 = 4{,}7$

c) $\frac{5}{6} + 1{,}8 : 3 = \frac{5}{6} + 0{,}6 = \frac{5}{6} + \frac{6}{10} = \frac{5}{6} + \frac{3}{5} = \frac{25}{30} + \frac{18}{30} = \frac{43}{30}$

d) $2{,}03 \cdot 5{,}4 = 10{,}962$

Nebenrechnung:

```
203 · 54
 1015
  812
 10962
```

e) $61{,}25 : (-4{,}9) = -12{,}5$

Nebenrechnung:

```
612,5 : 49 = 12,5
49
122
 98
 245
 245
   0
```

f) $4{,}38 : 0{,}0001 = 43800$

(Kommaverschiebung um vier Stellen nach rechts.)

VP:

2

a) Schreibe die richtigen Zahlen an die Pfeile.

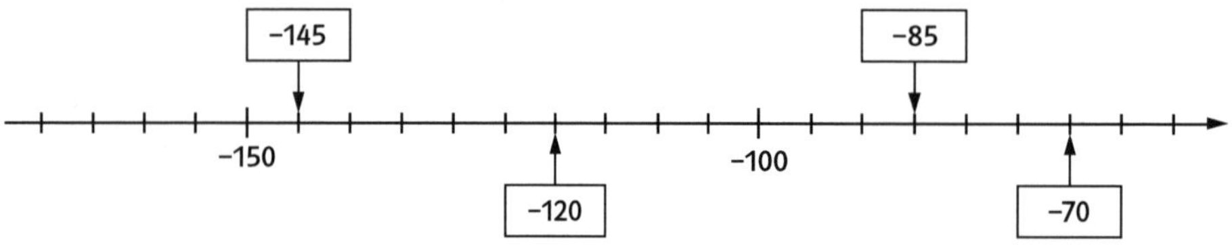

2 ☐

b) Zeichne einen geeigneten Ausschnitt aus der Zahlengeraden und markiere dort $-\frac{5}{6}$; –1,5; $\frac{1}{3}$ und –0,25.

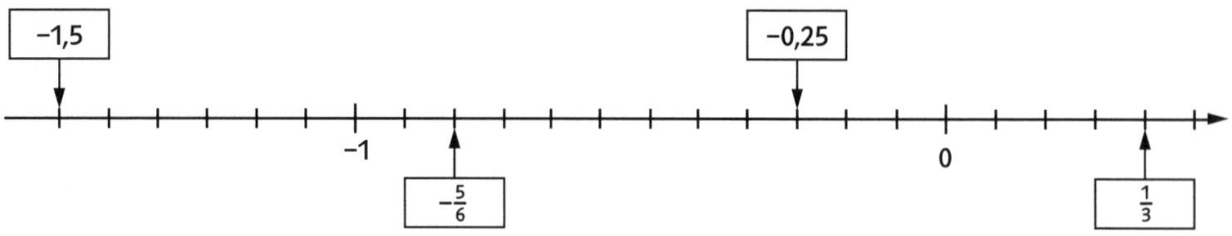

2 ☐

3

a) Zeichne ein Parallelogramm ABCD mit $\overline{AB}$ = 8,0 cm, $\overline{BC}$ = 6,0 cm und α = 60°.

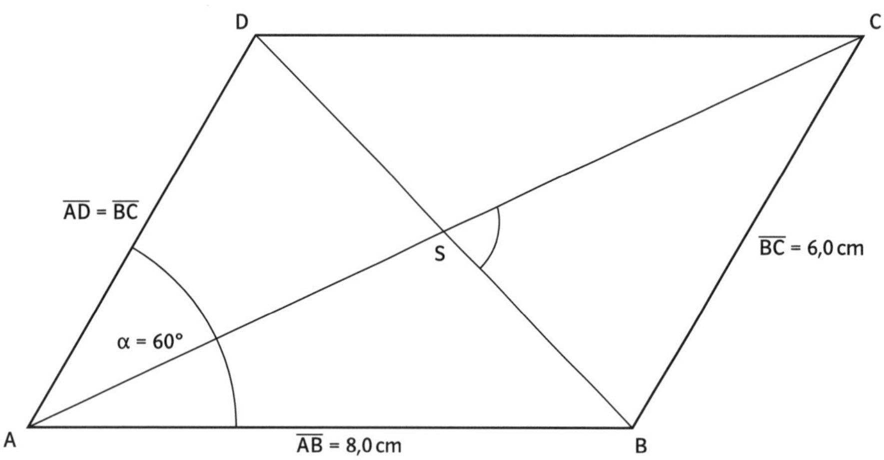

2 ☐

b) Miss die Weiten der Winkel ∢CBA, ∢ADB und ∢BAC.
Unter welchem Winkel schneiden sich die Diagonalen?

Winkelweiten:
∢CBA = 120°
∢ADB = 74°
∢BAC = 25°
Schnittwinkel der Diagonalen:
∢BSC = 71,5°

2 ☐

VP:

4

Fülle die Lücken aus.

a) Petra ist x Jahre alt. Ihre Mutter ist viermal so alt. Ihr Alter ist *$4 \cdot x$* Jahre. 0,5 ☐

b) Eine Flasche Mineralwasser kostet y Cent. Der Kasten mit 12 Flaschen kostet

$12 \cdot y - 39$ Cent, das sind 39 Cent weniger als die Einzelflaschen zusammen. 0,5 ☐

c) Eine ganze Zahl heißt z. Verringert man die Hälfte dieser Zahl um 3, so erhält

man *$z:2 - 3$* . 0,5 ☐

d) Die Seitenlänge eines Quadrates ist a. Sein Flächeninhalt ist *$a \cdot a$* . 0,5 ☐

5

Das Diagramm zeigt die (idealisierte) Bewegung eines Fahrzeugs.

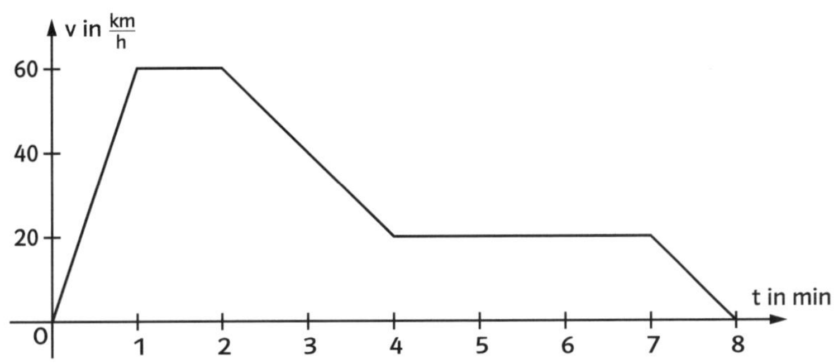

a) Beschreibe diese Bewegung.
b) Lies ab: Zu welchen Zeitpunkten ist die Geschwindigkeit 10 $\frac{km}{h}$?
Wie groß ist die Geschwindigkeit nach 3 min?
c) Welchen Weg hat das Fahrzeug zwischen der 4. und 7. Minute zurückgelegt?

a) Das Fahrzeug startet aus der Ruhe heraus und wird gleichmäßig schneller, bis es nach einer Minute eine Geschwindigkeit von 60 $\frac{km}{h}$ hat. Anschließend bewegt es sich mit der konstanten Geschwindigkeit von 60 $\frac{km}{h}$ eine Minute lang weiter. In den folgenden zwei Minuten verringert sich die Geschwindigkeit gleichmäßig auf 20 $\frac{km}{h}$. Diese Geschwindigkeit wird drei Minuten lang beibehalten. In der achten Minute verringert das Fahrzeug seine Geschwindigkeit gleichmäßig bis zum Stillstand. 2 ☐

b) Die Geschwindigkeit 10 $\frac{km}{h}$ wird nach $\frac{1}{6}$ min erreicht. Nach 3 min beträgt die Geschwindigkeit 40 $\frac{km}{h}$. 1 ☐

c) Das Fahrzeug bewegt sich drei Minuten lang mit der Geschwindigkeit 20 $\frac{km}{h}$.

1 h = 60 min ≙ 20 km

3 min ≙ 20 km : 20 = 1 km

Zwischen der 4. und 7. Minute legt das Fahrzeug 1 km zurück. 1 ☐

VP:

6

Die deutsche Post hat im Juni 2005 zu Werbezwecken im Hinblick auf die Fußballweltmeisterschaft 2006 den Rasen eines 105 m langen und 70 m breiten Stadions mit lauter gelben Fußbällen füllen lassen.

Fussball
Durchmesser: 21,5 – 22,5 cm;
Gewicht: 353 – 396 g.

Wie viele Bälle waren dazu wohl nötig? Begründe deine Überlegungen.

Annahmen:
Die Bälle werden folgendermaßen ausgelegt:

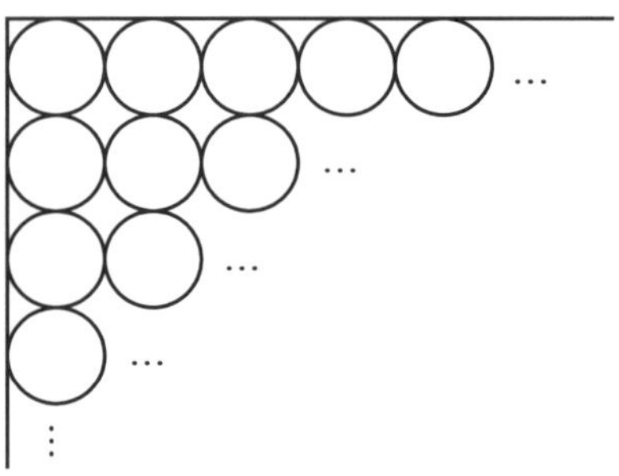

Für jeden Fußball wird der Durchmesser 22 cm angenommen. 1 ☐

Rechnungen:
Anzahl der Bälle an einer langen Seite:
105 m : 22 cm = 105 m : 0,22 m ≈ 477 1 ☐
Anzahl der Bälle an einer kurzen Seite:
70 m : 22 cm = 70 m : 0,22 m ≈ 318 1 ☐
Folglich passen mindestens 477 · 318 = 132 606 Bälle auf den Platz.
Man brauchte also wohl mehr als 132 000 Bälle. 1 ☐

VP:

1

Berechne.

a) 30 % von 213 €

30 % von 213 € = $\frac{30}{100} \cdot 213$ €
= $\frac{3}{10} \cdot 213$ €
= $\frac{639}{10}$ €
= 63,90 €

b) 25% von 30 dm²

25% von 30 dm² = $\frac{25}{100} \cdot 30\,dm^2$
= $\frac{750}{100}\,dm^2$
= $7{,}5\,dm^2$
(= $750\,cm^2$)

0,5 ☐
0,5 ☐

c) 9 % von 5 kg

9 % von 5 kg = $\frac{9}{100} \cdot 5\,kg$
= $\frac{45}{100}\,kg$
= 0,45 kg (= 450 g)

d) 15 % von 2 h

15 % von 2 h = $\frac{15}{100} \cdot 2\,h$
= $\frac{30}{100}\,h$
= 0,3 h (= 18 min)

0,5 ☐
0,5 ☐

2

a) Schreibe einen Rechenausdruck auf und berechne seinen Wert.
Multipliziere die Differenz von 3,5 und –4,9 mit dem Quotienten aus $\left(-\frac{3}{7}\right)$ und $\frac{6}{5}$.

$(3{,}5 - (-4{,}9)) \cdot \left(\left(-\frac{3}{7}\right) : \frac{6}{5}\right)$
$= (3{,}5 + 4{,}9) \cdot \left(\left(-\frac{3}{7}\right) \cdot \frac{5}{6}\right)$
$= 8{,}4 \cdot \left(-\frac{3 \cdot 5}{7 \cdot 6}\right)$
$= 8{,}4 \cdot \left(-\frac{1 \cdot 5}{7 \cdot 2}\right)$
$= 8{,}4 \cdot \left(-\frac{5}{14}\right)$
$= -\frac{84}{10} \cdot \frac{5}{14}$
$= -\frac{84 \cdot 5}{10 \cdot 14}$
$= -\frac{6 \cdot 1}{2 \cdot 1}$
$= -3$

2 ☐

b) Schreibe zum folgenden Rechenausdruck einen Text und berechne den Wert des Ausdrucks: $\left(-\frac{8}{5}\right) \cdot (-0{,}02) - 0{,}32$.

Subtrahiere 0,32 vom Produkt der Zahlen $-\frac{8}{5}$ und –0,02.

$\left(-\frac{8}{5}\right) \cdot (-0{,}02) - 0{,}32$
$= \left(-\frac{8}{5}\right) \cdot \left(-\frac{2}{100}\right) - \frac{32}{100}$
$= +\frac{8 \cdot 2}{5 \cdot 100} - \frac{32}{100}$
$= \frac{16}{500} - \frac{32}{100}$
$= \frac{16}{500} - \frac{160}{500}$
$= -\frac{144}{500}$
$= -\frac{36}{125}$

oder

$\left(-\frac{8}{5}\right) \cdot (-0{,}02) - 0{,}32$
$= (-1{,}6) \cdot (-0{,}02) - 0{,}32$
$= +1{,}6 \cdot 0{,}02 - 0{,}32$
$= 0{,}032 - 0{,}32$
$= -0{,}288$

2 ☐

VP:

3

a) Ein Rechteck mit dem Umfang U = 20 cm hat die Länge a.
Schreibe eine Wertetabelle auf, die jeder Seitenlänge a die zugehörige Seitenlänge b zuordnet.

Es gilt:

$U = 2 \cdot (a+b)$

$a+b = \frac{U}{2}$

$b = \frac{U}{2} - a$

$b = 10\,cm - a$

Wertetabelle:

a	*1 cm*	*2 cm*	*3 cm*	*4 cm*	*5 cm*	*6 cm*	*7 cm*	*8 cm*	*9 cm*
b	*9 cm*	*8 cm*	*7 cm*	*6 cm*	*5 cm*	*4 cm*	*3 cm*	*2 cm*	*1 cm*

2 ☐

b) Zeichne ein Diagramm.

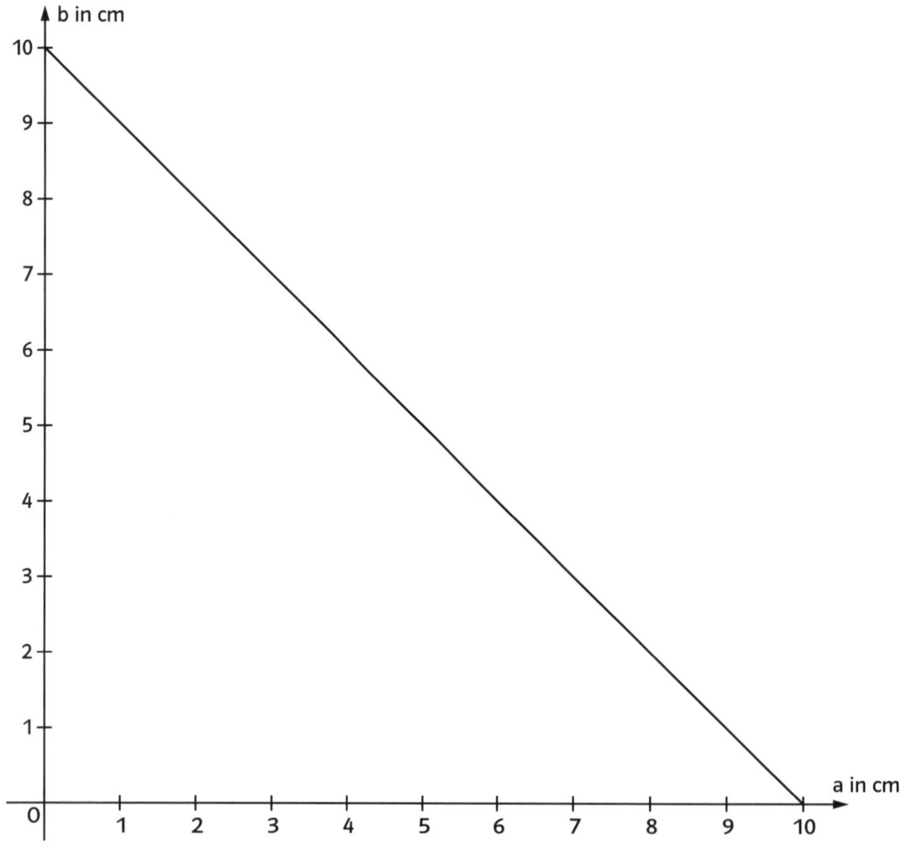

2 ☐

4

Welche der Zahlen sind teilbar? Kreuze an.

Zahl ist teilbar durch	2	3	4	5	6	9	10
424	X		X				
819		X				X	
1200	X	X	X	X	X		X
2700	X	X	X	X	X	X	X

4 ☐

VP:

5

Ein kleiner Verlag vertreibt Gemeindeblätter, in denen auch Anzeigen veröffentlicht werden können. Der Verlag nennt die nebenstehenden Anzeigenpreise.

a) Was würde eine Anzeige im Format „90 mm breit × 100 mm hoch" wohl kosten? Begründe deinen Rechenweg.

90 mm breit x 30 mm hoch = 16,20 €

90 mm breit x 40 mm hoch = 21,60 €

90 mm breit x 60 mm hoch = 32,40 €

90 mm breit x 80 mm hoch = 43,20 €

Alle Preise gelten für eine Anzeige je Ort und Woche.

Farbzuschlag:
30 % vom Anzeigenpreis, mindestens aber 98,00 €.

Alle angebotenen Anzeigenformate haben die gleiche Breite 90 mm. Die 60 mm hohe Anzeige kostet doppelt soviel wie die 30 mm hohe, die 80 mm hohe Anzeige kostet doppelt so viel wie die 40 mm hohe. Es könnte also wohl der Dreisatz „Je-mehr-desto-mehr" anwendbar sein. Dann müsste die 40 mm hohe Anzeige $\frac{4}{3}$-mal so teuer sein wie die 30 mm hohe. Dies ist tatsächlich der Fall, denn es gilt: $\frac{4}{3} \cdot 16{,}20\,€ = 21{,}60\,€$.

	Höhe der Anzeige	*Preis*	
$:3$	*30 mm*	*16,20 €*	$:3$
$\cdot 10$	*10 mm*	*5,40 €*	$\cdot 10$
	100 mm	*54,00 €*	

Eine 100 mm hohe Anzeige würde wohl 54,00 € kosten.
Alternative:
Man kann auch die Preise für die 40 mm und 60 mm hohen Anzeigen addieren und erhält dasselbe Ergebnis.

2 ☐

b) Der Verlag ist auch zu Sondermaßen bei gleichen Konditionen bereit. Was würde eine Anzeige im Format „120 mm breit × 120 mm hoch" kosten?

Anzeigenbreite 90 mm:

	Höhe der Anzeige	*Preis*	
$\cdot 2$	*60 mm*	*32,40 €*	$\cdot 2$
	120 mm	*64,80 €*	

Anzeigenhöhe 120 mm:

	Breite der Anzeige	*Preis*	
$\cdot \frac{4}{3}$	*90 mm*	*64,80 €*	$\cdot \frac{4}{3}$
	120 mm	*86,40 €*	

Eine Anzeige mit der Breite 120 mm und der Höhe 120 mm würde wohl 86,40 € kosten.

2 ☐

6

Die folgende Liste von 25 Zahlen ist gegeben.

Zahl	5	6	7	8	9	10	11	12	13	14	15
Anzahl	1	1	5	2	3	2	3	3	1	1	3

VP:

a) Gib die absolute und die relative Häufigkeit der Zahl 8 an.

Die absolute Häufigkeit der Zahl 8 ist 2.
Die relative Häufigkeit der Zahl 8 ist $\frac{2}{25} = \frac{8}{100} = 8\,\%$. 1 ☐

b) Berechne das arithmetische Mittel der Liste und gib den Median an.

Arithmetisches Mittel:
$(1 \cdot 5 + 1 \cdot 6 + 5 \cdot 7 + 2 \cdot 8 + 3 \cdot 9 + 2 \cdot 10 + 3 \cdot 11 + 3 \cdot 12 + 1 \cdot 13 + 1 \cdot 14 + 3 \cdot 15) : 25$
$= 250 : 25$
$= 10$
Der Median ist die 13. Zahl der Liste und daher 10. 2 ☐

c) Bestimme das untere und das obere Quartil.

Die untere Hälfte der Zahlen ist eine Liste von zwölf Zahlen. Das untere Quartil ist der Median dieser zwölf Zahlen und daher das arithmetische Mittel der sechsten Zahl 7 und der siebten Zahl 7. Das untere Quartil ist daher 7.

Die obere Hälfte der Zahlen ist eine Liste von zwölf Zahlen. Das obere Quartil ist der Median dieser zwölf Zahlen und daher das arithmetische Mittel der 19. Zahl 12 und der 20. Zahl 12. Das obere Quartil ist daher 12. 1 ☐

d) Zeichne den Boxplot zu dieser Liste von Zahlen.

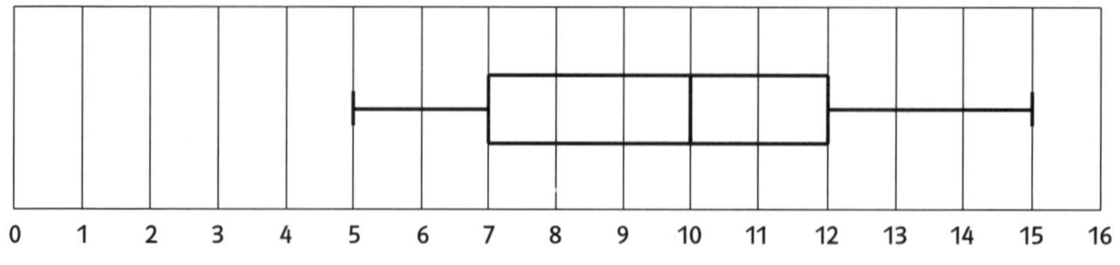

2 ☐

VP:

1

Berechne.

a) $17{,}3 - (17{,}3 - 9) \cdot 2$

$17{,}3 - (17{,}3 - 9) \cdot 2$
$= 17{,}3 - 8{,}3 \cdot 2$
$= 17{,}3 - 16{,}6$
$= 0{,}7$

b) $\frac{7}{9} + \frac{1}{3} \cdot \left(2{,}1 - \frac{3}{5}\right)$

$\frac{7}{9} + \frac{1}{3} \cdot \left(2{,}1 - \frac{3}{5}\right)$
$= \frac{7}{9} + \frac{1}{3} \cdot (2{,}1 - 0{,}6)$
$= \frac{7}{9} + \frac{1}{3} \cdot 1{,}5$
$= \frac{7}{9} + \frac{1}{3} \cdot \frac{3}{2}$
$= \frac{7}{9} + \frac{1}{2}$
$= \frac{14}{18} + \frac{9}{18}$
$= \frac{23}{18}$

1
1

c) $0{,}075 : 25 + 0{,}01$

$0{,}075 : 25 + 0{,}01$
$= 75 : 25\,000 + 0{,}01$
$= \frac{75}{25\,000} + 0{,}01$
$= \frac{3}{1000} + 0{,}01$
$= 0{,}003 + 0{,}01$
$= 0{,}013$

d) $(-0{,}2)^2 + (-0{,}2)^3 + (-0{,}2)^4$

$(-0{,}2)^2 + (-0{,}2)^3 + (-0{,}2)^4$
$= +0{,}04 - 0{,}008 + 0{,}0016$
$= 0{,}032 + 0{,}0016$
$= 0{,}0336$

1
1

2

a) Schreibe die richtigen Zahlen an die Pfeile.

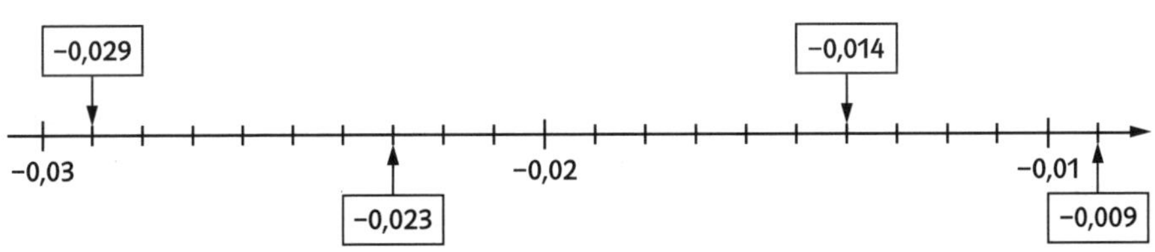

2

b) Zeichne einen geeigneten Ausschnitt aus der Zahlengeraden und markiere dort $\frac{5}{8}$, –0,375, –1 und 0,25.

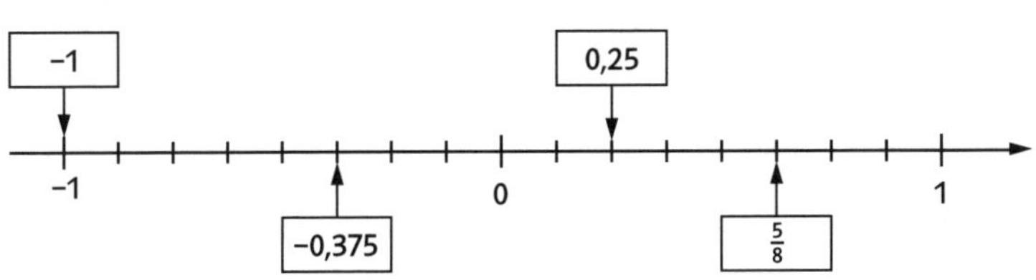

2

VP:

3

Durch das nebenstehende Säulendiagramm wird die Notenverteilung einer Klassenarbeit beschrieben.

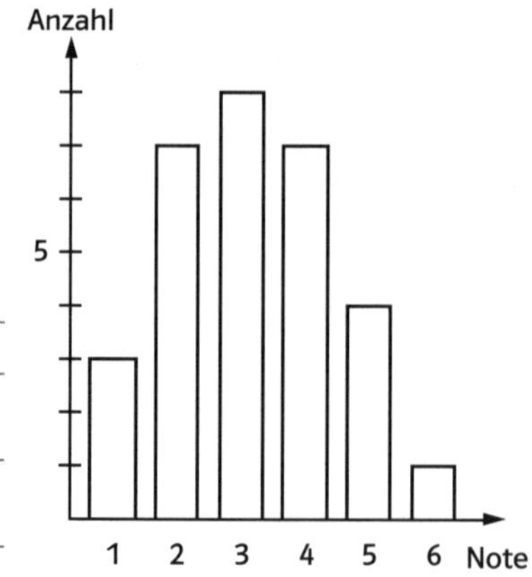

a) Gib in der Tabelle die absoluten und die relativen Häufigkeiten aller Noten an.

Note	1	2	3	4	5	6
Absolute Häufigkeit	*3*	*7*	*8*	*7*	*4*	*1*
Relative Häufigkeit	$\frac{3}{30}$	$\frac{7}{30}$	$\frac{8}{30}$	$\frac{7}{30}$	$\frac{4}{30}$	$\frac{1}{30}$

1 ☐

b) Berechne den Durchschnitt dieser Klassenarbeit.

Arithmetisches Mittel dieser Klassenarbeitsnoten:
$(3 \cdot 1 + 7 \cdot 2 + 8 \cdot 3 + 4 \cdot 7 + 5 \cdot 4 + 6 \cdot 1) : 30$
$= 95 : 30$
$= 3{,}166\ldots$
$\approx 3{,}2$

1 ☐

c) Wie würde sich der Durchschnitt verändern, wenn keine Note unter 4 vorgekommen wäre?

Wenn keine Note unter 4 vorgekommen wäre, so wären die fünf schlechtesten der 30 Noten mindestens Note 4. Die Summe aller Noten wäre daher nicht mehr 95, sondern 89.
$89 : 30$
$= 2{,}966\ldots$
$\approx 3{,}0$

Der Durchschnitt hätte sich daher auf wenigstens 3,0 verbessert.

1 ☐

d) Zeichne ein Kreisdiagramm zu dieser Notenverteilung. Erkläre.

Für jeden Schüler wird ein Kreisausschnitt mit dem Mittelpunktswinkel $\frac{360°}{30} = 12°$ *erforderlich. Daher sind für die Noten 1, 2, 3, 4, 5 und 6 Kreisausschnitte mit den Mittelpunktswinkeln 36°, 84°, 96°, 84°, 48° und 12° zu zeichnen.*

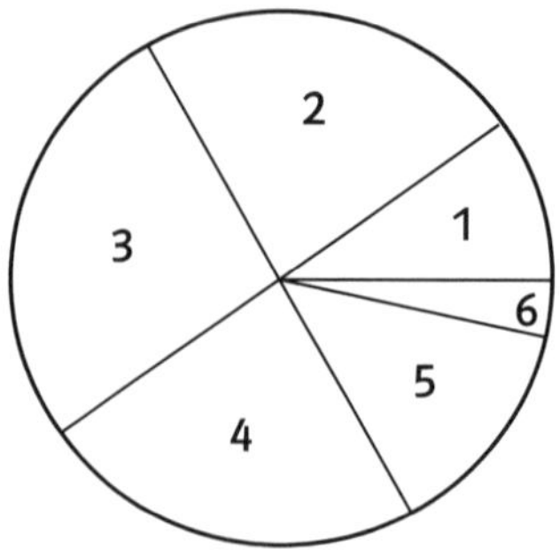

2 ☐

4

VP:

Im Rahmen der Vorsorgeuntersuchungen bei Babys und Kleinkindern werden Gewicht und Körpergröße gemessen und im sogenannten „Somatogramm" durch Kreuze markiert.

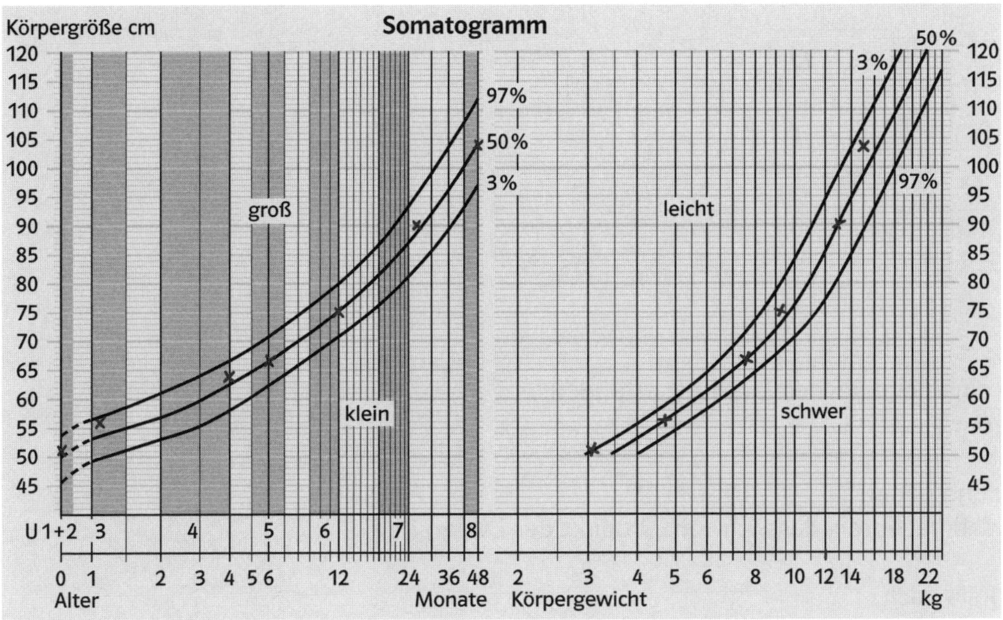

a) Wie groß und wie schwer war Susanne im Alter von sechs Monaten bzw. einem Jahr?

Alter	*Größe*	*Gewicht*
6 Monate	*66,7 cm*	*7,5 kg*
12 Monate	*75 cm*	*9,3 kg*

2 ☐

b) Monika war im Alter von zwei Jahren 95 cm groß und wog 18 kg.
War sie von Größe oder Gewicht auffällig?

Monika liegt mit der Größe von 95 cm im Bereich „groß" und mit dem Gewicht 18 kg im Bereich „schwer".

1 ☐

c) Peter war im Alter von einem Jahr 85 cm groß.
Welche Körpergewichte wären für ihn im Normbereich?

Bei einem Alter von einem Jahr und einer Größe von 85 cm wären Gewichte zwischen 10 kg und knapp 14 kg im Normalbereich.

1 ☐

d) Wie groß und wie schwer sind vierjährige Kinder, wenn sie im Normbereich liegen?

Vierjährige Kinder im Normbereich sind zwischen 97 cm und 112 cm groß und zwischen knapp 12,5 kg und 22 kg schwer.

1 ☐

VP:

5

In jedem Feld der Zahlenmauer steht ein Term, der gleich der Summe der beiden Terme in den darunterliegenden Feldern ist.
Ergänze die fehlenden Terme in der Zahlenmauer.

			3x + 12			
		2x + 6		*x + 6*		
	2x + 1		*5*		x + 1	
2x		*1*		4		*x − 3*

2 ☐

6

Julia: „Schau mal, ich habe eine neue Rechenvorschrift erfunden!
Hier sind Beispielrechnungen:
$2 \otimes 3 = 1$; $\frac{2}{5} \otimes \frac{5}{2} = -\frac{19}{10}$."
Tommy: „Wie rechnest du denn dabei?"
Julia: „Ganz einfach: a ⊗ b soll bedeuten, dass ich vom Produkt der Zahlen ihre Summe subtrahiere."
a) Prüfe die Beispiele von Julia nach.

$$2 \otimes 3 = 2 \cdot 3 - (2 + 3) = 6 - 5 = 1$$

$$\frac{2}{5} \otimes \frac{5}{2} = \frac{2}{5} \cdot \frac{5}{2} - \left(\frac{2}{5} + \frac{5}{2}\right) = 1 - \left(\frac{4}{10} + \frac{25}{10}\right) = 1 - \frac{29}{10} = \frac{10}{10} - \frac{29}{10} = -\frac{19}{10}$$

Die Beispielrechnungen von Julia sind korrekt.

1 ☐

b) Berechne $6 \otimes (-1)$ und $\frac{1}{2} \otimes \frac{1}{2}$.

$$6 \otimes (-1) = 6 \cdot (-1) - (6 + (-1)) = -6 - 5 = -11$$

$$\frac{1}{2} \otimes \frac{1}{2} = \frac{1}{2} \cdot \frac{1}{2} - \left(\frac{1}{2} + \frac{1}{2}\right) = \frac{1}{4} - 1 = \frac{1}{4} - \frac{4}{4} = -\frac{3}{4}$$

1 ☐

VP:

c) Findest du eine Zahl a so, dass $a \otimes 2 = 0$ gilt?

Es soll gelten: $a \otimes 2 = 0$.
Das heißt:

$$a \cdot 2 - (a + 2) = 0$$
$$2 \cdot a - a - 2 = 0$$
$$a - 2 = 0$$
$$a = 2$$

Die Zahl 2 leistet das Gewünschte, denn $2 \otimes 2 = 2 \cdot 2 - (2 + 2) = 0$. 1 ☐

d) Gilt bei dieser Rechenvorschrift für alle $a, b \in \mathbb{Q}$ das Kommutativgesetz?

Es gilt einerseits:
$a \otimes b = a \cdot b - (a + b)$
Andererseits:
$b \otimes a = b \cdot a - (b + a)$
Da für alle rationalen Zahlen die Kommutativgesetze für die Addition und für die Multiplikation gelten, also $b + a = a + b$ *und* $b \cdot a = a \cdot b$, *folgt daraus:*
$a \otimes b = b \otimes a$.
Das Kommutativgesetz für die Rechenvorschrift „Kreuzprodukt" gilt. 1 ☐

Bildquellenverzeichnis

U1.1 Avenue Images GmbH RF, Hamburg; **U1.2** Avenue Images GmbH RF (Getty RF), Hamburg; **17.1** Klett-Archiv (Manfred Bergau), Stuttgart; **26.2** Ullstein Bild GmbH, Berlin; **28.1** Klett-Archiv (Lackner); **28.2** Klett-Archiv (Lackner); **31.1** AKG (Bildarchiv Monheim), Berlin; **39.1 – 39.5** Klett-Archiv (Kernstock); **39.6** Klett-Archiv; **59.1** Wikimedia Foundation Inc., St. Petersburg FL; **59.2** Picture-Alliance (Bifab), Frankfurt; **70.1** Imago (Bergmann), Berlin; **72.1; 72.2** BBR, Bonn; **73.1** Fotolia LLC (Snaptitude), New York; **115.1** Picture-Alliance (Franz-Peter Tschauner), Frankfurt; **115.2** Klett-Archiv (Steinle), Stuttgart; **128.1** Picture-Alliance (Franz-Peter Tschauner), Frankfurt; **128.2** Klett-Archiv (Steinle), Stuttgart

Sollte es in einem Einzelfall nicht gelungen sein, den korrekten Rechteinhaber ausfindig zu machen, so werden berechtigte Ansprüche selbstverständlich im Rahmen der üblichen Regelungen abgegolten.

Textquellennachweis

S.110: Maurer; Aus dem Originalwerk: Humor rund um die Mathematik, MANZ VERLAG 1988